岩溶山区特大崩滑灾害成灾模式
与早期识别研究

李 滨 冯 振 张 勤 赵超英 闫金凯 等 著

科学出版社

北 京

内 容 简 介

　　本书对我国西南岩溶山区特大崩滑灾害的成灾模式与早期识别进行了深入的研究，介绍了最新理论研究成果。全书共八章，涉及岩溶山区特大崩滑灾害发育特征、破坏机制与成灾模式、稳定性评价、高速远程滑坡碎屑流动力学分析、灾害监测预警和危险区划方法等。开展了岩溶山体典型崩滑基本类型、形成地质环境与发育特征分析，采用大型物理模型试验、数值模拟、力学数学解析、运动学分析等技术方法，提出了近水平层状、斜倾厚层状、陡倾层状三类灰岩山体崩滑失稳模式和地质力学评价模型，研究了大型崩滑灾害启动后高速远程动力学分析模型与方法，探索了InSAR技术、GPS技术、LiDAR技术、地面三维激光扫描技术在复杂山区的适用性问题，并建立了典型灾害监测示范。

　　本书图文并茂，理论与实践相结合，可供广大从事地质灾害防治、工程地质、岩土工程、环境地质、城镇建设等领域的科研和工程技术人员参考，也可供有关院校和科研机构的广大教师、科技人员、研究生等参考使用。

图书在版编目（CIP）数据

岩溶山区特大崩滑灾害成灾模式与早期识别研究/李滨等著. —北京：
科学出版社，2016.9
　ISBN 978-7-03-049855-7

　Ⅰ.①岩…　Ⅱ.①李…　Ⅲ.①岩溶区–山区–土崩滑塌–地质灾害–灾害
防治–研究　Ⅳ.①P694

　中国版本图书馆 CIP 数据核字（2016）第 214894 号

责任编辑：张井飞／责任校对：张小霞
责任印制：肖　兴／封面设计：耕者设计工作室

科学出版社 出版
北京东黄城根北街 16 号
邮政编码：100717
http://www.sciencep.com

北京通州皇家印刷厂 印刷
科学出版社发行　各地新华书店经销

*

2016 年 9 月第　一　版　　开本：787×1092　1/16
2016 年 9 月第一次印刷　　印张：17 1/4
字数：403 000

定价：169.00 元
（如有印装质量问题，我社负责调换）

本书其他作者

(按姓氏笔画排序)

王　利　　王　磊　　王文沛　　王国章　　王晨辉
邢爱国　　朱　武　　朱赛楠　　刘朋飞　　李德均
张天贵　　贺　凯　　高　杨　　褚宏亮　　潘利宾

序

　　西南岩溶山区山体多呈现出中上部厚层—巨厚层灰岩地层陡峭，下部页岩、泥岩地层平缓的"靴状"地貌形态，加之下部煤层、铝土矿层的开采普遍，成为我国特大岩质崩滑灾害的高发区，发生过多起灾难性崩滑灾害，造成重大人员伤亡。岩溶山区大型崩滑灾害地质结构与灾害链动力过程复杂，地质模型概化、早期识别与空间预警预测难度大，防范岩溶山区特大崩滑灾害造成的群死群伤事故是减灾防灾的重中之重。

　　近年来，李滨博士等针对岩溶山区特大崩滑灾害成灾模式与早期识别等关键科学问题，开展了山体典型崩滑基本类型、形成地质环境与发育特征分析，结合模型试验、数值模拟、力学分析等技术方法，提出了多种岩溶山体崩滑失稳模式和地质力学评价模型，探索了大型崩滑灾害启动后高速远程动力学分析模型与方法，研究了 InSAR 技术、GPS 技术、LiDAR 技术、地面三维激光扫描技术在复杂山区的适用性问题，并建立典型灾害监测示范。研究成果积极服务于山区城镇重大地质灾害减灾防灾工作，发挥了很好的支撑作用，一批年轻骨干也在服务于国家重大需求中成长起来了。

　　本书理论与实践相结合，介绍了我国西南岩溶山区特大崩滑灾害成灾模式与早期识别的最新理论研究成果，也将推动特大型岩质滑坡的早期识辨方法、监测预警技术、风险评估技术的研究更上一层楼。我非常乐意为本书作序，希望作者持之以恒，取得更加丰硕的成果。

国际滑坡协会主席

2016 年 7 月

前　言

云贵高原东南部岩溶山区位于中国地形第二级阶梯向第三级阶梯的过渡带，地质环境复杂，人类工程活动强烈，是我国特大碳酸盐岩崩滑灾害的高发区，发生过大量灾难性崩滑灾害，造成了重大人员伤亡。岩溶山区大型崩滑灾害不仅体积大，地质结构复杂，地质模型难以概化，早期识别与监测预警能力差，而且灾害链后破坏动力过程复杂，导致空间预测难度加大，群死群伤灾难仍不断发生。因此，如何防范岩溶山区特大崩滑灾害造成的群死群伤事故，是该地区减灾防灾的重中之重。

针对岩溶山区特大崩滑灾害成灾模式与早期识别等关键科学问题，作者团队开展了碳酸盐岩山体典型崩滑基本类型、形成地质环境与发育特征分析，结合大型物理模型试验、数值模拟、力学数学解析、运动学分析等技术方法，提出了近水平层状、斜倾厚层状、陡倾层状三类碳酸盐岩山体崩滑失稳模式和地质力学评价模型，探索了大型崩滑灾害启动后高速远程动力学分析模型与方法，研究了 InSAR 技术、GPS 技术、LiDAR 技术、地面三维激光扫描技术在复杂山区的适用性问题，并建立了典型灾害监测示范。在上述成果总结梳理基础上形成本书，以期为岩溶山区特大崩滑灾害早期识别与监测提供科技支撑。

本书共分八章内容，具体内容与主要研究人员如下：

第 1 章集成总结了岩溶山区的典型地质灾害破坏模式与发育特征，提出了滑移顺层滑坡、斜倾视向顺层滑坡、逆向层状倾倒崩滑、压裂-溃屈崩塌和滑移-拉裂崩塌等主要地质灾害类型。本章由李滨、冯振、张天贵、潘利宾等执笔。

第 2 章系统分析了近水平层状高陡危岩压裂溃屈崩塌破坏机理，提出了塔柱状危岩崩塌底部岩体损伤劣化的力学模型。本章由贺凯、冯振、王文沛等执笔。

第 3 章验证了斜倾厚层灰岩山体"后部块体驱动-前缘关键块体瞬时失稳"视倾向滑动地质力学模型，分析了碳质页岩的矿物成分、物理特性与强度特性以及与大型崩滑灾害的关系。本章由冯振、李滨、闫金凯、朱赛楠等执笔。

第 4 章系统分析了地下采矿诱发陡倾层状横向斜坡倾倒崩滑的失稳机理，提出了倾倒破坏-剪切滑移的力学分析模型。本章由李滨、王文沛、王国章、冯振等执笔。

第 5 章系统研究了岩溶山区高速远程滑坡碎屑流的运动堆积特征，从动力学角度揭示了高速远程滑动的原因。本章由邢爱国、高杨、王国章、冯振、李滨等执笔。

第 6 章开展了岩溶山区城镇地质灾害调查与危险区划，探讨了机载激光雷达技术在复杂地质环境条件下地质灾害早期调查、排查与识别工作中的适用性，提出了基于成灾机理的羊山区场镇地质灾害危险性定量评价。本章由王磊、褚宏亮、李滨、冯振、贺凯、高杨等执笔。

第 7 章开展了岩溶山区地质灾害 InSAR 调查与识别技术方法研究，介绍了大范围地质灾害的调查识别和监测的技术路线与方法。本章由张勤、赵超英、王利等执笔。

第8章开展了岩溶山区典型地质灾害监测示范工作，提出 GPS 实时动态定位技术在灰岩山区特大地质灾害进行动态变形监测的技术方法。本章由张勤、王利、赵超英、褚宏亮等执笔。

全书由李滨、冯振统稿完成。

本专著的成果是在国土资源大调查项目（1212011220140、12120114079101）、国家自然科学基金项目（41302246、41472295）、"十二五"科技支撑专题（2012BAK10B01-03）等项目资助下完成的。

在本书撰写过程中，特别感谢国土资源部地质灾害应急技术指导中心殷跃平研究员的指导，为研究倾注了大量心血，无私的为作者提供技术指导，培养青年人成长。

在本书撰写过程中，感谢中国地质调查局文冬光研究员、张作辰研究员、郝爱兵研究员、李铁锋研究员、李晓春研究员、石菊松研究员、曹佳文博士对本书的指导，并给予了宝贵的意见。感谢国家自然科学基金委熊巨华研究员给予本项研究的帮助。感谢重庆市国土与房屋管理局彭光泽处长、马飞处长、黎力处长、王磊处长等和武隆县、南川区国土与房屋管理局、重庆市高新工程勘察设计院有限公司等给予了多方面的指导和帮助。感谢长安大学彭建兵教授、范文教授、李喜安教授、门玉明教授、郑书彦教授、祁晓丽高工、张惠霞高工的帮助。感谢长江水利委员会长江科学院龚壁卫教授、胡波博士、李波博士，山东大学李术才教授、薛翊国教授、张乐文教授、宁凯硕士，中国科学院地质与地球物理研究所李晓研究员、李守定研究员和香港科技大学吴宏伟教授等为本项研究提供了先进的试验条件和技术帮助。感谢黄波林研究员、高幼龙研究员、张楠博士、赵瑞欣博士、祁小博高工、徐永强博士、王洪工程师、闫慧工程师、杨飞工程师等的帮助。借此机会，特向对本项研究提供帮助、支持和指导的所有领导、专家和同行表示衷心的感谢！

本书完成之际，作者尤其感谢中国地质科学院地质力学研究所的龙长兴研究员、徐勇研究员、赵越研究员、侯春堂研究员、马寅生研究员、余佳处长、康艳丽高工、冯卉高工、张学科工程师给予本项研究的帮助；感谢吴树仁研究员、张永双研究员、谭成轩研究员、张春山研究员、杨为民研究员、石玲研究员、张鹏博士、姚鑫博士、王涛博士、郭长宝博士、孙萍博士、辛鹏博士等给予的野外工作指导和技术支持。

本书凝聚了全体执笔作者和参研人员的共同心血，在完成之际，特向大家致以衷心的感谢。

由于学术水平所限，书中难免有不妥之处，敬请读者批评指正。

作　者

2016 年 7 月于北京

目　　录

绪 论

0.1 研 究 背 景

受燕山运动的影响，我国西南岩溶山区多形成 NNE—NE 走向的褶皱山体，经长期强烈的抬升运动与河流侵蚀，褶皱的两翼及核部山体呈现出中上部厚层—巨厚层碳酸盐岩地层陡峭，下部页岩、泥岩地层平缓的"靴状"地貌形态，加之下部煤层、铝土矿层的开采，成为我国大型层状岩质崩滑灾害的高发区，发生过多起重大灾难性崩滑灾害，给山区居民生命财产与国家重大工程安全带来巨大的损失和隐患。近年来，由于极端气候与人类工程活动的加剧，重庆、云南、贵州等岩溶山区的重大崩滑地质灾害仍频繁发生，如表0.1 所示。这些大型崩滑灾害不仅体积大、地质结构与模型复杂、早期识别难度大，而且灾害孕育形成与启动力学机制研究不足，后破坏动力过程复杂，导致空间预测难度大，群死群伤灾难仍不断发生。

表 0.1　我国岩溶山区典型特大崩滑灾害实例

典型崩滑灾害名称	时间	体积/万 m³	伤亡或财产损失
重庆武隆鸡冠岭崩塌	1994.04.30	400	造成 36 人伤亡，乌江断航 90 余天
贵州印江岩口滑坡	1996.09.18	180	形成了 3900 万 m³ 堰塞水库，淹没了上游郎溪镇和 1 个电站，造成 5 人死亡，直接经济损失 1.5 亿元
贵州纳雍岩脚寨崩塌	2004.12.03	0.4	死亡 44 人
重庆武隆鸡尾山滑坡	2009.06.05	700	74 人死亡，掩埋了 12 户民房及铁矿矿井
贵州关岭大寨滑坡	2010.06.28	175	造成岗乌镇大寨村两个村民组 99 人死亡
重庆巫山望霞危岩	2010.08	10	造成长江航道多次封航
贵州凯里渔洞村崩塌	2013.02.18	17	造成 5 人死亡
云南镇雄赵家沟滑坡	2013.01.11	40	造成 46 人死亡

调查分析发现，这些大型崩滑灾害多发于上硬下软、上陡下缓的"二元结构"山体，上部为厚度大于 100m 的二叠—三叠系灰岩、白云岩，夹 4~6 层薄层状碳质或泥质页岩，下部为志留系页岩、粉砂质页岩，临空条件好，河谷深切。此外，二叠—三叠系厚层灰岩中存在着多套含煤、铁或铝土矿地层，数百年来一直沿江和沟谷两岸开采，并且随着经济建设的全面发展，矿层开采规模和范围不断扩大，形成大面积采空区，加速了地表的沉陷与岩体开裂。此类山体失稳后，较大的势能向动能转化，极易形成高速远程碎屑流，造成

严重的损失。因此,亟待开展岩溶山区典型崩滑灾害的变形特征、失稳机理和监测预警研究,为岩溶山区地质灾害早期识别与预警预报提供依据。

0.2 国内外研究现状

大型岩质滑坡是世界很多山区的主要地质灾害类型,其体积大、运动速度快、堆积范围广、破坏性大,经常造成严重的人员和经济损失,是国际滑坡界研究的热点与难点问题,其研究与失稳过程密切相关,一般分为三个方面——初始变形破坏、高速远程滑动、散布堆积。

1. 大型岩质滑坡的基本分类

岩质斜坡破坏分类较多,多根据失稳特征与模式进行分类。如 Hoke 和 Bray(1974)将岩质斜坡分为平面破坏、楔形体破坏、圆弧形破坏、倾倒破坏四种类型;Varnes(1978)将岩质滑坡分为六大类:崩塌、倾倒(块体和柔性)、滑动(旋转和平面)、侧向扩张、流动(蠕滑和深部蠕滑)、复合型(高速远程滑坡和泥石流),该分类标准后被国际工程地质协会作为国际标准采纳。但大型岩质滑坡变形及破坏过程是一个多相、多阶段力学变化过程,不仅包括初始变形破坏,还包括复杂的后破坏过程,并形成超乎想象的高速远程碎屑流,破坏力巨大。因此,2002 年在意大利切拉诺召开的北约"特大型岩质滑坡:灾害评估新方法"高级研讨会上,首次提出大型岩质滑坡(Massive Rock Slope Failure)这一概念,并系统地对特大型岩质滑坡的研究内容、发展方向进行了阐述,为大型岩质滑坡研究奠定了基础(Evans et al.,2006)。之后,众多国际知名专家按照特大型岩质滑坡初始失稳模式为主、滑坡形态及运动特性为辅的原则对其类型进行了重新划分。目前,Hungr 和 Evans 的特大型岩质滑坡八种分类基本取得共识(Hungr and Evans,2004a;Hungr et al.,2013),包括旋转滑动、崩塌、滑动(平面和楔形体)、结构控制复合型滑动、坡趾突破型滑动、复合型滑动、弯曲倾倒、块体倾倒(表 0.2)。按照这个分类标准,不难看出我国西南岩溶山区山体的变形属于硬岩变形,其破坏往往是灾难性的。

表 0.2 大型岩质滑坡基本类型(Hungr and Evans,2004a)

结构面控制	不受结构面控制	结构面控制					
主要的变形机制		滑动				倾倒	
运动机制		平移滑动	复合式			弯曲	块体
前缘受阻		无约束		前缘阻滑	后缘裂缝控制		
失稳类型	A 旋转滑动,B 崩塌	C 平面滑动、楔形体滑动	D 结构控制复合型滑动	E 坡趾突破型滑动	F 复合型滑动	G 弯曲倾倒	H 块体倾倒
软岩中的变形特征	A 变形缓慢,旋转滑动	灾难性的	—	变形缓慢	变形缓慢	变形缓慢	—
硬岩中的变形特征	B 坡型陡,下挫,灾难性的	灾难性的,初始破坏变形小	灾难性的,初始破坏变形大	灾难性的	—	—	灾难性的

2. 大型岩质滑坡失稳机理研究

大型岩质滑坡虽然概念提出较晚，但其失稳破坏机理研究较早，其触发因素很多，包括暴雨、冰雪融化、地震、库水波动等。1963 年举世闻名的意大利瓦伊昂滑坡是特大型岩质滑坡的经典范例，也推动了全球滑坡灾害的研究。以 Müller 为代表的诸多专家对瓦伊昂滑坡进行了系统的研究，通过地质调查、水文与工程地质勘查，确定了滑坡的滑面位置、形状、地质结构及物理力学参数，对滑带土进行了系统的物质成分、物理特性及环剪强度试验等工作，提出滑面及其以下的承压水层及后缘陡直拉裂缝的静水压力降低了瓦伊昂滑坡的稳定，结合物理模型试验，对滑坡破坏过程的力学特性进行了研究，利用解析解分析岩体的层状结构抗滑作用、节理的摩阻力、滑带的抗剪强度以及岩层渗透性对滑坡力学机制的影响，提出了拟静态的滑坡滑动过程经验计算方法（Müller，1964，1968，1987a，1987b；Rossi and Semenza，1965；Broili，1967；Hendron and Patton，1985；Tika and Hutchinson，1999；Semenza and Ghirotti，2000；Petley and Petley，2006）；1987 年 Müller 对瓦伊昂滑坡的研究进展进行了总结，涉及滑坡的初始破坏、蠕滑、渐进破坏的过程及特点，以及众多研究者的成果、观点、各种分析研究方法的利弊，成为大型岩质滑坡研究的经典案例。此外，Glastonbury 和 Fell（2000）综合研究了 51 个自然高速岩质滑坡，分析滑坡的特点、成因与失稳破坏机理，提出了高速岩质滑坡的识别特征。Schuster 等（2002）对 20 世纪北美地区的 23 个特大型岩质滑坡成因、破坏机理及高速碎屑流效应进行了研究。诸多学者提出了不同山区岩质滑坡的失稳机理，如 Voight 等（1981）分析认为地震动是大型岩质高速远程滑坡岩体脱离基岩发生滑动的关键成因；Eisbacher 和 Clague（1984）认为人类活动与气候变暖不断加剧阿尔卑斯山区大型山体变形；Vardoulakis（2000）认为摩擦生热导致剪切带内孔隙水压增大，有效应力降低，从而摩擦角极低，导致滑坡发生，Goren（2007）、Goren 等（2009）通过数值模拟验证了这一过程。

我国西南山区是特大型岩质滑坡高发区，国内研究处在较高的水平。谷德振（1979）从地质体的形成与演化过程出发，采用地质力学分析岩体形成与演变，利用岩体力学分析岩体斜坡的变形破坏机制；以此为基础，孙广忠（1988）通过岩体结构力学系统分析了斜坡岩体的力学破坏机制。张倬元等（1994）讨论了各类岩质斜坡的形成与演化过程，提出蠕滑-拉裂、滑移-压致拉裂、滑移-拉裂、滑移-弯曲、弯曲-拉裂、塑流-拉裂等多种斜坡失稳破坏模式；黄润秋（2012）系统提出了岩质高边坡的滑移-拉裂-剪断、"挡墙"溃屈、阶梯状蠕滑-拉裂、弯曲-倾倒、压缩-倾倒、强卸荷-深拉裂等变形破坏机理。此外，还有很多学者通过地质调查、室内外试验、数值分析、模型试验、力学分析等方法对大型岩质崩滑灾害进行过研究，如张缙（1980）提出的临床峰残强度差别与势动能转化高速启程机理；胡广韬等（1995）提出的临床弹性冲动、坡体波动震荡、临床峰残强降和滑体势动能转化理论；胡厚田（1989）提出五种崩塌模式；殷跃平（2004）、伍法权（2010）等提出的三峡库区高边坡失稳模式等。这些研究成果极大推动了我国地质灾害的防灾减灾工作。

2009 年 6 月 5 日，重庆武隆铁矿乡鸡尾山发生特大型岩质滑坡，形成高速远程滑坡-碎屑流灾害，造成 74 人死亡，8 人受伤的特大灾难。鸡尾山滑坡是典型单斜灰岩山体的失稳模式，即斜倾厚层岩质山体"后部块体驱动-前缘关键块体瞬时失稳"的视向滑动，这类灾害在我国西南山区分布广泛，如长江三峡链子崖危岩、陕西山阳"8.12"山体滑坡。早在 20 世纪 70 年代，石根华（1981，2006）采用集合理论和岩体结构相结合的方法，提出了岩体稳定的关键块体数学判据理论；Goodman 和 Shi（1981）认为加固首先产生位移的块体容易控制滑坡稳定性，这一块体称为关键块体；Hoek 和 Bray（1974）在研究厚层板状岩体倾倒变形破坏时，提出了"塞缝石"的概念，强调关键块体对整个岩体稳定的控制作用；刘传正等（1995a）、柳源（1999）等以链子崖危岩为例，提出了山体崩滑的视滑力概念；殷跃平等（1995，2000）、殷跃平（1997）在长江三峡链子崖危岩体预应力锚固工程设计中，提出了以关键块体为加固重点的思路与方法。

3. 大型岩质滑坡失稳后动力学研究

岩质滑坡失稳后的运动堆积过程及范围是灾害危险区划与风险评估的基础，然而这一过程极为复杂，涉及滑坡运动学与动力学机制的转换、体积与材料的变化等，大型岩质滑坡高速远程滑动机制成为国内外的研究热点问题。研究成果包括：通过滑坡案例调查与数理统计分析，提出了滑坡滑距的预测公式（Scheidegger，1973；Evans et al.，2006）；通过数学分析，提出了各类高速远程的运动模型，如国外学者的空气润滑模型（Kent，1966；Shreve，1966）、颗粒流模型（Bagnold，1968；Davies，1982）、能量传递模型（Eisbacher，1979；Davies et al.，1999；Davies and Mcsaveney，1999）、底部超孔隙水压力模型（Sassa，1988；Evans et al.，2001）、基底铲刮效应（Hungr and Evans，2004a，b；Gauer and Issler，2004；Barbolini et al.，2005；Mcdougall and Hungr，2005）等；国内学者殷跃平（2009）认为高速远程滑坡在运动过程中的具备气垫效应、铲刮效应、流化效应和液化效应；卢万年（1991）、程谦恭等（1999）、邢爱国（2002）等认为气垫擎托持速效应是高速远程滑动的原因；程谦恭等（1997）、刘涌江（2002）、何思明等（2008）、李祥龙等（2012）提出了高速远程运动过程中的碰撞效应。上述研究极大提高了高速远程滑坡运动距离的理论判断依据。

4. 溶蚀岩体强度及水力学作用研究

由于溶洞、溶隙、溶孔、管道等岩溶现象的存在，造成岩溶岩体强度降低而诱发山体崩滑灾害在岩溶山区普遍存在。岩体强度不仅取决于岩石强度，还受岩体结构控制（谷德振，1979；孙广忠，1988）。对于可溶性岩体，岩溶作用不仅使岩体矿物成分发生变化，而且岩体结构面也不断发生变化，宏细观结构面加宽和变长，岩体结构由层状块裂发展为碎裂甚至散体，强度随之降低。溶蚀岩体试验表明，溶蚀风化带的抗剪断峰值强度约为完整岩体抗剪断峰值强度的 30% ~40%（付兵，2005）。目前，试验是描述岩体结构力学性质与获取岩体强度参数最直接的方法，但试验受各种条件及技术等的限制，并不能完全真实反映岩体的力学参数。国内外应用最为广泛的岩体强度参数选取方法，是 Hoek 等（Hoek et al. 2002；Hoek and Marions，2007）提出的基于 GSI 的 Hoek-Brown 估算经验判据，但仍然存在主观性较大和缺乏定量化等缺点，有数据表明极少数的原位试验与 Hoek-Brown 强度准则估算结果一致（Pells，2008）。近年来，计算机的快速发展，工程地质调查、室内力学实验和数值模拟方法相结合的多手段综合分析成为岩体强度参数研究的趋势，并逐渐替代各种大型岩体强度参数试验。

目前，岩溶岩体的研究多集中于岩溶成因、岩溶通道形态与地下水运移规律方面，对溶蚀岩体强度特性与强降雨时水力学作用研究甚少。利用高性能计算机，溶蚀岩体物理力学参数取值研究经历了经验法—半经验法—精度较差的数值计算—精度较好复杂工况的数值分析的发展过程（张社荣等，2012）；溶孔的模拟由以往的确定性方法向随机和模糊结构模型转变，更为客观真实地描述和模拟溶蚀特征（陈祥军等，2004；张菊明等，2005）；水力学作用是改变溶蚀岩体力学性质的一个重要因素，溶蚀岩体具有岩溶管道—裂隙—孔隙三重空隙介质特征，暴雨时体现出水位及水压力急剧变化的特性。对溶蚀岩体水力学的研究内容主要聚焦在渗透介质模拟（陈崇希，1995；Király，2003；Sauter et al.，2006；仵彦卿，2009）、岩溶水运动方式（Charlier et al.，2012）、渗漏评价（Fleury et al.，2007）等方面。一些学者指出岩溶山体大型崩滑灾害边界具有显著的管道溶蚀现象，岩溶地下水动力作用对山体稳定性有较大的影响（Colley，2002；Santo et al.，2007；Frayssines and Hantz，2009；Parise，2010）。但是，目前由于岩溶的复杂性，溶蚀岩体地质力学模型、溶蚀体的力学分析与数值模拟、岩溶地下水动力作用与斜坡失稳的耦合机制的研究非常少，如何科学、合理的开展工作仍然是难点问题。

5. 软弱夹层对山体稳定性的影响

岩质斜坡的软弱夹层往往是大型滑坡的滑带层，其演化过程、强度特性、孔隙水压、水岩相互作用、矿物成分等内容一直是滑坡研究的热点。谷德振（1979）、孙广忠（1988）指出褶皱运动是岩体形成层间错动带的重要地质作用，这一过程使得软岩从原岩逐渐变化为层间剪切带、泥化夹层，地下水的作用也使其矿物成分出现变化。此外，诸多专家都对西南地区大型滑坡的侏罗系红层、泥岩等软层、泥化夹层进行过系统研究，很好地解释了大型滑坡的演化过程（任光明等，1996；任光明、聂德新，1997；李守定等，2006）。

6. 大型岩质滑坡研究的发展动态分析

大型岩质滑坡不仅体积大，初始破坏失稳模式复杂，且滑动过程中，受地形地貌、岩石物性等的因素控制，往往转变为高速远程碎屑流、泥石流等。结合国内外的研究现状发现，目前大型岩质滑坡的研究趋向于以下四个方面：

（1）进一步改进细化特大型岩质滑坡的分类；

（2）开展特大型岩质斜坡的失稳前兆及识别特征研究，包括地震、降雨诱发因素分析，初始破坏过程中滑带的力学演化机制，滑带与结构面水岩耦合作用对滑坡变形及滑动特性的影响；

（3）结合多手段分析获取地质模型，研发精确的物理模型、数值模型分析斜坡失稳；

（4）滑坡失稳后滑体解体的碰撞力学特征、滑坡向碎屑流或泥石流转化的动力学机制，如何利用颗粒流、粉碎模型模拟运动过程，更系统化、科学化、方法多样化地预测滑坡的滑距，提出具有普遍和推广意义的预测方法。

0.3　工作思路

本研究紧密围绕西南岩溶山区大型崩滑灾害成灾模式研究中的关键科学问题，以乌江流域武隆县、南川区为研究区，在地质灾害详细调查、勘查与测绘的基础上，查明岩溶山区大型崩滑灾害的主要类型、形成地质环境、发育特征和破坏模式，结合控制大型崩滑灾害发生的软弱岩体物质成分与物理力学特性分析，利用大型物理模型试验、三维数值模拟、力学与数学解析、运动学分析等多技术方法，提出了近水平层状、斜倾厚层状、陡倾层状三类大型灰岩山体崩滑失稳模式和崩滑灾害启动后高速远程动力学分析模型，探索了植被茂密山区城镇地质灾害 InSAR 技术、GPS 技术、LiDAR 技术、地面三维激光扫描技术的适用性问题，并建立大型地质灾害动态监测与识别示范，获取危岩体和滑坡体的动态形变信息，为山区城镇与重大工程规划的地质灾害早期识别与安全评价提供科技支撑保障。

0.4　主 要 成 果

1. 集成总结岩溶山区的典型地质灾害破坏模式与发育特征

受构造运动影响，厚层碳酸盐岩中山地貌区，山高坡陡、河谷深切，多发灰岩及白云岩等层状碳酸盐岩岩体崩滑灾害，山体失稳模式包括滑移顺层滑坡、斜倾视向顺层滑坡、逆向层状倾倒崩滑、压裂-溃屈崩塌和滑移-拉裂崩塌五类。

采用地质调查分析、运动学解析、物理模型试验、数值模拟等手段，初步建立了近水平高陡灰岩山体"坡脚压裂-整体溃屈"的失稳模式、斜倾厚层灰岩山体"后缘块体驱动-前缘关键块体剪断"的视倾向滑动失稳模式和陡倾层状横向斜坡"弯曲变形-滑移剪出"的失稳模式。

2. 系统分析了近水平层状高陡危岩压裂溃屈崩塌破坏机理

近水平层状高陡灰岩山体破坏以塔柱状危岩崩塌为主，其失稳破坏主要受陡倾构造节理裂隙与层面控制，岩溶作用使裂隙加宽变深，长期的地下水静动力加载、地下采空加速危岩变形，塔柱状底部岩体强度弱化，在上覆岩体产生压裂溃屈破坏。塔柱状危岩压裂溃屈崩塌初始失稳划分为低速启动—加速破坏—减速碰撞三个运动阶段，失稳从底部岩体溃屈破坏开始，呈现出由下至上、裂缝扩展、破坏传递、空中崩解的特点。

引入连续介质损伤力学理论，分析了塔柱状危岩底部岩体损伤演化过程，从损伤力学角度解释塔柱状底部岩体的强度劣化机制，并分析了塔柱状岩体失稳崩塌的力学模型，提出随损伤演化的塔柱状岩体稳定性计算分析方法。

试验模拟和数值分析显示长期重力作用、地下采空对危岩变形破坏特征与稳定性造成一定影响，底部岩体强度的降低是导致塔柱状岩体发生压裂溃屈崩塌的直接原因，地下采空造成山体不均匀沉降和变形，对危岩体的影响加大，甚至改变危岩体潜在失稳模式。

3. 验证了斜倾厚层灰岩山体视倾向滑动地质力学模型

针对斜倾厚层岩质滑坡视倾向滑动失稳模式，以重庆武隆鸡尾山滑坡为例，验证了斜倾厚层灰岩山体"后缘块体驱动-前缘关键块体剪断"的视倾向滑动地质力学模型。采用 InSAR 技术获取了鸡尾山滑坡前地表形变时间序列，揭示鸡尾山滑坡发生剧滑破坏之前，经历了长期的渐进变形过程，滑坡前两年最大水平位移量超过 50cm，表现出临滑前的前缘压裂。通过土工离心模型试验和离散元数值模拟，重现了鸡尾山滑坡全过程，验证了斜倾厚层岩质滑坡"后部块体驱动-前缘关键块体瞬时失稳"的视向滑动破坏特征,滑坡经历了渐进蠕滑到瞬时破坏的过程。

利用试验测试分析,分析了碳酸盐岩山区常见软层-碳质页岩的矿物成分、物理特性与强度特性以及与大型崩滑灾害的关系。分析认为,碳质页岩微细观结构显示其经过多期构造运动的张拉剪切作用,形成明显的滑移错动;这一过程表现为长期剪切滑动导致碳质页岩软弱夹层从原岩向层间错动带、泥化夹层转化,同时发生黏土矿物蒙脱石化、伊利石化和高岭石化的转变,黏土矿物成分逐渐增高,由碳质页岩原岩阶段的10%左右逐渐增加到泥化夹层阶段的60%以上,黏土矿物的增加导致软层吸水膨胀,结构疏松,强度降低,控制着山体产生蠕滑变形。微裂隙极为发育的碳质页岩受水的影响强度衰减明显,遇水后岩石内部黏土矿物发生膨胀,晶体间连结力和摩擦力降低,其抗拉、抗压强度明显降低。分析认为,重力蠕滑导致碳质页岩软弱夹层强度不断降低,天然状态下长期强度内摩擦角和黏聚力比瞬时峰值强度分别降低26%和47%,山体蠕滑后而挤压侧边和前缘的溶蚀带,导致山体下滑推力不断增大,前缘阻滑关键块体岩溶发育带最终被脆性剪断,山体整体滑动。

4. 分析了地下采矿诱发陡倾层状横向斜坡倾倒崩滑的失稳机理

以鸡冠岭崩滑灾害为例,提出了陡倾层状横向斜坡的破坏机制和倾倒破坏稳定性分析方法。鸡冠岭崩滑灾害的形成受地形地貌、岩层结构、岩性组合、岩溶发育、地下采矿等方面的因素控制,地下采空加速上部岩体变形。鸡冠岭崩滑初始破坏为倾倒-滑移模式,陡倾层状灰岩在重力长期作用下产生弯曲变形,地下采空导致覆岩倾倒破坏,挤压下伏阻滑岩层发生剪切滑移。离心试验和数值模拟表明,长期重力作用下,上覆层状岩体弯曲变形,后缘逐渐产生拉裂缝。地下矿层开采引起覆岩发生层间错动,顶板应力集中导致裂缝产生并向后缘扩展,引起覆岩倾倒破坏,推挤下伏岩体发生剪切滑移。

陡倾层状岩质斜坡滑坡的三维极限平衡分析表明,地下矿层采空为上覆岩层块体的倾倒变形提供了临空面,并破坏了上覆岩层的平衡条件。在天然状态下,斜坡处于稳定状态;地下采空工况下,上覆层状岩体逐层发生倾倒破坏,并挤压在下伏关键岩层上,下伏岩层发生剪切滑移,从临空面剪出,形成崩塌体,后续的倾倒块体推动前方块体往下运动,加速岩体破碎解体的过程。

5. 系统研究了高速远程滑坡碎屑流的运动堆积特征

针对岩溶山区高速远程滑坡的特点,从高速远程滑坡动力学特征、数值分析方法、不同类型的案例分析入手,研究了高速远程滑坡-碎屑流的运动、堆积特性。分析认为,大型碳酸盐岩山体高速远程滑坡会经历短暂飞行—碰撞碎裂—裹挟铲刮—流动堆积四个阶段。滑体高位滑动后,随势能与动能的相互转换,会与周围山体或地面发生强烈的高速碰撞铲刮效应,另一方面被撞击体会被碰撞铲刮而发生滑动;随后散体的碎屑流裹挟铲刮表层土质、松散堆积层运动,出现摩擦阻滑效应,但当地表松散层含水时,则出现液化减阻效应,滑动距离更远;最后松散碎屑流逐渐进入流动堆积阶段直至停止。

通过动力学分析揭示了高速远程滑坡远程滑动的原因。基于 Hertz 接触理论和等效流体理论,分别对滑坡碰撞铲刮和基底裹挟铲刮进行了单元力学分析,提出了求解铲刮范围、铲刮深度的求解方程,总结了高速远程滑坡运动的铲刮过程。通过力学推导证明了高速碰撞增强了滑体的碰撞力，加剧了铲刮破坏。该分析为大型岩质滑坡发生后的成灾范围和危险性区划提供了理论支持。最后采用高速环剪试验与运动全过程模拟，对典型滑坡碎屑流案例的高速远程运动特性进行了分析。

6. 开展了岩溶山区城镇地质灾害调查与危险区划

通过运用机载激光雷达技术对武隆羊角场镇地质灾害进行了基础调查测量、DEM 模型、等高线生成等数据处理工作，探讨了机载激光雷达技术在复杂地质环境条件下地质灾害早期调查、排查与识别工作中的适用性。同时，结合现场调查，开展了羊角场镇地质灾害的解译与地面调查，确定了地质灾害类型、基本发育特征和破坏模式。以大巷危岩为例，分析其失稳模式和可能形成的高速远程滑坡–碎屑流的运动过程，对其碎屑流运动速度、铲刮区分布和堆积体分布特征进行了探讨，并以此为基础，进行了羊角场镇后山危岩的危险性定量评价。

7. 探索了岩溶山区地质灾害 InSAR 调查与识别技术方法

针对灰岩山区地质灾害 InSAR 识别与监测，开展了技术方法研究与试验验证分析，介绍了大范围灾害的调查识别和监测的技术路线与方法。以重庆武隆、南川地区为例，展示了高相干点 InSAR 技术在区域地质灾害识别方面的应用。尽管基于高相干点 InSAR 的调查中，由于区域地形、植被和灾害体的空间尺度等因素，还存在大量地质灾害点没有被识别而且高相干点 InSAR 用于滑坡和危岩体的识别和调查从技术上还不完全成熟，但是本次大规模的数据处理与验证已充分证明了该技术方法的可行性和巨大潜力。

8. 开展了岩溶山区典型地质灾害监测示范工作

开展了灰岩山区地质灾害 GPS 实时动态监测系统的建立和稳定运行工作，工作表明采用 GPS 实时动态定位技术对灰岩山区特大地质灾害进行动态变形监测是完全可行的，而且实现了从野外观测、数据采集、数据传输和解算分析的全自动化，可以实时、高精度地获取危岩体的三维变形信息，从而能够快速准确地对危岩体的变形情况进行判断和预报。

第 1 章　岩溶山区典型崩滑灾害的发育特征

西南岩溶山区构造上属扬子地台，中三叠世末期的印支运动，结束海相沉积历史，抬升为陆地；侏罗纪末的燕山运动使其奠定了区域地质构造基本格局，形成 NNE—NE 雁列式褶皱及断裂；新生代以来的喜马拉雅运动，以地壳的间歇性抬升为主，形成了多级剥蚀面及深切的峡谷，造就了现今灰岩峡谷地貌形态。

长期的地质构造运动形成了区域内复杂多样的地形地貌，山高坡陡，河谷深切，"V"型峡谷与悬崖陡壁众多。受此影响，在人类工程活动加剧的大背景下，西南岩溶山区发生过多起重大地质灾害，如 1994 年武隆县鸡冠岭崩滑灾害，导致 15 人死亡，乌江断航数月；2001 年武隆县城高切坡滑坡，79 人遇难；2009 年，武隆鸡尾山大型滑坡–碎屑流，造成 74 人死亡。因此，本章在地质灾害详细调查基础上，对区域内主要地质灾害的基本类型、发育特征进行了阐述，为后续地质灾害深入分析奠定基础。

1.1　岩溶山区崩滑灾害地质发育特征

1.1.1　研究区地质背景

乌江流域下游地处四川盆地东南边缘与云贵高原过渡地带，区域内地质构造雏形由燕山运动第二期形成，除东南部少部分地区属川鄂湘黔隆起褶皱带外，大部分地区均属新华夏系构造体系和南北向构造体系——川黔南北构造带。

七曜山断裂带是区域上基底断裂带，是上扬子台拗渝东南陷褶束与四川台拗川东陷褶束的分界线。断裂带东侧古生代地层广泛分布，西侧为中生代地层分布区，断裂带对古生代地层及岩相控制较明显。构造上，西侧为典型隔挡式褶皱，东侧为背斜向斜等宽的城垛状褶皱，典型地质剖面如图 1.1 所示。从区内压性结构面，如褶皱、冲断层等构造形迹的组合形式及展布方向来看可分为 NNE、NS、NNW 及部分弧形构造线，它们往往成群集聚在一定地带，并有相互干扰现象，总体而言以 NNE 向构造线最为显著，占其绝对优势，反映了测区地质构造是应力场为 NWW 与 SEE 压应力的条件下所形成的新华夏系构造体系占主导地位。

区域内地层均为沉积岩，震旦系、上志留统、泥盆系、石炭系、白垩系地层缺失，寒武系至侏罗系地层均有沉积，沉积总厚度大于 8km，其碳酸盐岩类和碎屑岩类厚度近于各占一半。地层接触关系除二叠系梁山组假整合于中志留统之上，第四系不整合于各时代地层之上外，其余均为整合接触。

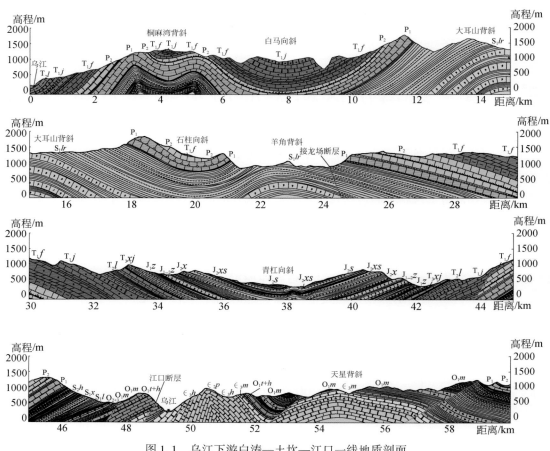

图 1.1　乌江下游白涛—土坎—江口一线地质剖面

1.1.2　工程地质岩组与特性

1.1.2.1　工程地质岩组

根据岩土体工程地质类型按成因、结构类型、岩性组合及物理力学性质的差异将区内岩土体划分为松散、半坚硬、半坚硬—坚硬、坚硬四大岩类，各工程岩组地质特征见表 1.1。

受构造运动影响，乌江强烈下切侵蚀，并横切区域内多个褶皱带，形成高陡险峻的峡谷地貌，为了解不同的斜坡地层结构提供了天然剖面。在调查基础上，根据地层岩性组合特征、岩体结构类型和岸坡结构类型的关系分析了乌江下游干流岸坡四种斜坡结构类型。

（1）中厚层碳酸盐岩夹软弱夹层横向岸坡（图 1.2a）：该岸坡主要是由二叠系深灰、灰色中厚层含有机质生物碎屑灰岩，夹有薄层灰黑色有机质页岩组成。这一结构岩层层理产状为 330°~335°∠35°~42°，主要有三组节理发育，优势节理为 350°∠88°（图 1.2b），坡体节理切割形成长方体块体。该斜坡结构类型以灰岩为主，岩体强度较高，多形成单斜山体地貌形态，受节理裂隙及岩溶的作用，会发生侧向崩塌及顺层滑坡。

表 1.1　乌江下游工程地质岩组划分及特征

工程地质岩组			地层代号	工程地质特征
岩类	亚类	代号		
松散岩类	砂砾、卵石、碎石为主的松散岩类	I$_1$	Q$_h$	第四系松散岩类，分布于乌江下游及其支流岸坡阶地、岩溶洼地底部，以及斜坡上的崩积、坡积、残积物。岩性为黏土、粉质黏土、粉土、碎块石土及卵砾石。松散，具有可塑性，呈半胶结状态，力学指标与工程特性差，在地表水及地下水的作用下，易产生浅表层滑坡
	碎石、砂土为主的松散—半胶结岩类	I$_2$	Q$_h$、Q$_p^{al}$	
半坚硬岩类	页岩及砂质泥岩半坚硬岩类	II$_1$	S$_2$h、S$_1$l、S$_1$x、O$_{2+3}$、O$_1$m	分布面积广，包括志留系中统韩家庙组（S$_2$h）、下统龙马溪组（S$_1$l）、小河坝组（S$_1$x），奥陶系中上统（O$_{2+3}$）、下统湄潭组（O$_1$m），岩性主要为页岩及砂质泥岩，间夹灰岩及泥质灰岩。岩性较软，易风化，遇水易崩解、软化，风化层厚 10~20m，页岩易剥落，常堆积规模较大的风化体，易产生滑坡
半坚硬—坚硬岩类	泥岩、砂岩、粉砂岩坚硬—半坚硬岩类	III$_1$	J$_3$p—J$_1$z	构造上分布在向斜轴部及翼部，地形上为单面山及"坪"状山，包括侏罗系上统蓬莱镇组（J$_3$p）、遂宁组（J$_3$s）、中统上沙溪庙组（J$_2$s）、下沙溪庙组（J$_2$xs）、中下统自流井群（J$_{1-2}$）、三叠系中统雷口坡组（T$_2$l）、二叠系梁山组（P$_1$l）地层。侏罗系地层岩性为泥岩与砂岩互层，三叠系中统雷口坡组地层为钙质泥岩、泥灰岩、白云质灰岩。岩石坚硬程度不一，泥岩含有大量的亲水性黏土矿物，如蒙脱石、伊利石及高岭石，其抗风化能力极低，遇水极易软化泥化形成软弱带。在持续降雨或暴雨诱发下，容易产生滑坡，且极为频繁
	灰岩、泥灰岩夹页岩、泥岩坚硬—半坚硬岩类	III$_2$	T$_2$l、P$_1$l	
坚硬岩类	砂岩夹泥岩、页岩坚硬岩类	IV$_1$	T$_3$xj	呈条状及小面积分布于区域中北部沿线，构造上为向斜，地貌为单面山，为三叠系上统须家河组（T$_3$xj）地层，岩性为石英砂岩或长石英砂岩，中厚层、块状，局部夹 0.1~0.2m 之有机质页岩及不规则的煤线，构造裂隙发育。该类岩石坚硬抗风化能力强，有机质页岩及煤线为软弱夹层，易泥化。此外，由构造裂隙发展成的崖边卸荷裂隙发育，易发生危岩崩塌，形成崩积物堆积体
	灰岩、白云岩夹页岩可溶性坚硬岩类	IV$_2$	T$_1$j、T$_1$f、P、O$_1$t+h、∈$_3$	该类岩组出露面积广，多分布于背斜或向斜轴部，地层为三叠系下统嘉陵江组（T$_1$j）、飞仙关组（T$_1$f）、二叠系（P）、奥陶系下统红花园组、桐梓组（O$_1$t+h）、寒武系上统（∈$_3$），岩性为灰岩、白云岩、白云质灰岩，夹少量页岩及粉砂岩。该类岩石强度高，但由于碳酸盐岩的可溶性，加之坚硬岩石裂隙率较高，在地表水及地下水的长期溶蚀作用下，岩溶发育，落水洞、溶洞、溶隙等发育，山体纵向切割深度大，大型崩塌滑坡时有发生

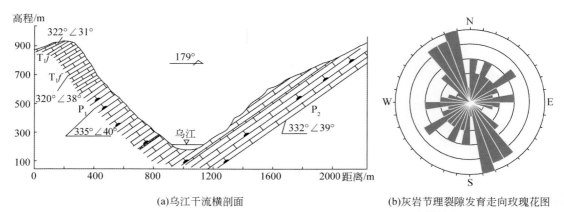

(a)乌江干流横剖面   (b)灰岩节理裂隙发育走向玫瑰花图

图 1.2   乌江下游武隆县黄草河段中厚层碳酸盐岩库岸斜坡地质结构

（2）薄层砂页岩互层碎屑岩横向岸坡：该岸坡主要是由志留系灰黄、黄绿色粉砂质页岩及薄层粉砂岩地层组成。岩层层理产状为 330°～340°∠28°～35°。岩体表层风化强烈、较为破碎，裂隙间距非常小。由于斜坡结构类型岩性以砂页岩互层为主，岩体强度低，受乌江剥蚀作用，这一岸坡多形成宽缓的河谷地貌（图 1.3）。表层强风化层在降雨条件下多发浅层滑坡或坡面流，规模较小，但发生频率较高。此外，该套碎屑岩层与上部中厚—厚层碳酸盐岩组合时，容易形成"上陡下缓、上硬下软"的地貌结构，易形成大型岩质崩滑灾害。

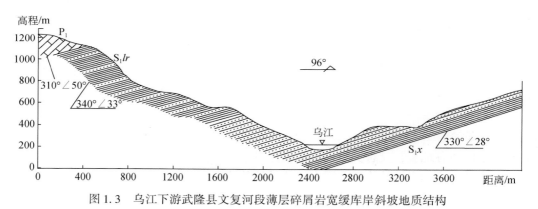

图 1.3   乌江下游武隆县文复河段薄层碎屑岩宽缓库岸斜坡地质结构

（3）中厚层—厚层碳酸盐岩横向岸坡：该斜坡由奥陶系下段和寒武系上段灰、深灰色中厚至厚层状灰岩、白云质灰岩组成。岩层节理发育，岩溶作用强烈，层理产状为 320°～330°∠45°～50°。由于斜坡以灰岩及白云质灰岩为主，强度较高，因此坡体整体稳定性较好，经过乌江长期的侵蚀多形成狭窄深切的河谷地貌（图 1.4）。

（4）中厚层碳酸盐岩横向岸坡：该类斜坡主要是由三叠系中厚层灰岩及泥质灰岩组成，其间夹有薄层灰黑色有机质页岩。结构面较发育，坡体易被节理切割形成长方体块体。常有崩塌落石及滑坡发生。根据斜坡岩层产状又可细分为两种岸坡结构：

①中陡层状灰岩岸坡（图 1.5a）：岩层层理产状为 114°～125°∠25°～40°，主要有三

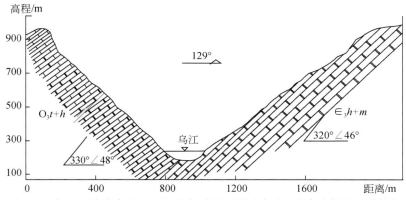

图1.4　乌江下游武隆县江口河段中厚层—厚层碳酸盐岩库岸斜坡地质结构

组节理发育，优势节理裂隙为340°∠88°和55°∠60°（图1.5b），经过长期的流水侵蚀，形成了较为狭窄的河谷地貌，以滑坡和滑移式崩塌灾害为主。

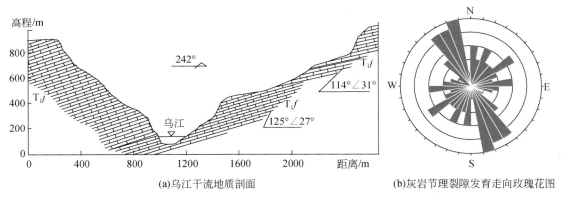

(a)乌江干流地质剖面　　　　　　　　　　　(b)灰岩节理裂隙发育走向玫瑰花图

图1.5　乌江下游武隆县土坎河段中厚层碳酸盐岩库岸斜坡地质结构

②平缓层状灰岩岸坡（图1.6a）：岩层层理产状为170°~175°∠10°~13°，有两组优势节理裂隙发育，产状为110°∠72°和20°∠87°（图1.6b），经过长期的河流侵蚀，形成了相对狭窄的河谷地貌，灾害类型以岩溶裂隙贯通后的侧向崩塌为主。

不同岩性组成的岸坡结构反应了乌江流域地貌演化的特点。岩体性质较好的灰岩、白云岩山体多形成侵蚀，形成了相对狭窄高陡的河谷地貌，强度较差的砂页岩地层斜坡多形成了相对宽缓的河谷地貌。对于地质灾害的类型，结合岩层岩性、产状、形态、结构面发育程度特征，灾害的类型也差别很大。

1.1.2.2　工程地质特性

为了更好地研究区域内与地质灾害有关的主要地层特性，对乌江下游河段的三叠系、二叠系、志留系、奥陶系和寒武系的灰岩、泥灰岩、白云质灰岩、页岩和泥岩进行矿物化学成分测试，并对研究区内分布最广的灰岩进行了物理性质、抗拉强度、单轴抗压强度和三轴抗压强度试验测试，测试结果见表1.2至表1.4。

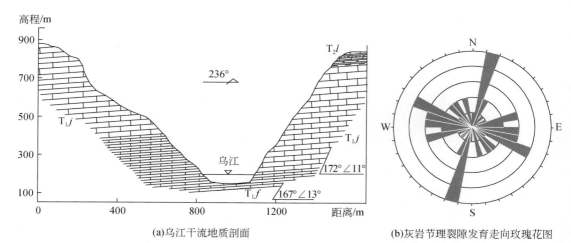

(a)乌江干流地质剖面　　　　　　　　(b)灰岩节理裂隙发育走向玫瑰花图

图 1.6　乌江下游武隆县尖峰岭河段中厚层碳酸盐岩库岸斜坡地质结构

由表 1.2 测试结果可以看出，区域内灰岩、泥灰岩和白云质灰岩的主要化学成分为 CaO、MgO 和 SiO_2，其中灰岩富含 CaO，含量约为 40%～55%，泥灰岩次之，含量约为 38%～45%，白云质灰岩最少，含量约占 30% 左右；MgO 的含量在白云质灰岩中最高，可达 20%，灰岩和泥灰岩中最少，均低于 3%；而 SiO_2 的含量在灰岩中变化较大，一般为 0～22%，在泥灰岩和白云质灰岩中含量较稳定。页岩的化学成分以 SiO_2 为主，含量均在 50% 以上，并含有少量及微量的 CaO、MgO、K_2O 和 Na_2O，含量一般都不超过 5%。

表 1.2　乌江下游河段主要地层矿物成分测试结果

样品编号	地层岩性	矿物含量/%				
		CaO	MgO	SiO_2	K_2O	Na_2O
1	三叠系嘉陵江组灰岩	50.45～52.23	0.61～1.12	3.58～5.52	—	—
2	三叠系飞仙关组灰岩	54.55	0.48	1.14	—	—
3	三叠系飞仙关组泥灰岩	38.86～44.03	1.69～2.51	10.24～16.62	—	—
4	三叠系飞仙关组泥岩	15.15～22.91	7.37～14.35	10.14～33.1	—	—
5	二叠系长兴组灰岩	40.91～45.37	1.33～1.36	9.50～21.72	—	—
6	二叠系龙潭组灰岩	51.33	0.7	6.88	—	—
7	二叠系茅口组灰岩	54.1	0.83	1.08	—	—
8	二叠系栖霞组灰岩	50.9～54.37	0.53～2.29	0.9～4.28	—	—
9	志留系韩家店组页岩	0.46	2.78	58.48	4.53	0.093
10	志留系罗惹坪组页岩	0.52	1.09	77.64	1.95	2.21
11	志留系龙马溪组页岩	3～3.1	2～2.72	58.69～59.88	3.68～3.99	1.04～1.56
12	奥陶系灰岩	45.73～48.13	1.04～1.13	9.42～10.28	—	—
13	奥陶系白云质灰岩	29.95	20.63	3.36	—	—
14	奥陶系页岩	0.22	2.54	54.27	4.92	0.78
15	寒武系白云质灰岩	30.57	19.74	2.22	—	—

　　表 1.3 为区域内三叠系飞仙关组至二叠系栖霞组灰岩的物理性质测试结果。可以看出，灰岩的天然密度为 2.63～2.72g/cm³，天然重度为 25.80～26.68kN/m³。而灰岩的孔隙率较小，仅为 1.18%～1.89%，这反映出了灰岩具有良好的力学性质。因此，灰岩的干密度和饱和密度与天然状态下的密度相差不大，干密度为 2.63～2.72g/cm³，饱和密度为 2.64～2.73g/cm³。

表 1.3　乌江下游河段主要地层物理性质测试结果

样品编号	地层岩性	天然密度/ (g/cm³)	饱和密度/ (g/cm³)	干密度/ (g/cm³)	天然重度/ (kN/m³)	孔隙率/ %
1	飞仙关组灰岩	2.68	2.68	2.66	26.22	1.61
2	飞仙关组含硅质灰岩	2.68	2.68	2.66	26.22	1.83
3	嘉陵江组灰岩	2.67	2.68	2.66	26.21	1.74
4	龙潭组灰岩	2.63～2.68	2.64～2.69	2.62～2.67	25.80～26.25	1.36～1.54
5	龙潭组含碳质灰岩	2.63～2.71	2.64～2.70	2.62～2.68	25.80～26.56	1.47～1.89
6	茅口组灰岩	2.68～2.72	2.68～2.73	2.67～2.71	26.24～26.68	1.18～1.55
7	栖霞组灰岩	2.67	2.68	2.66	26.16	1.47

　　表 1.4 为灰岩的物理力学性质测试结果，结果表明：不同地层时代的灰岩单轴抗压强度值变化较大，在天然状态下，最低值为 30.1MPa，最高值达到 61.0MPa；在饱和状态下，最低值为 22.6MPa，最高值达到 52.5MPa，并且具有明显的软化效应，软化系数变化于 0.75 和 1 之间。强度的差异与灰岩的矿物成分、物理性质有关。灰岩的抗拉强度、抗剪强度指标以及弹性模量变化不大，且与单轴抗压强度具有良好的对应关系，表现为单轴抗压强度越大，抗拉强度、抗剪强度指标和弹性模量越大，泊松比介于 0.16 和 0.21 之间。

表 1.4　重庆武隆县—南川区主要地层力学测试结果

样品编号	地层岩性	抗拉强度/ MPa	内摩擦角/ (°)	黏聚力/ MPa	弹性模量/ GPa	泊松比	单轴抗压强度		软化系数
							天然/ MPa	饱和/ MPa	
1	飞仙关组灰岩	3.45	43.30	10.80	12.38	0.18	51.0	42.8	0.84
2	飞仙关组含硅质灰岩	3.18	42.92	10.33	11.38	0.2	49.4	41.5	0.84
3	嘉陵江组灰岩	2.00	40.74	6.73	8.54	0.21	30.6	23.3	0.76
4	龙潭组灰岩	2.69～2.83	42.34～42.44	8.31～9.18	9.90～10.32	0.18～0.19	32.3～43.4	32.3～35.2	0.81～1
5	龙潭组含碳质灰岩	2.04～2.32	40.60～41.36	6.43～7.37	9.03～9.25	0.20～0.21	30.1～33.5	22.6～25.5	0.75～0.76
6	茅口组灰岩	3.91	45.16	11.40	14.41	0.16	61.0	52.5	0.86
7	栖霞组灰岩	2.47	41.58	8.17	9.45	0.20	37.0	29.3	0.79

1.1.3　水文地质结构特征

岩溶山区碳酸盐岩类裂隙岩溶水普遍存在。区域内岩溶发育受岩性岩相、构造、地形地貌及新构造运动等综合因素的综合控制，主控因素的变化引起岩溶水文地质结构发育存在显著差异（周军等，2003）。本研究参照长江三峡库区岩溶水文地质结构的分类（殷跃平，2004），对本区的岩溶水文地质结构进行了分析，见表1.5。

表 1.5　乌江下游主要岩溶水文地质结构分类

斜坡水文结构类型		地下水及岩溶发育特征	斜坡水文结构示意图
碳酸盐岩含水岩组斜坡	岩溶裂隙水-管道流型斜坡	地下水补给区一般在一级分水岭背后地区。含水层以岩溶裂隙水与管道流相混生而成的含水系统，局部的地下水以暗河形成脉状网络连结岩溶裂隙网络进行径流与排泄，部分含水层则只有岩溶裂隙网络。地表溶蚀洼地、漏斗、溶水洞等汇水与入渗通道十分发育，降雨后地下岩溶裂隙与管道系统水位动态变化很大	
	岩溶裂隙水纵向径流型斜坡	地下水沿岩溶通道进入背斜核部后被两翼隔水地层阻挡，形成纵向径流为主的岩溶地下水系统，以暗河、泉或潜流形式排入峡谷河道中，地下水补给与径流区呈现窄长特点，降雨时地下水位动态变化大	
	岩溶裂隙水承压-潜水横向径流型斜坡	碳酸盐岩地层较薄或夹有多层隔水层，同时地层接近单斜并与河流走向近似平行。斜坡以岩溶裂隙水较多，管道流情况较少，主要沿溶蚀的层面裂隙与纵张节理渗入补给，向河流或支流斜向切割含水层的出露区排泄，在远离排泄区的一端水头较高，形成局部承压，对斜坡稳定性不利	

斜坡水文 结构类型		地下水及岩溶发育特征	斜坡水文结构示意图
碳酸盐岩夹碎屑岩含水岩组斜坡	顺层岩溶-孔隙承压-潜水斜坡	补给区较远，含多层隔水层与含水层，往往上部为岩溶裂隙水，下部砂岩层中含孔隙裂隙承压水。岩溶裂隙水常与表层松散孔隙介质潜水组成一个含水体	
	逆向反倾承压-潜水斜坡	含水层反倾坡内，又有多层隔水层存在，常形成多层承压潜水含水层。补给区域不大，经常是含水层地下水流入覆盖其上的坡积层中，成为孔隙潜水	

1.2　典型崩滑灾害变形破坏模式

　　受构造抬升和河流下蚀影响，岩溶山区多形成大量高达数百米的陡崖，地层岩性多以三叠系下统、二叠系、奥陶系和寒武系灰岩、白云岩组成，如著名的乌江峡谷。厚层灰岩、白云岩中往往夹有多层的碳质页岩，原岩强度较高，尤其是该岩层大多具有强烈紧密波状同生褶皱，增大了层面的起伏度，提高了沿层面方向的抗剪强度。在构造运动过程中，原岩演变成层间错动带或泥化夹层，强度降低，成为控制滑坡崩塌地质灾害的主要因素。同时，二叠系下伏含煤、铝土矿等强度极低的软弱岩层，由于长期大规模的人工采掘，在"上硬下软"的厚层—巨厚层灰岩斜坡边缘形成大规模的高陡危岩及斜坡变形带，如武隆县羊角、大佛岩、南川区甑子岩等斜坡崩滑变形体。这一灾害类型在西南山区普遍存在，造成过多起重特大人员伤亡事故，值得深入研究。

1.2.1　斜倾层状山体崩塌滑坡-碎屑流

　　斜倾层状山体是岩溶山区最为常见的地貌形态，以大型单斜山体地貌居多。这类斜坡往往一边是陡崖，崖壁可见较坚硬的中厚层灰岩构成的地层，下部为夹煤层、铝土矿层的地层，常为背斜一翼，倾向与斜坡走向小角度相交，倾向斜坡内部。这类斜坡的失稳模式有两类：侧向崩塌滑坡和斜倾视向滑坡。

（1）侧向崩塌滑坡是这一地质结构常见的破坏模式（图1.7）。上部中厚层的灰岩山体受前缘稳定山体阻挡，在节理裂隙控制下，朝侧向临空面发生崩塌破坏，崩塌体在下部斜坡上形成倒石堆或崩塌堆积体。当崩塌规模较大时，会触发下部堆积层斜坡发生滑动，从而诱发灾害链生效应，如著名的新滩滑坡（孙广忠，1996）、茅坪滑坡（邓建辉等，2003；李世海等，2003；祁生文等，2004）就是这一类型。

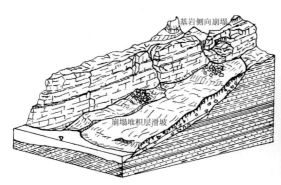

图 1.7　斜倾灰岩山体崩塌滑坡破坏特征

（2）斜倾视向滑坡是这一地层结构斜坡的大规模滑动的主要失稳类型。斜倾层状斜坡的岩层倾角与坡面倾角夹角为45°～135°。当岩层倾角与坡面倾角夹角为45°～90°时，即岩层斜倾向临空面，斜坡破坏模式与顺向坡类似；当岩层倾角与坡面倾角夹角为90°～135°时，即岩层斜倾向山体内部，滑坡失稳模式较复杂，可能发生视倾向滑动。斜倾灰岩山体视向滑动岩层中发育强度较低的碳质页岩软弱夹层，山体沿软弱夹层向倾向方向的蠕滑变形受阻，迫使山体在前缘沿走向临空面的陡倾结构面或通过剪断岩体向视倾向方向滑动（图1.8）。2009年武隆县鸡尾山滑坡就是典型的斜倾视倾向滑动模式，滑体沿走向临空面的岩溶发育带剪断关键块体，在前缘发生视倾向滑动偏转，从高位滑入东侧冲沟形成高速远程滑坡–碎屑流灾害。

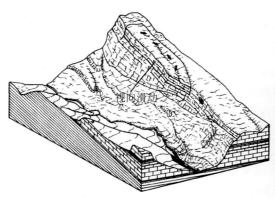

图 1.8　斜倾视倾向山体滑动破坏特征

1.2.2　陡倾逆向层状滑坡–碎屑流

反向陡倾层状斜坡的岩层倾角与坡面倾角夹角为 135°~180°，岩层产状较陡，倾角大于 40°。陡倾层状岩体在自重作用下具有向临空方向弯曲的变形特征，裂缝逐渐在坡体内扩展，在坡体内部沿与层面近垂直、倾向坡外的节理发生拉裂。拉裂面逐步贯通，最终发展为滑坡。

武隆鸡冠岭崩滑灾害属于反向陡倾层状斜坡失稳破坏（图 1.9）。鸡冠岭陡倾层状岩体在自重作用下，向东南 135°临空方向发生弯曲变形，在山顶形成张拉裂缝。当坡脚煤层逐步开采后，覆岩失去有效支撑加速往陡崖方向变形，挤压下伏岩层，外倾拉裂面不断向坡顶发展，最终贯通，导致滑坡的发生，在坡面形成碎屑流，向东北 40°~45°方向滑动。

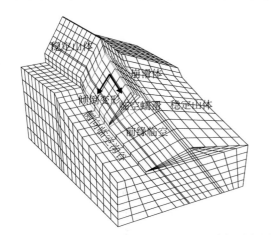

图 1.9　陡倾逆向层状灰岩山体崩滑破坏特征

1.2.3　层状岩质斜坡崩塌

层状岩溶山体危岩落石崩塌是区域内最频发的一种破坏模式。岩体内部的陡倾构造裂隙将山体切割成层状块裂结构，在卸荷及其他外营力作用下，陡倾构造裂隙发展为深大裂隙，在山体边缘形成危岩体。当坡脚发育外倾结构面时，危岩体易发生平面剪切–滑移崩塌；当坡脚存在软弱基座时，易发生塑流–拉裂崩塌，若软岩为夹层时，则以滑移–拉裂破坏为主；当坡脚无外倾结构面和软岩时，可能发生岩体剪切–错断。结合野外调查，根据岩体受力状态、变形破坏规律及裂隙结构面的发展，将层状高陡岩质斜坡崩塌失稳归纳为以下五种破坏模式。

1. 滑移–拉裂

层状岩体的滑移–拉裂和压致–拉裂破坏是卸荷作用下产生的，在野外常能观察到。岩性的差异使厚层高陡斜坡在形成过程中产生差异卸荷回弹，层面间发生剪切破裂，山体沿软弱结构面蠕变滑移。高陡斜坡应力差异表现为岩体径向应力由坡内向坡面、坡脚向坡顶的压应力渐变为拉应力,因此在山体顶部张力带形成陡倾张拉裂缝,在山体内部形成与陡坡面近平行(主应力方向)的压致拉裂面。沿滑移面附近产生的压致张拉裂缝,其形成机制与压应力作用下的格里菲斯裂纹扩展规律类似。研究表明,压应力作用下的格里菲斯裂纹端部张拉应力随着裂纹的扩展不断减小。所以,在表生改造阶段,自坡顶向下延伸的卸荷裂隙和自滑移面向上发育的压致张拉裂缝的扩展范围有限。后期在重力长期作用下,山体沿滑移面蠕滑变形,压致张拉裂缝和卸荷裂缝间岩体形成的锁固段应力不断累积,最终发生脆性剪断。

　　滑移-拉裂式崩塌是山体沿层面滑移,山体内部与坡顶陡倾张拉裂缝逐渐扩展,最终贯通发生瞬时破坏的过程(图 1.10),该破坏模式易发的厚层高陡山体一般具有以下地质结构特征:①岩性由较脆且坚硬的砂岩、灰岩等组成,这是岩石发生压致张拉破坏的必要因素;②硬岩中发育近水平且向临空面的结构面,或夹有相对较薄的近水平坡外的软弱夹层,没有显著的不均匀沉降和软层挤出现象;③在发生整体瞬时失稳前,坡脚由于岩体滑移压致出现后倾转动变形,后缘拉裂缝呈现不断张开的趋势;④野外可观察到软弱夹层或近水平结构面的剪切滑移擦痕、滑移面附近出露岩体蠕变松弛,在勘察平硐内可观察到陡倾节理裂隙拉开的现象等。

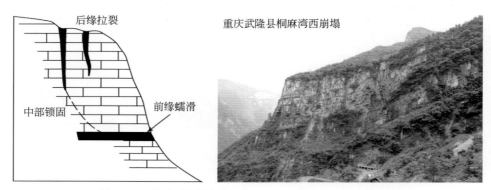

图 1.10　滑移-拉裂式崩塌模式(据黄润秋,2004 修改)

2. 塑流-拉裂

　　塑流-拉裂主要发生在软弱基座体斜坡中,下伏软岩在上覆硬岩自重的长期作用下,产生塑性流动并向临空方向挤出,导致上覆硬岩岩体拉裂解体(Glastonbury and Fell,2000;Pells,2008)。厚层高陡斜坡在塑流-拉裂下可以危岩体平面滑移(Voight,1973)、旋转滑移(Hungr,2013;黄波林等,2008)、侧向扩展(Magri et al.,2008;Benedetti et al.,2013)和倾倒等模式发生破坏(Di Maggio et al.,2014),这与山体的地质结构以及节理切割后危岩体的形态有关。例如,岩层近水平向坡内、陡倾构造节理裂隙倾向临空面时,硬岩拉裂形成的危岩体重心偏上,易形成旋转型剪切滑移;当岩层近水平向外时,在偏心作用下则更可能发生危岩倾倒(图 1.11)。无论哪一种破坏模式,都是从软岩接触面的硬岩拉裂破坏开始的,这是由于下伏软岩的水平变形远大于硬岩。

　　发生塑流-拉裂式崩塌的斜坡具有以下特征:①上覆陡崖为强度较大的硬岩(碳酸盐岩、砂岩),下伏厚度较大的软岩或软弱互层岩层(泥岩、泥岩砂岩互层),差异性风化

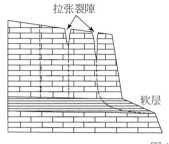
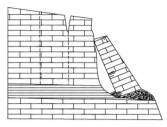
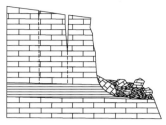

图 1.11　厚层高陡山体塑流-拉裂破坏过程

作用下表现为上陡下缓的地貌特征；②上覆岩层为近水平较完整的硬岩，岩体中多发育陡倾节理；下伏软弱岩层或软硬互层岩层呈薄层近水平状；③剪出口发育于下伏软弱岩层中，呈圆弧形或圈椅状，为软弱岩层在无侧限压缩情况下剪切破坏形成；硬岩中破裂面一般沿岩体中既有构造节理发育而成，陡倾节理裂隙倾向临空面；④山体早期变形表现为下伏软岩的压裂鼓胀、塑流挤出破坏，上部硬岩的缓慢沉降及后倾变形。

3. 倾倒-拉裂

孤立的柱状危岩体在岩溶山区很常见，岩性较硬，垂直方向上稳定性较好，在断面上具有高而长的特点（图 1.12）。当坡脚由于地下开采或淘蚀冲刷，支撑力减弱，直立的不稳定岩体不断向临空方向倾倒。当岩体重心偏离到一定程度，危岩体底部内侧最大拉张应力超过岩体强度发生拉裂折断，形成倾倒崩塌。

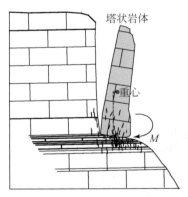

图 1.12　倾倒-拉裂式崩塌破坏模式

重心偏移使柱状危岩一侧形成拉应力，最大拉应力超过岩体强度时发生拉裂破坏。发生倾倒拉裂崩塌的近水平厚层高陡斜坡具有以下特征：①岩层以近水平角倾向坡内；②岩体内部陡倾构造节理裂隙发育，沿陡倾构造节理形成高厚比较大的塔（板）状危岩体；③岩体较完整，呈块裂结构，由硬岩组成，岩体单轴抗压强度较大；④塔（板）状危岩体底部无软弱夹层或倾向坡外的软弱结构面。

4. 剪切-滑移

与剪切-错断不同，剪切-滑移式破坏是沿着结构面发生剪切破坏。厚层高陡斜坡主要发育与岩层近垂直的陡倾节理，故其剪切-滑移破坏主要为沿平直结构面的平面滑移（图 1.13）。发生剪切-滑移破坏的一个必备条件是悬垂，由于差异性风化或人工开挖等作用，厚层状硬岩底部形成凹腔，呈悬空或局部悬空（Frayssines and Hantz，2006，2009）。在自重作用下，陡倾节理或张拉裂缝的"岩桥"剪断形成贯通性结构面，从而发生滑移破坏（Deparis et al.，2007）。剪切-滑移式破坏主要发生在平缓向内的高陡斜坡，陡倾节理面倾向坡外，滑移结构面在坡脚临空面出露（图1.13）。

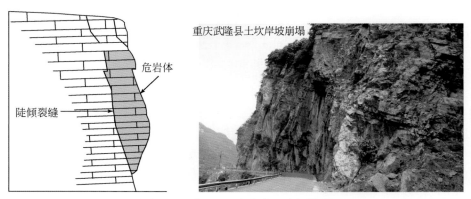

图1.13　剪切-滑移式崩塌破坏模式

5. 劈裂-溃屈

崩塌体底部出现掉块现象，中部冒起灰尘，随后底部岩体出现劈裂破坏，上部岩体垂直下挫，并在坠落过程中发生解体，坠落撞击在陡崖间斜坡上形成凹形槽。岩体在垂向压力作用下的劈裂-溃屈破坏，主要发生于薄层状碎裂岩体或上硬下软的层状岩体，在野外原位岩体力学试验中偶尔能够观察到。可以认为，平缓层状高陡山体溃屈式崩塌，一般发生在坚硬岩体中，危岩体受陡倾节理控制，沿近水平软弱结构面发生压致张裂，最后发展为劈裂-溃屈式破坏（图1.14）。

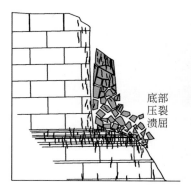

图1.14　劈裂-溃屈式崩塌失稳模式

1.3　崩滑灾害形成条件与影响因素

调查发现，大型崩滑灾害多发于层状碳酸盐岩、碎屑岩的褶皱山体缓倾-陡倾的翼部或平缓核部地带。从地形地貌上看，斜坡往往是上部为厚度大于 100m 的灰岩夹 4 ~ 6 层薄层状碳质或泥质页岩、下部一般为厚度小于 15m 软层地层结构的大型山体，具有典型的上硬下软、上陡下缓的"二元结构"特征，临空条件好，河谷深切，山体失稳后，有较大的势能向动能的转化，极易形成高速远程碎屑流，造成严重的损失（殷跃平，2010；殷跃平等，2010，2013）。因此，地质灾害的形成发育与地层岩性、地质构造、地形地貌、水文地质及人类工程活动等因素密切相关。

1. 地层岩性

不同时代的地层，其岩性（矿物组成、组构、物理力学性质及水理性质等）千差万别，不同岩性的组合类型必然对斜坡的稳定性、崩滑地质灾害的发育特征、失稳模式产生很大的影响。调查区内，广泛分布的碳酸盐岩和碎屑岩所构成的斜坡结构是导致崩滑灾害普遍发育的主要内因与前提条件。

（1）侏罗系地层的泥砂岩，沉积时代晚，固结度差而质软，含水量较高，可达15% ~ 20%，一定深度内风化作用强烈，从而造成表层坡体遇水膨胀，强度降低，产生失稳滑动。

（2）对于三叠系和侏罗系等地层砂岩与泥岩（页岩）互层的斜坡结构，更易产生滑崩灾害。这种软、硬相间或互层的岩石组合，由于其悬殊的差异风化、侵蚀作用和软弱层的存在，致使坚硬砂岩在地貌上形成陡崖（坎），而软弱岩层易风化剥蚀或流水侵蚀而失稳滑动。

（3）碳酸盐岩斜坡一般岩溶极为发育。碳酸盐岩作为一种坚硬岩石，与较软的砂、页岩成互层或夹层时，由于软岩层侵水软化或采空从而构成滑坡区，在重力和工程扰动因素诱发下发生大型滑、崩等地质灾害，而由其崩滑堆积的斜坡体在降雨等情况下也会发生进一步的失稳。

2. 地质构造

地质构造泛指发生在地质历史中，一方面塑造了区域高山峡谷的地貌形态，另一方面由于区域围压和定向压力作用在岩层上而产生的不连续变形面和破坏面。这些特征是影响斜坡稳定性和崩滑灾害发育的控制性条件。尤其是构造活动所产生的各类结构面及其性质、产状、规模和密集度对灾害控制作用最显著，强烈的构造作用，使区内形成大型褶皱山体，岩体内部构造节理裂隙发育，碳酸盐岩及碎屑岩地层中一般大于 2 ~ 3 组大型构造节理，节理倾角为 50° ~ 89°，是岩质滑坡、崩塌的控制性边界，同时也控制着地质灾害失稳模式。

3. 地形地貌

地形地貌特征是影响地质灾害发生的又一个重要外部因素。在不考虑人为改造的环境下，平坦地面除地面塌陷、岩溶塌陷外，一般不会发生崩滑灾害，而丘陵和山地地貌则是各类灾害的多发区，不同坡度的斜坡地貌是发生地质灾害的又一必备条件。一般情况下，陡峻的斜坡较平缓的斜坡易发生崩滑破坏，因岩土类型和结构不同，灾害的类型也各异。如丘陵地区，由中生界砂泥岩组成的缓坡段以滑坡为主，陡坡段以崩滑为主；在碳酸盐岩地层的中山区，极易形成陡峻地形（坡度大于 45°），常诱发中型乃至大型的崩塌灾害。

4. 降雨及地下水

降雨是地质灾害发生的主要诱发因素。降雨通过地表裂隙渗入岩土体中，增加斜坡体自重，增加了静水压力和动水压力，降低了软弱结构面强度。降雨还能形成坡面洪流，对坡体冲刷、侵蚀，淘蚀斜坡前缘、两翼和坡脚，从而降低斜坡稳定性。研究区内地质灾害详细调查发现，地质灾害强变形或发生主要集中在每年的 6～8 月份，与降雨时间一致。

此外，区域内大部分地区属于岩溶石山，发育有多个大型溶洞、天坑等，地下水对岩体结构改造及山体破坏的作用不容忽视（Colley，2002；Santo et al.，2007；Frayssines and Hantz，2009；Parise，2010）。岩溶山体地下水以岩溶管道流为主，图 1.15 呈现了岩溶管道流对斜坡的水力学作用方式，主要表现为：雨季岩溶管道内水位暴涨形成静水压力和气体压力、地下水流速增加形成负压、地下水重力作用造成负压、气蚀作用、水击作用。在暴雨季节，地下径流猛增，水流沿窄小管道往往呈现满管有压流状态，遇到宽阔地段又可能变为无压明流，不同流态的频繁转换，加之不同压力作用，造成强烈的水动力效应，使管道流对岩壁和岩体的破坏大大增强。

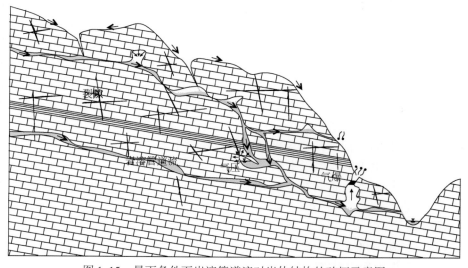

图 1.15　暴雨条件下岩溶管道流对岩体结构的破坏示意图

5. 人类工程活动的影响

除自然因素外，人类的社会和生产活动已成为触发地质灾害不可忽视的主观因素。区内人类工程活动较强烈，采矿、水利水电、公路、铁路的建设带动了经济的发展，同时改变了区内地质环境条件，导致了大量地质灾害。研究区内矿产资源较丰富，已发现的含矿地层有 12 层，以二叠系梁山组和龙潭组含矿意义重大，矿种包括煤、铝、耐火黏土、黄铁矿等，多构成大至中型规模矿床，是区内主要的采矿层。二叠系梁山组和龙潭组矿层的长期开发已形成大面积的采空区，加之爆破开采已对覆岩及上部山体稳定性产生了很大的影响，并诱发了多起与地下采矿有关的特大崩滑灾害，如 1994 年武隆鸡冠岭大型岩质滑坡-碎屑流，2004 年南川区甑子岩大型山体崩塌。在南平—东城—南城—水江一线盆地区，地下采矿也引起了地面塌陷问题。此外，公路、城市工程建设中的不合理切坡也是区内地质灾害的主要诱发因素之一。受地形影响，研究区各等级公路依山势而修，开挖形成的高边坡，在地表水及地下水的长期作用下，逐渐变形失稳。如 2013 年 7 月的连续降雨，诱发乌江左岸 319 国道白马镇—江口镇段数十起滑坡、崩塌及滚石灾害，严重威胁公路安全运营。

第 2 章　近水平层状高陡山体
崩塌失稳机理研究

近水平层状高陡山体岩层倾角小于 10°，主要由厚层状碎屑岩及碳酸盐岩，如砂岩、灰岩与白云岩等硬岩，以及黏土岩组成，具有软硬相间或上硬下软的结构，一般分布在向斜或背斜的核部区域。受褶皱作用影响，这类山体在构造抬升的作用下分布高程较高，岩体内部多发育相互近垂直的陡倾 "X" 型深大节理（孙广忠，1988）。在长期重力和外力作用下，近水平层状高陡山体发生渐进变形，沿陡倾节理在山体边缘形成高厚比较大的 "塔状" 或 "柱状" 危岩，失稳破坏后形成高位崩滑碎屑流，影响范围超过数百米。例如，2004 年 12 月 3 日，贵州省纳雍县岩脚寨后山发生危岩体崩塌，形成 500m 长的崩塌碎屑流区域，造成 44 人死亡的重大灾难（刘传正等，2004）；2004 年 8 月 12 日重庆南川甑子岩危岩局部发生大规模的崩塌，体积约 $50 \times 10^4 m^3$，崩塌体解体后碎屑流运动距离约 800m（任幼蓉等，2005）；2010 年三峡库区巫峡段望霞危岩崩塌，体积近 10 万 m^3，块石最远滚落距离 570m，威胁下方斜坡 518 位居民，并造成长江航道多次封航（乐琪浪等，2011）；2013 年 2 月 18 日贵州凯里危岩崩塌，崩塌体高约 250m，横宽约 70m，平均厚约 10m，造成 5 人死亡失踪。从以上案例可以看出，近水平层状灰岩山体崩塌灾害在西南山区非常普遍，危害也极为严重，造成了数百万甚至数千万的经济损失。

国内外许多专家学者对近水平层状高陡山体失稳模式进行了研究。Terzaghi（1951）提出下伏软岩的长期蠕变是上覆硬岩拉裂形成塔（板）状危岩的主要原因，软岩逐渐碎裂化并发生塑性流动，最终导致塔状危岩崩塌倾倒的发生。胡厚田（1989）根据岩体受力状态和初始运动形式，将岩质崩塌发展模式分为倾倒式、滑移式、鼓胀式、拉裂式、错断式，对岩质斜坡破坏模式的研究有重要的借鉴作用。在对意大利北部阿尔卑斯灰岩山区地质灾害研究的基础上，Poisel 等（Poisel and Eppensteiner，1988；Poisel et al.，2009）认为近水平层状高陡山体由于下伏软层的塑流挤出发生拉张形成塔状、板状危岩，后期以平面滑动、旋转滑动或硬岩倾倒的模式发生破坏。长期的渐进变形过程中，近水平层状高陡山体边缘被大型陡倾构造节理裂隙切割形成板状、塔状危岩体，沿着重心发生偏心倾倒，或沿层面滑移，当软弱基座较厚时甚至发生旋转破坏，其失稳模式不仅与岩性和岩体结构有关，更与结构面的产状及切割形成的岩体形态有关。张倬元等（1994）、黄润秋（2004）提出了近水平层状高陡山体卸荷回弹下滑移拉裂或滑移压致的破坏模式。Rohn 等（2004）对阿尔卑斯山区 Sandling 危岩和 Raschberg 危岩进行了调查，认为陡崖边缘板状危岩崩塌倾倒是下伏低渗透性软岩的不排水剪切的结果。差异性风化在硬岩底部形成岩腔，是近水平层状高陡山体塔状危岩发生倾倒拉裂的主要原因之一（殷跃平，2005；陈洪凯，2008；Dussauge-Peisser et al.，2002；Yin，2011）。上述研究成果对崩塌灾害山体的受力状态、破坏机制、发展模式进行了积极的探索，然而针对岩溶山区近水平层状高陡山体危岩崩塌的破坏机制的研究还有所欠缺。因此本章在总结前人研究和野外调查的基础上，归纳了近水平层状高陡山体变形破坏的地质力学模式，并以重庆市南川区甑子岩崩塌为例，从力学机制上分析了近水平层状高陡山体塔柱状危岩的压裂溃屈破坏过程，并提出了相应的岩体结构识别特征，为野外现场工程地质识别与力学判据分析提供参考和依据。

2.1 岩溶山区近水平层状高陡危岩变形破坏特征

2.1.1 重庆望霞危岩变形破坏特征

望霞危岩坐落在重庆巫山县两坪乡同心村，位于长江三峡巫峡上段北岸坡顶，高程高于水位 1000 余米（图 2.1）。构造上，望霞危岩分布在横石溪背斜轴部，陡坡坡向 197°~205°，岩层平缓，产状 335°~340°∠3°~8°，缓倾向坡内。危岩区出露二叠系孤峰组和吴家坪组灰岩，厚度约 14m，由薄层状碳质页岩、粉砂岩、泥岩和煤层组成的煤系地层将厚层灰岩分为两级陡崖。灰岩中发育一对间距较大的陡倾"X"卸荷节理裂隙，两组节理均倾向临空面，将岩体切割成板状和柱状。下部软岩基座由于侧向临空，在上覆硬岩自重长期作用下表现为塑性流动、临空挤出，加上岩溶作用及地下采空的作用，沿构造节理发育形成贯通性的陡倾裂缝，在顶部一级陡崖边缘形成孤立的板状或塔状危岩体。危岩分布长度约 300m，高 75m，纵宽 30~50m。2010 年 8 月 28 日，其中一处体积约 40 万 m³ 的危岩发生显著变形，出现滚石掉块现象。该危岩体长约 120m，纵宽 30~45m，呈塔柱状，陡坡底部为煤系地层差异性分化形成的缓坡，坡向 205°，坡度约 32°。危岩变形威胁其下方的长江航道及村落、码头，危及人口 518 人。

图 2.1　重庆巫山望霞危岩崩塌前的变形情况

望霞危岩体变形最早可以追溯至 1999 年。在 2010 年 6 月 16 日至 17 日，当地累计降雨量达到 108.5mm，陡崖顶部出现 4 个塌陷坑及 9 条裂缝。2010 年 8 月 21 日，在发生连续 4 天的暴雨后，望霞危岩体出现显著变形迹象，陡坡顶部地表既有裂缝增宽，新的裂缝不断涌现。滚石从陡坡面和裂缝中坠落，地表及裂缝中填充的碎石土从裂缝底部流出堆积在坡脚。坡脚缓坡上的简易公路上出现横向裂缝及鼓丘。2010 年 10 月 10 日至 13 日，4 天累计降雨量 70mm，危岩体出现加速破坏，陡倾裂缝延长增宽，滚石崩落体积和频率增大。至 10 月 21 日，危岩体从底部软层中剪出并整体下挫失稳，后倾倚靠在稳定山体上。底部软层被挤出，散落在斜坡表面，部分被推出二级陡崖。

为了掌握望霞危岩的变形趋势，在地表及危岩体上布设了相应的监测点。图 2.1 中包含了部分监测点，其中 G01 为 GPS 监测站，Lw02、Lw06、Lw07 为全站仪监测点。2010 年 10 月 21 日的崩塌由垂直裂缝 T11 和 T12 控制。监测数据显示（图 2.2），危岩体变形以垂直下挫为主，底部垂向和水平向位移相当。危岩体破坏始于软弱基座的塑性破坏，在底部软层中发生圆弧形剪切，带动上覆危岩体整体下座并后靠。软弱基座的长期塑性流动、临空挤出变形，陡崖岩体上产生向上发展的裂隙，最终导致塔柱状危岩体在陡崖边缘形成。

值得注意的是，在临滑阶段，集中降雨和危岩体变形之间具有显著的相关性。由于灰岩岩体中裂隙发育，地表水可以很快地下渗到达软弱基座。单轴压缩强度试验表明，页岩在饱和状态下强度会显著降低，软化系数一般为 0.5～0.7。由于降雨入渗至相对隔水的软层难度较大，因此危岩体变形加速与强降雨之间存在 2～4 天的时间滞后。

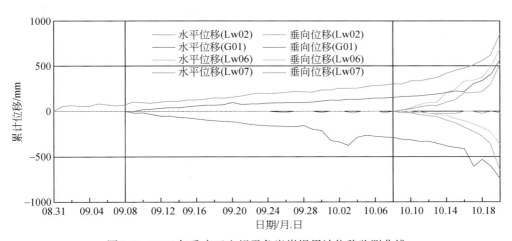

图 2.2　2010 年重庆巫山望霞危岩崩塌累计位移监测曲线

与望霞危岩破坏类似的危岩体国内外都较为常见，如澳大利亚的 Nattai North 崩塌（Glastonbury and Fell，2000）、Sandling 崩塌（Rohn et al.，2004）等。这类发生塑流-剪切式崩塌的近水平厚层高陡山体具有以下特征：

（1）上覆陡崖为强度较大的硬岩（碳酸盐岩、砂岩），下伏厚度较大的软岩或软硬互层（泥岩、泥岩砂岩互层），差异性风化作用下表现为"上陡下缓"的地貌特征，具有临空变形的条件。

（2）上覆岩层为近水平较完整的硬岩，岩体中多发于陡倾节理，下伏软弱岩层或薄层状软硬互层。

（3）剪出口发育于下伏软弱岩层中，呈圆弧形或圈椅状，为软弱岩层在无侧限压缩情况下剪切破坏形成；硬岩中破裂面一般沿岩体中既有构造节理发育而成，陡倾节理裂隙倾向临空面。

（4）山体早期变形表现为下伏软岩的压裂鼓胀、塑流挤出破坏，上部硬岩的缓慢沉降或后倾变形等（图2.3）。

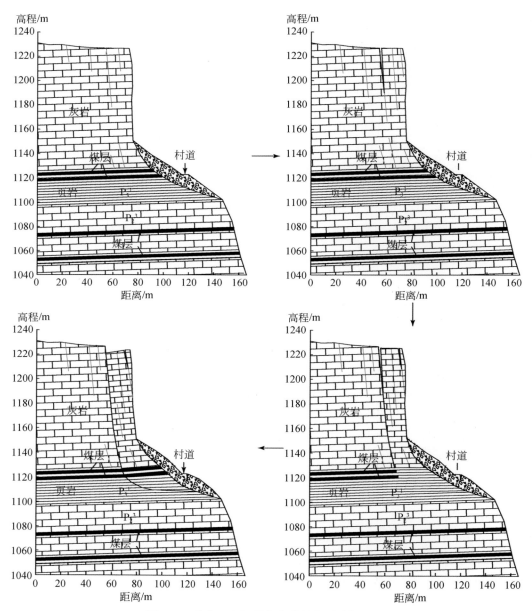

图2.3　重庆巫山望霞危岩崩塌变形破坏过程

2.1.2 贵州鱼洞村危岩变形破坏特征

2013 年 2 月 18 日上午 11 时 30 分，贵州省凯里市龙场镇鱼洞村发生一起危岩崩塌灾害（图 2.4）。崩塌位于鱼洞河左岸的高陡岸坡，河右岸紧邻省道 S308。崩塌掩埋了附近煤矿的 6 间公棚，造成 5 人失踪，阻断鱼洞河。

图 2.4 贵州凯里鱼洞崩塌立面图

鱼洞村崩塌位置上处于北北东展布的鱼洞向斜东翼，岩层产状平缓，岩体内部发育走向北北东和北西的共轭构造节理，节理产状分别为 $130°\angle70°$ 和 $80°\angle75°$。崩塌所在的岸坡高约 220m，斜坡坡面倾向东南 $100°\sim300°$，坡度超过 $80°$，岩层产状 $325°\angle9°$，层面与坡面斜切内倾。山体由上部厚层二叠系栖霞组灰岩和底部二叠系梁山组煤系地层组成，受顺坡及切坡共轭节理裂隙的切割，在陡坡边缘多形成塔柱状危岩体。上部中风化灰岩性脆且硬，完整岩石单轴压缩强度达到 30MPa。下部的煤系地层主要由碳质页岩和煤层组成，区域内煤层开采较为活跃，采空区距离陡崖面约 200m。

鱼洞崩塌体积约 30 万 m^3，崩塌区域溶洞、岩溶管道及溶蚀裂隙等岩溶现象显著。崩塌后拍摄的正射遥感影像显示，崩塌区后缘有一个直径约 2.2m 的岩溶落水洞（图 2.5）。危岩体崩塌后揭露了两个陡倾后壁，壁面覆盖大面积土黄色的泥状填充物、方解石晶体等，显示强烈的溶蚀现象（图 2.4）。根据岩溶覆盖面积估算，崩塌体后壁的连通率超过 70%（董秀军等，2015）。岩桥在岩体崩塌后呈灰白色，破裂面上有定向剪断擦痕。崩塌主后壁与陡崖面走向平行，宽约 80m，上部为近垂直的平面，下部为外倾的破裂面。与主后壁垂直的侧壁，宽约 24m。由于地形陡峻且夏季植被茂密，不仅调查人员难以到达崩塌坡顶，遥感影像也无法探测到岩溶落水洞等（图 2.5a）。直径 2.2m 的岩溶落水洞下部与崩塌后壁相通（图2.5b）。

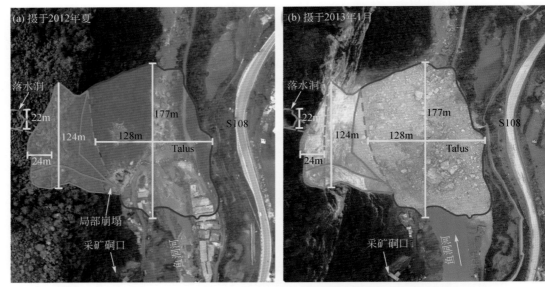

图2.5　贵州凯里鱼洞崩塌遥感影像

鱼洞村崩塌是陡倾构造节理裂隙切割形成的危岩体，在重力和岩溶长期作用下，受地下采矿影响，陡倾后壁"岩桥"逐渐贯通，最终发生危岩体底部脆性剪断。这类崩塌的破坏机理往往是陡倾构造节理裂缝将岩体切割，在陡坡边缘形成孤立的塔柱状危岩。随着后壁裂隙不断贯通，作用在底部岩体的压应力超过岩体剪切强度，发生岩体剪断破坏，形成倾向临空面的剪切面（图2.6）。危岩体的剪切-错断破坏具有瞬时突发的特点，崩塌发生前沿滑动面是没有显著的剪切位移，属于脆性破坏。近水平层状高陡山体发生剪切-错断式危岩崩塌一般具有以下几个特点：

（1）危岩体下部不存在厚度较大的软岩或软岩不临空，也不存在倾向坡外的不连续面和偏心作用；

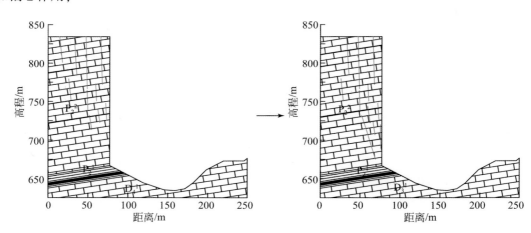

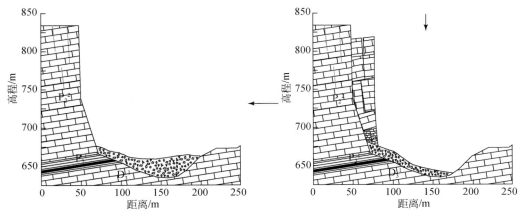

图 2.6　贵州凯里鱼洞崩塌演化过程

（2）危岩体被后部陡倾节理裂缝切割，使危岩与稳定山体脱离，后壁在外营力作用下不断向深部发展，连通率不断增大；

（3）随着陡倾节理不断加深，或岩体下部截面不断减小时，作用在底部岩体的应力超过岩体抗剪强度，发生剪切破坏，形成错断式崩塌；

（4）崩塌后壁一般上部陡峻，沿既有构造节理裂隙发育，下部坡度中等且倾向临空面，是岩体剪切破坏的破裂面。

2.1.3　重庆甑子岩危岩变形破坏特征

重庆南川甑子岩危岩崩塌发生于 2004 年 8 月 12 日，崩塌体体积超过 50 万 m^3，形成的堆积体长约 800m。甑子岩崩塌所处的危岩带，位于金佛山向斜中段近轴部，出露近水平层状地层，形成多级陡崖地貌（图 2.7）。由于特殊的地质环境和人类工程活动影响，在陡崖边缘形成了以"塔柱状"为主的危岩崩塌带。甑子岩危岩带分布范围广泛，危岩体数量众多，地形条件复杂，影响因素多样，危岩带内一部分危岩体存在较大安全隐患，是近水平层状高陡山体危岩崩塌灾害发育的集中区，具有典型性和代表性。

甑子岩危岩带整体呈北东高、南西低之势，地层平缓，由近水平地层形成两级陡崖地貌，三级陡崖只在甑子岩及二垭岩地区发育，危岩体主要分布于一二级陡崖边缘。三级陡崖主要由二叠系长兴组（P_2c）、龙潭组（P_2l）石灰岩组成，崖高 30 ~ 70m，标高范围 1820 ~ 2000m；二级陡崖由茅口组三、四、五段（P_1m^{3+4+5}）石灰岩组成，崖高 100 ~ 236m，标高范围 1550 ~ 1930m；一级陡崖高约 70 ~ 110m，标高 1400 ~ 1560m，主要由茅口组一段（P_1m^1）和栖霞组（P_1q）石灰岩组成，崖底部为富含铝土矿的二叠系梁山组（P_1l）黏土岩含矿层。一二级陡崖之间为茅口组二段（P_1m^2）页岩夹石灰岩形成的斜坡，坡角 37° ~ 44°。一级陡崖之下为志留系中统韩家店组（S_2h）粉砂质页岩及第四系崩坡积物（Q_4^{col+dl}）构成的斜坡地貌，地形坡角 18° ~ 26°，局部较陡，形成典型的"上硬下软、上陡下缓"二元山体结构，为危岩体崩塌提供了条件。

图 2.7　重庆南川金佛山南缘甑子岩危岩带分布

2004 年发生的甑子岩崩塌处于"U"字形甑子岩危岩带的西南角（图 2.8），崩塌危岩体编号为 W12，危岩一面临空，岩层产状 280°～300°∠4°～5°，崩塌方向 200°。甑子岩崩塌体呈塔柱状，高约 250m，顶部高程 1790m，坡脚高程 1640m，主要岩性为茅口组 3～5 段中厚—厚层状灰岩，岩性脆且坚硬。坡脚破裂面高程 1600～1640m，呈倾向临空的缓坡，坡角约 25°，位于厚层灰岩下伏的薄—中厚层状钙质滑石质页岩与中厚层状微晶灰岩互层中。该层岩体在覆岩压力的长期作用下，灰岩与页岩呈碎裂状相互镶嵌，风化作用下形成坡度 37°～45°的斜坡（图 2.9）。

甑子岩崩塌岩体内主要发育两组近直交的陡倾构造节理裂隙：①裂缝产状为 310°∠89°，宽约 2m，充填块石与碎石土，崩塌体的东侧边界即沿该组裂隙发展；②裂隙产状 25°∠89°，张开约 10cm，局部充填碎石，崩塌体北侧边界沿该组裂隙发展。两组陡倾裂隙与岩层层面将崩塌体切割成三棱柱状。崩塌后形成的两个陡立后壁，产状分别为 325°∠89°和 210°∠89°。陡壁被黄褐色岩溶泥质物和方解石覆盖，说明岩溶作用强烈，地下水长期作用于危岩体裂隙中（图 2.10）。

与甑子岩崩塌相邻的 W29-1 和 W29-2 危岩体是目前该区域变形最严重的危岩体，地形和地质条件与甑子岩崩塌相同（图 2.11、图 2.12），对下方村镇、厂矿以及金佛山水利工程构成重大威胁。

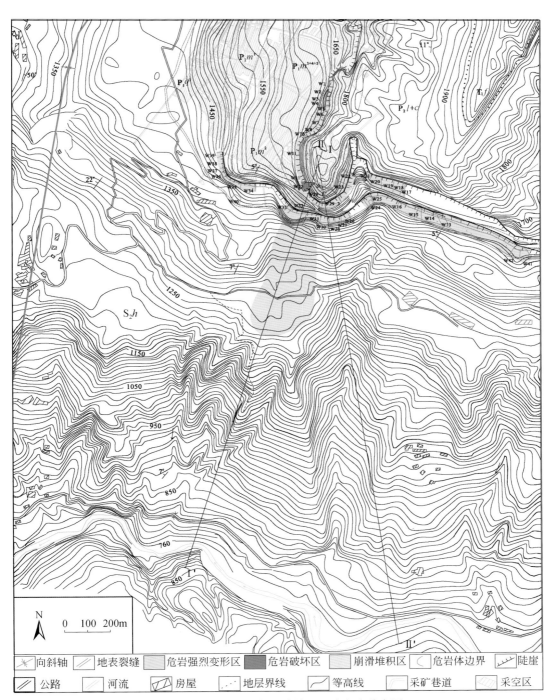

图 2.8　重庆南川金佛山南缘甑子岩危岩分布图

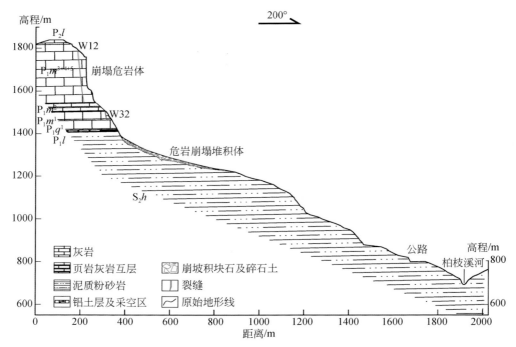

图 2.9　重庆南川甑子岩崩塌 I – I'剖面图

图 2.10　重庆南川甑子岩崩塌揭露的深大裂隙及地形

W29-1 危岩呈四方柱体，高 230m，体积约 144.5×10⁴m³，受三组裂隙控制：①产状为 300°∠87°，裂隙宽 0.20～2.0m，充填碎石土，构成了该危岩体的东侧边界，从陡崖下部可观察到该裂缝已从山顶贯通至二级陡崖下部；②产状为 325°∠89°，为 W29-1 与甑子岩崩塌的接触面，构成危岩体西侧边界，甑子岩崩塌前该裂缝已完全贯通；③产状为 230°∠83°，宽达 0.50～1.5m，充填碎块石土，构成 W29-1 危岩体的后缘裂缝，与东、西侧边界贯通，甑子岩崩塌后揭露，2004 年该裂缝地表还未全部出露，到 2009 年已经完全贯通至二级陡崖崖底。

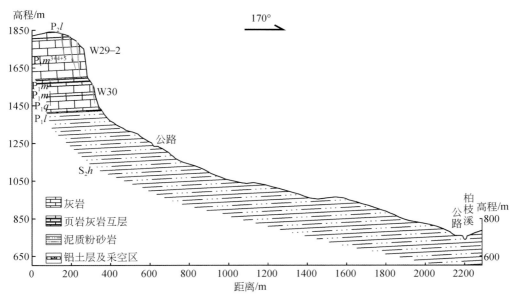

图 2.11　重庆南川甑子岩 W29 危岩 Ⅱ – Ⅱ′剖面

图 2.12　重庆南川甑子岩崩塌、W29 危岩立面图

W29–2 号危岩体位于 W29–1 危岩体东侧，呈三棱柱状，高 215m，体积约 123.3×10⁴m³，受两组裂隙控制：①产状为 300°∠87°，是与 W29–1 的分界面，构成危岩体的西侧边界；②产状为 200°∠88°，宽达 0.50～5.0m，充填碎块石土，构成危岩体东侧边界，从二级陡崖底部至顶部平台已经完全贯通，呈弧形向北西方向延伸，与 W29–1 的后缘裂缝（230°∠83°）相联，该组裂隙 2004 年调查时裂缝宽度最宽仅为 0.40m，现宽度已达到

1～2.5m。

　　W29-1 危岩与 W29-2 危岩的控制性裂隙均倾向临空面，具有上宽下窄的特点，且均已从山顶贯通至陡崖脚下，危岩体呈现出"头重脚轻"的形态，在危岩体底部形成应力集中。危岩体底部发育向上扩展的树枝状裂缝，说明底部岩体存在压裂破坏。多年的对比观测认为，两个危岩体均处于欠稳定状态，在外营力作用下，可能发生类似甑子岩的崩塌破坏。

　　甑子岩崩塌以及 W29 危岩的形成是地貌演化的结果，地下采空起到了加速催化的作用。新构造运动以来的垂直抬升与河谷下蚀，加上差异性风化作用，形成了甑子岩危岩带"上陡下缓"的二元地貌特征。卸荷作用导致灰岩陡崖边缘应力重分布和应力分异现象，山顶附近产生拉应力集中带，地表开裂形成自上而下发展的裂缝。地下水的溶蚀作用，使地表裂缝不断加宽变深，地下采空加剧了裂缝发展与岩体变形。随着地表裂缝不断延伸，作用在危岩体底部的压应力增大，最终底部岩体发生碎裂，导致甑子岩崩塌的整体溃屈。

2.2　近水平层状高陡危岩压裂溃屈机理分析

2.2.1　甑子岩崩塌运动特征分析

　　由于及时早期预警，甑子岩崩塌过程的影像被记录下来，崩塌体在溃屈坠落的过程，不断地伴随着解体与相互碰撞。以视频解析为基础，对甑子岩崩塌的运动特征与运动方式进行了分析。

2.2.1.1　运动特征参数获取

　　对甑子岩塔状危岩体的运动特征开展分析前，先要获取其相关运动参数（Huang et al. ，2012）。首先对甑子岩塔柱状危岩崩塌过程的影像资料进行处理，截取初始失稳过程，对影像资料进行逐帧分解。在危岩体中上部由低到高依次选定 A、B、C 三个测点（图 2.13），既便于不同画面中的高程量测，又便于测定塔状岩体不同部位在各阶段的运动特征。考虑画面分辨率及比例精度，并剔除由于变焦、晃动等人为因素造成的低质量画面，从崩塌开始计为 $T=0\mathrm{s}$，直至 $T=13\mathrm{s}$ 时崩塌失稳过程结束，以 $0.5\mathrm{s}$ 为单位选取量测画面，根据参照点便可量测或计算出各测点在不同时刻的高程。

　　将各测点高程带入下列运动学公式（张倬元等，1994），即可求得每一时刻点的运动特征参数：

$$\nu_{i+1} = \frac{h_{i+1} - h_i}{\Delta T_i \sin\alpha} \tag{2.1}$$

$$\nu_{i+1} = 2\bar{\nu}_{i+1} - \nu_i \tag{2.2}$$

$$a_i = \frac{\nu_{i+1} - \nu_i}{\Delta T_i} \tag{2.3}$$

$$\Delta T_i = t_{i+1} - t_i \tag{2.4}$$

其中，v_i 与 v_{i+1} 分别为 i 时刻与 $i+1$ 时刻的瞬时速度，$\overline{v}_{i+1}$ 为 i 时刻与 $i+1$ 时刻时段内的平均速度，因本文计算中速度方向均竖直向下，所以下文中所提速度即为速率之意；h_i 与 h_{i+1} 分别为对应时刻测点的高程；t_i 与 t_{i+1} 分别为 i 时刻与 $i+1$ 时刻，ΔT_i 为 i 时刻与 $i+1$ 时刻时间间隔；α 为危岩体后缘裂隙倾角；a_i 为 i 时刻的加速度。

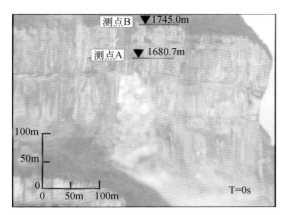
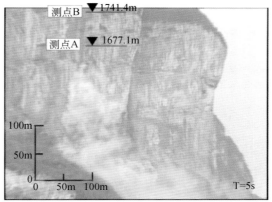
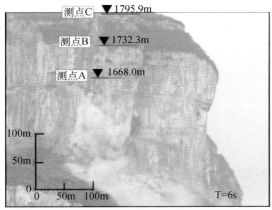
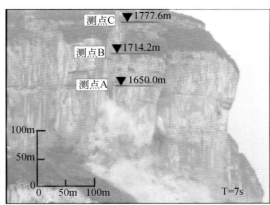
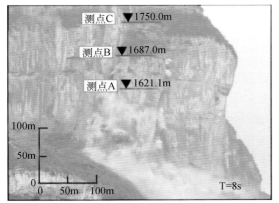
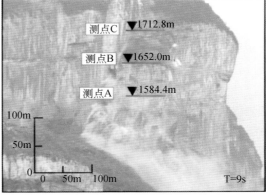

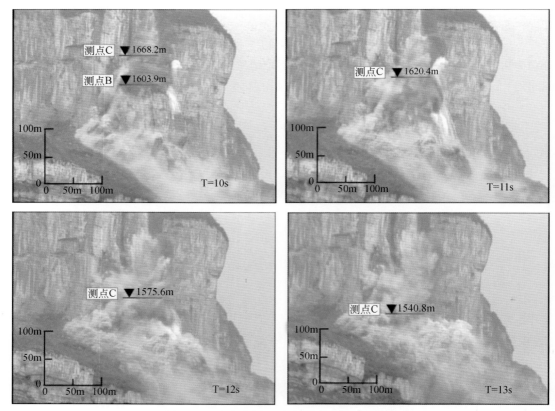

图 2.13 重庆南川甑子岩崩塌过程影像解析

2.2.1.2 失稳过程运动特征分析

测点 C 位于塔状岩体顶端，可以获得失稳全过程的速度与加速度变化情况，因此以该点数据为例展开研究。首先对该点速度进行拟合分析，得到 C 点的速度时程曲线（图2.14），根据速度曲线并结合影像资料，可将甑子岩塔状岩体失稳过程分为明显的三个运动阶段：①0～5s 为启动阶段，崩塌体底部出现裂缝并且开始崩解，对上部岩体的支撑随之减弱，塔状岩体开始缓慢变形。计算结果显示这段时间内 C 点的位移与速度变化并不显著（图2.15），在 5s 内仅下降了 3.6m，5s 时速度仅为 2.02m/s。②5～11s 为加速阶段，速度曲线呈现近直线上升，此时塔状岩体底部完全崩解，失去对上覆岩体的支撑能力，上覆岩体加速下坠，表现出近似自由落体的运动特征，在短短 6s 时间内，测点 C 下降了188.1m，速度增长到 49.42m/s；③11～13s 为碰撞阶段，碎裂的岩体以接近 50m/s 的高速撞击到基底岩层，测点 C 的速度在 11s 时达到峰值并最终下行，整个塔状岩体在下坠中完成崩解，失稳过程结束。

根据运动学理论（哈尔滨工业大学，2004），对塔状岩体崩塌过程的加速度变化加以分析，将 C 点的速度变量［式（2.5）］对时间变量求导，即可得到如下加速度–时间函数

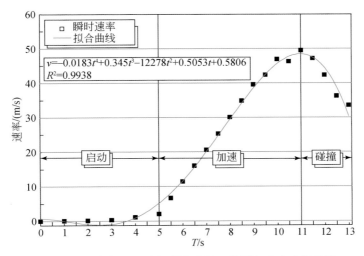

图 2.14　重庆南川甑子岩崩塌过程 C 监测点速度时程曲线

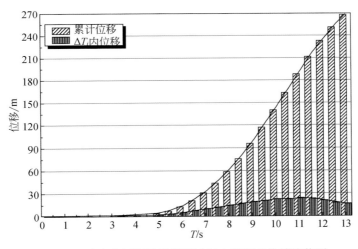

图 2.15　重庆南川甑子岩崩塌过程 C 监测点位移柱状图

[式 (2.6)]:

$$v = -0.183t^4 + 0.345t^3 - 1.2278t^2 + 0.5053t + 0.5806 \qquad (2.5)$$

$$a = -0.0732t^3 + 1.035t^2 - 2.4556t + 0.5053 \qquad (2.6)$$

从而得到各时刻的理论加速度值。由此做出理论加速度时程曲线,并与由式 (2.3) 得到的实测加速度曲线进行对比 (图 2.16),发现塔状岩体崩塌过程中两条加速度曲线均体现出先升后降的总体趋势,但实测曲线却又表现出以下不同之处:

(1) 在崩塌初期,塔状岩体的加速度并未像理论计算结果一样呈连续性增长,而是表现为先平缓再陡增的特点。这是因为塔状岩体底部虽然已破裂,但其承载力在启动阶段内并未完全丧失,直到 5s 后底部岩体完全溃屈崩解,上覆岩体的加速度在重力作用下由 0.97m/s² 跃升至 9.25m/s²,之后直至 8.5s 均保持较大加速度,表现出自由落体式匀加速

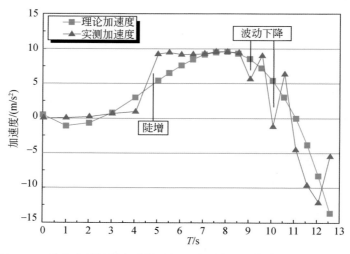

图 2.16　重庆南川甄子岩崩塌过程 C 监测点理论与实测加速度曲线

运动特征。

（2）在崩塌后期，与理论值相比，实测加速度在 9.0s、10.0s 时均出现了突然性衰减，尤其是 10.0s 时，加速度甚至降为 $-1.22m/s^2$，在加速度曲线中表现出类似缓冲现象的连续负向波动。由影像解析可知在塔状岩体下坠过程中，中下部的破裂岩体碰撞到基底岩层，但在碰撞瞬间破裂块体并未完全崩解，仍具有一定残余承载力（F），根据牛顿第二运动定律，当上部岩体受到与重力（W）方向相反的作用力时，重力方向的加速度（a）势必会减小，极短时间后随着破裂块体完全崩解，这一反向承载力消失，上部岩体在重力作用下继续加速下降，并可能在随后的下降中重复这一受力过程，直至崩解完全（图 2.17）。

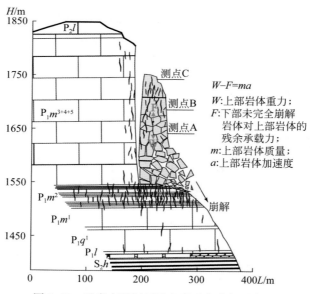

图 2.17　重庆南川甄子岩危岩受力分析示意图

2.2.1.3　不同测点运动特征对比分析

将三个测点的速度以及加速度实测曲线加以对比（图 2.18、图 2.19），发现 A、B、C 三点均具有相同的启动和加速陡增趋势，即在失稳初期，塔状岩体中上部体现出良好的整体运动特性，但随后三点的运动状态不再保持同步，在 6.5 s 时，因为下部岩体的解体、摩擦、碰撞等因素影响，三点的加速度均出现了降幅不等的短暂下降，在 8 s 后，A、B 测点相继崩解前，三点的加速度在不同时刻出现了顺次下降，且降幅随测点由下到上而逐渐减小，表现出显著的时效差异性，速度曲线也表现出相应的变化趋势。这些变化均表明甑子岩塔状岩体的失稳下坠过程是伴随着岩体自身破裂变形与解体，即塔状岩体的势能在大部分转化为动能的同时，也有一部分转化为应变能并最终致使岩体开裂崩解，这是不同测点在运动特征方面具有差异的根本原因。

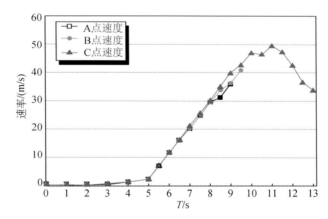

图 2.18　重庆南川甑子岩崩塌过程不同部位测点速度时程曲线

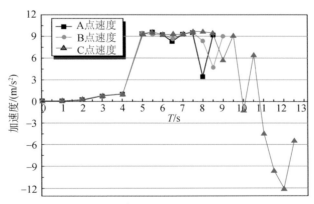

图 2.19　重庆南川甑子岩崩塌过程不同部位测点加速度时程曲线

2.2.2　甑子岩崩塌破坏机理

不论是地质环境背景还是诱发影响因素，对危岩体稳定性的影响最终都体现在危岩体形态与岩体强度两个方面。对近水平层状高陡山体而言，塔柱状危岩底部区域的结构性状与强度水平对其崩塌失稳起控制性作用，底部岩体的破坏方式是塔柱状危岩最终可能发生何种失稳模式的关键。

从演化周期角度而言，自后缘侧缘裂隙贯通危岩体形成，直到崩塌初始失稳过程结束都属于危岩体的崩塌演化周期。通过对甑子岩崩塌过程进行深入剖析，发现压裂溃屈式崩塌虽然具有突发性，但崩塌前变形特征已逐渐显现。监测资料表明，变形监测曲线在崩塌发生前4个月即有缓慢增大趋势（图2.20），说明塔柱状危岩在崩塌前绝大多数时间内都处在一种相对稳定的损伤发展阶段。岩体是一种典型的具有初始损伤的材料，塔柱状危岩在初始损伤的基础上，受节理裂隙、采空区、大气降水、岩溶作用、下伏软弱层、风化作用等多因素影响下，损伤逐步发展，尤其是底部岩体，在上覆岩体自重应力作用下，损伤程度增大，形成损伤区，岩体性状随之劣化，更多的微裂隙出现，并通过累积效应使得损伤区岩体在宏观上表现为缓慢、微小的变形（图2.21a）。随着微裂隙进一步发育，底部损伤区岩体损伤加剧，微裂隙迅速延伸、扩展、贯通，形成宏观裂缝，进入到压致扩容阶段，也可称为损伤加速发展阶段（图2.21b）。这一阶段是由量变到质变的过程，但相对损伤发展阶段而言时间非常短暂，变形监测曲线也表明，在崩塌8天前变形量才开始骤增（这也是甑子岩崩塌体可以成功预警的原因之一），宏观变形量急剧增长是这一阶段的突出特点。随后危岩体破坏进入破裂扩展阶段，初始失稳运动特征分析中的低速启动过程就处于这一阶段。宏观裂缝形成后，底部损伤区最先开始溃屈破坏，上覆岩体失去支撑并随之下挫。在下挫过程中不可避免发生破裂岩体间相互扰动、摩擦、碰撞，大大加快了中上部岩体损伤演化的进程，在宏观上则表现为裂缝向上扩展、崩解向上传递，岩体损伤范围向上迅速扩展（图2.21c）。最终，整个塔柱状危岩破裂解体，崩塌失稳过程结束（图2.21d）。综上所述，损伤演化孕育微裂隙，自重压应力导致宏观裂纹出现，底部损伤区变形破坏，破裂扩展使得上部岩体在短时间内迅速失衡解体，最终塔柱状危岩以整体崩解完

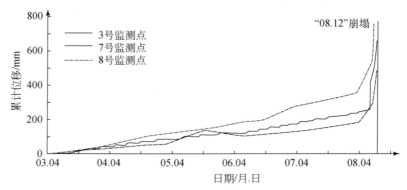

图2.20　重庆南川甑子岩崩塌前位移监测曲线（据任幼蓉等，2005）

成初始破坏。可将这种在中上部岩体自重荷载作用下，底部硬质岩体受压导致损伤破裂并引发整个塔柱状危岩崩解的崩塌破坏模式称为压裂溃屈式崩塌。

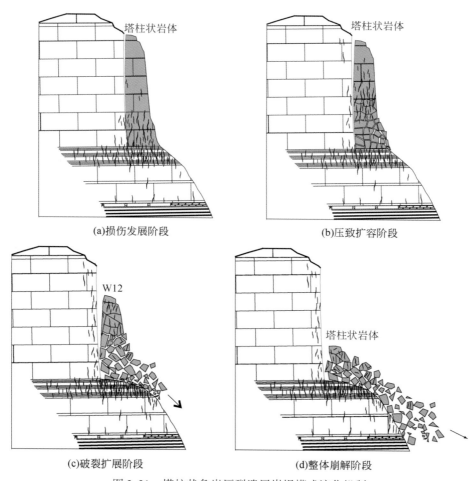

(a)损伤发展阶段　　　　　　　　　　　　(b)压致扩容阶段

(c)破裂扩展阶段　　　　　　　　　　　　(d)整体崩解阶段

图 2.21　塔柱状危岩压裂溃屈崩塌模式演化机制

2.3　近水平层状高陡危岩压裂溃屈的力学机制

甑子岩崩塌与鱼洞崩塌基本地质条件类似，地层平缓，危岩体底部不发育外倾结构面，破坏均发生在强度较大的岩体内部，底部压裂溃屈导致危岩体整体崩塌。但是，与鱼洞崩塌的岩体剪切破坏不同，甑子岩崩塌表现为岩体张裂破坏。阐明塔柱状危岩崩塌失稳损伤演化过程与力学模式解析，是解答压裂溃屈崩塌机制等深层次科学问题的关键之所在。本节围绕塔柱状危岩底部损伤区灰岩强度弱化机理以及崩塌破坏力学模式开展研究，基于连续介质损伤力学理论，分析其损伤演化过程，从损伤力学角度解释塔柱状底部岩体的强度劣化机制；引入损伤变量，对塔柱状危岩失稳崩塌力学模型开展分析，从压剪破坏与压张破坏两类典型的岩体破坏基本力学机制入手，建立随损伤演化的塔柱状危岩稳定性计算分析方法，从力学本质上解释塔柱状危岩的崩塌机理。

2.3.1 力学解析与稳定性评价

对塔柱状危岩进行合理简化，图 2.22 为塔柱状危岩力学模型示意图。考虑到塔柱状危岩的自身差异性，将模型分为中上部岩体与底部损伤区岩体两部分，塔柱状中上部岩体完整性较好，裂隙相对较少，岩体实际强度较高；塔柱状底部损伤区岩体节理裂隙更为发育，实际强度较低，损伤区岩体的性状是塔柱状危岩能否发生崩塌的关键。因此以底部损伤区岩体为研究对象，对力学模型进行静力学解析，将中上部岩体荷载等效为轴向压应力，这样原型便可简化为考虑自重的低围压环境下三轴压缩模型。

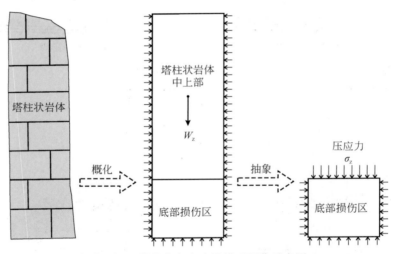

图 2.22   塔柱状危岩力学模型概化示意图

对于塔柱状危岩，自重仍是岩体受到的主要荷载，且因为形态结构特点，越靠近下部的岩体受到的荷载越大，长期的荷载作用使得底部岩体的节理裂隙、局部强度劣化区更为发育，其损伤程度也明显高于其他区域，所以塔柱状危岩底部易于形成损伤区。这一方面致使损伤区自身的岩体强度降低，承载能力减弱；另一方面岩体非有效承载成分的增加也同时使得损伤区的有效承载面积进一步减小，所以作用在底部损伤区岩体的等效荷载实际上是随着损伤的发展而增大的（图 2.23）。因此，在这样的双向弱化作用下，荷载应力与岩体承载抗力的计算就必须要考虑有效承载面积的变化，而有效承载面积的变化又是因损伤演化引起的，由此可知，可以也应该将损伤变量引入到荷载应力与岩体承载力的计算中，以便得到岩体破坏时的真实受力情况，进而分析塔柱状危岩的失稳方式。

首先给出基于简化模型的有效承载面积表达式。设未受损伤或初始损伤阶段损伤程度很小时岩体的有效承载面积，即平均截面面积，记为 A_0；岩体破坏时有效承载面积随损伤演化而显著减小，记为 A_D，由连续损伤理论有

$$A_D = A_0(1 - D) \tag{2.7}$$

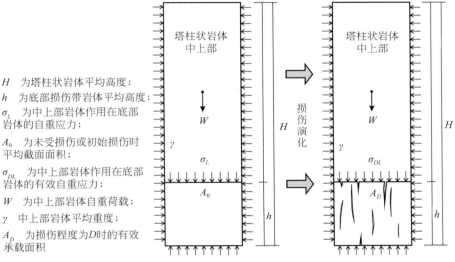

图 2.23　塔柱状岩体力学简化模型图

其中，D 为损伤变量，可由试验或数值模拟结果给出（唐春安，1993；刘保县等，2009）。

则塔柱状损伤区岩体受到的等效荷载应力为

$$\sigma_{DL} = \frac{\gamma(H-h)A_0}{A_D} = \frac{\gamma(H-h)}{1-D} \tag{2.8}$$

其中，γ、H、h 参数含义见图 2.23 所示。

同理，塔柱状损伤区岩体的等效承载力为

$$\sigma_{DL} = \sigma_1(1-D) \tag{2.9}$$

其中，σ_1 为损伤区岩体最大主应力。

基于上述分析结果，只要建立等效荷载应力与损伤区发生压剪或压张破坏时最大主应力间的关系，便可判定塔柱状危岩的稳定状态与基本力学破坏模式。所以下面分别对损伤区发生压剪破坏与压张破坏时的最大主应力进行推导。

（1）若损伤区岩体发生压剪破坏，根据莫尔－库仑强度理论有

$$\frac{1}{2}(\sigma_1 - \sigma_3) = \frac{1}{2}(\sigma_1 + \sigma_3)\sin\varphi + c\cos\varphi \tag{2.10}$$

当 $\sigma_3 = 0$，残余强度 $\sigma_c = \sigma_1$，上式可变形为

$$\sigma_c = \frac{2c\cos\varphi}{1 - \sin\varphi} \tag{2.11}$$

式中，σ_1、σ_2、σ_3 分别为岩体的大、中、小主应力；φ 为岩体内摩擦角；c 为岩体内聚力。

将式（2.9）、式（2.11）代入式（2.10），当 $\sigma_2 = \sigma_3$，可得到如下压剪破坏强度判据：

$$\sigma_{D\tau} = \left(\frac{1 + \sin\varphi}{1 - \sin\varphi}\sigma_3 + \sigma_c\right)(1-D) \tag{2.12}$$

式中，$\sigma_{D\tau}$ 就是损伤区发生压剪破坏时的等效最大主应力，可称之为压剪破坏应力阈值。

（2）大量试验资料表明，在无围压或低围压状态下，脆性岩石在轴向压缩作用下产生

的破裂面大多与主应力 σ_1 方向一致或近平行（图 2.24a），即岩体可发生张性破坏。孙广忠等对 И. Берон 的试验结果研究表明，连续介质岩体的脆性张破裂系由张应变控制，张应变控制下的张破裂力学模型如图 2.24b 所示（孙广忠，1988；孙广忠、孙毅，2011）。

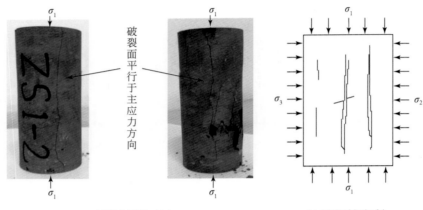

(a) 试样的压张破坏　　　　　　　　(b) 压张破坏机制

图 2.24　脆性岩石的压张破裂

脆性材料大多属于弹性介质，完全可以假定

$$\varepsilon_3 = \frac{1}{E}\big[\sigma_3 - \mu(\sigma_1 + \sigma_2)\big] \tag{2.13}$$

式中，μ 为破裂时的泊松比。

当张应变达到极限张应变 $\varepsilon_{3,0}$ 时，岩块便发生张破裂而产生破坏。其破坏条件为

$$\sigma_3 - \mu(\sigma_1 + \sigma_2) = -E\varepsilon_{3,0} \tag{2.14}$$

设 ε_0 为单轴压缩下极限应变，则有

$$\varepsilon_{3,0} = \mu\varepsilon_0 = \mu\frac{\sigma_c}{E} \tag{2.15}$$

将式（2.9）及式（2.14）代入式（2.15），当 $\sigma_2 = \sigma_3$ 时得：

$$\sigma_{Dt} = \left(\frac{1-\mu}{\mu}\sigma_3 + \sigma_c\right)(1 - D) \tag{2.16}$$

式（2.16）便是岩体产生压张破裂的判据，σ_{Dt} 即为损伤区压张破坏时的等效最大主应力，也可称为压张破坏应力阈值。

因为参数取值不同，$\sigma_{D\tau}$ 与 σ_{Dt} 的大小也会随之改变，因此在给出判定准则之前应先对 $\sigma_{D\tau}$ 与 σ_{Dt} 的大小进行讨论：

若 $\sigma_{Dt} > \sigma_{D\tau}$，则有

$$\begin{cases} \sigma_{DL} \leqslant \sigma_{D\tau} & 稳定 \\ \sigma_{D\tau} < \sigma_{DL} \leqslant \sigma_{Dt} & 压剪溃屈破坏 \\ \sigma_{Dt} < \sigma_{DL} & 压张溃屈破坏 \end{cases} \tag{2.17}$$

若 $\sigma_{Dt} > \sigma_{D\tau}$，则有

$$\begin{cases} \sigma_{DL} \leqslant \sigma_{Dt} & \text{稳定} \\ \sigma_{Dt} < \sigma_{DL} \leqslant \sigma_{D\tau} & \text{压张溃屈破坏} \\ \sigma_{D\tau} < \sigma_{DL} & \text{压剪溃屈破坏} \end{cases} \qquad (2.18)$$

式（2.17）与式（2.18）在考虑塔柱状底部岩体损伤演化的基础上，通过荷载与抗力的等效应力形式，给出了塔柱状危岩的稳定性判别标准与可能发生的破坏模式，从力学本质上解释了塔柱状危岩的崩塌机理。基于全过程损伤变量还可对崩塌模式进行一定程度的预判，如果 $\sigma_{Dt} > \sigma_{D\tau}$，随着损伤的发展，有效荷载应力超过剪切破坏应力阈值的可能性更大，则塔柱状危岩将更易于发生底部压剪溃屈失稳；反之，如果 $\sigma_{Dt} < \sigma_{D\tau}$，则发生底部压张溃屈，导致整体崩塌的可能性更大。这也为危岩体失稳风险的预测预警以及危岩体危险性评价、治理方案的设计等提供了新思路。当然，岩体崩塌破坏方式本就是基于一定前提条件而言的，某一条件或参数的变化完全可能导致最终破坏方式的改变。例如，当 $\sigma_{D\tau} = \sigma_{Dt}$ 等特殊情况出现时，底部岩体的力学破坏机制还需要结合具体情况进一步分析。

2.3.2　甑子岩危岩崩塌算例分析

以甑子岩崩塌为算例对塔柱状危岩稳定性分析方法进行验证。相关计算参数见表2.1。

表 2.1　重庆南川甑子岩崩塌压裂溃屈力学解析参数表

参数	μ	$\varphi/(°)$	$\gamma/(kN/m^3)$	σ_3/MPa	σ_c/MPa	H/m	h/m	D
取值	0.17	35	26.8	1	29.15	250	50	0.60

其中损伤变量需根据研究对象的对应状态取值，本算例中塔柱状危岩已发生崩塌，为了验证计算结果与事实是否相符，可取损伤区灰岩破坏时刻对应的损伤变量，对损伤区岩体单独进行真实应力条件下数值模拟（贺凯，2015），根据模拟结果取破坏时刻对应损伤变量 $D = 0.60$（图2.25）。将相关参数分别代入式（2.8）、式（2.12）、式（2.16）计算后得到 σ_{Dt}、$\sigma_{D\tau}$ 与 σ_{DL}（表2.2）。

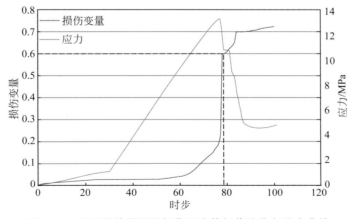

图 2.25　基于数值模拟的损伤区岩体损伤演化与应力曲线

表 2.2　重庆南川甑子岩崩塌压裂溃屈力学解析计算结果列表

应力阈值	σ_{Dt}/MPa	$\sigma_{D\tau}/MPa$	σ_{DL}/MPa
计算结果	13.611	13.134	13.400

计算结果显示甑子岩崩塌体底部损伤区的压张破坏应力阈值大于压剪破坏应力阈值，且 $\sigma_{D\tau} < \sigma_{DL} < \sigma_{Dt}$，根据式（2.17）甑子岩崩塌体会发生压剪溃屈失稳破坏，这与实际情况是完全一致的。

2.4　近水平层状高陡危岩压裂溃屈数值分析

数值模拟是定量化再现崩塌形成与失稳过程的有利手段。甑子岩崩塌是由于底部岩体损伤–压裂–溃屈而引发整体失稳破坏的，这种破坏模式是由于岩体在竖向自重荷载作用下底部损伤区强度劣化，上部岩体随之下坠崩解，引发整体失稳垮塌。为了验证、分析塔柱状危岩这一崩塌失稳机理，利用有限差分数值模拟方法，以甑子岩崩塌体为研究对象，对其失稳模式与变形特性开展模拟研究。

2.4.1　有限差分模型的建立

以甑子岩崩塌体为中心选取长宽为 800m×600m 的长方形区域作为数值模拟研究范围（图 2.26a）。对甑子岩地形进行概化，主要根据岩体强度将地层由上至下划分为 6 组：茅口组 4–5 段中厚层状微晶灰岩（P_1m^{4-5}）、茅口组 3 段中厚层状微晶灰岩（P_1m^3）、茅口组 2 段钙质滑石质页岩与中厚层灰岩互层（P_1m^2）、茅口组 1 段与栖霞组中厚层状微晶灰岩（P_1m^1/P_1q）、梁山组黏土岩（P_1l）、志留系粉砂质页岩（S_2h）。甑子岩危岩与稳定山体之间设置接触面模拟主控裂隙。在崩塌体临空侧上、中、下三个部位分别布设监测点 1、监

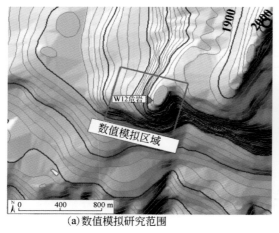

(a) 数值模拟研究范围　　　　　　　　　　　　　(b) 三维数值模型

图 2.26　重庆南川甑子岩危岩崩塌数值模拟区域与三维模型

测点 2 与监测点 3，以便跟踪崩塌体变形过程（图 2.26b）。模型 X、Y、Z 方向分别代表实际的东、北以及竖直方向。

2.4.2　模型参数选取

对甑子岩崩塌的数值模拟，主要考虑长期自重作用下塔柱状危岩的变形特征，分析其失稳破坏过程。因此在初始应力平衡后，通过调整不同岩组参数区分岩体的强度与承载力，并依据实测参数对塔柱状底部区域岩体进行合理折减以体现塔柱状危岩的自身差异性，模拟验证同参数条件下塔柱状危岩的崩塌失稳模式。

通过现场采样、室内试验并根据工程经验与地质类比法，得到各岩组的物理力学参数（表 2.3）。需要说明的是本次模拟基于简化模型，重点探讨塔柱状危岩的变形与失稳特征，因此计算中不考虑温度场、地下水、风化剥蚀、植被等其他因素或场变量的影响。模拟分析工况见表 2.4。

表 2.3　重庆南川甑子岩崩塌数值模拟岩体与接触面参数取值

	$P_1 m^{4-5}$	$P_1 m^3$	$P_1 m^2$	$P_1 m^1/P_1 q$	$P_1 l$	$S_2 h$	接触面
密度/(kg/m³)	2680	2670	2640	2660	2660	2580	/
体积模量/GPa	38.2	38.9	29	38	23.5	27.8	/
剪切模量/GPa	26.3	23.3	1.51	2.29	14.1	13.6	/
黏聚力/MPa	1.41	1.29	0.89	1.13	0.64	0.61	/
抗拉强度/MPa	0.29	0.28	0.098	0.17	0.095	0.06	/
内摩擦角/(°)	41	40	35	40	39	35	10~40
法向刚度/GPa	/	/	/	/	/	/	419
切向刚度/GPa	/	/	/	/	/	/	419

表 2.4　塔柱状危岩底部区域强度折减参考值

模拟工况	工况 1	工况 2	工况 3
等效强度/MPa	37.0	32.5	29.0

2.4.3　数值模拟结果与分析

为了深入研究塔柱状危岩的变形特征，重点围绕塔柱状危岩底部区域的强度变化进行模拟。工况 1 在不考虑岩体损伤强度劣化条件下开展计算，因为底部岩体强度较高，初始应力平衡后，以 $\Delta \text{step} = 2000$ 为计算周期。结果显示计算 467step 时模型就已经平衡收敛。由图 2.27 可知，在长期自重应力作用下，塔柱状危岩虽然出现了微小变形，但由于陡崖山体的放大效应，位移主要集中在上部区域，且最大变形量也仅为 10^{-4} m 量级。塑性区只在底部靠近侧壁局部出现，表明当底部岩体强度较高时，塔柱状危岩并未出现整体大变形，监测点位移曲线随着计算时步的增加位移增长趋势趋缓，也说明了这一点（图 2.28）。

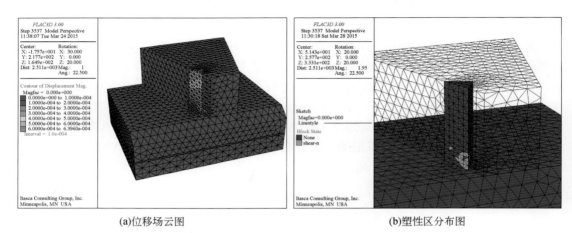

(a)位移场云图　　　　　　　　　　　　　　　　　(b)塑性区分布图

图 2.27　重庆南川甑子岩崩塌数值模拟工况 1 条件下数值模型位移与塑性区分布结果

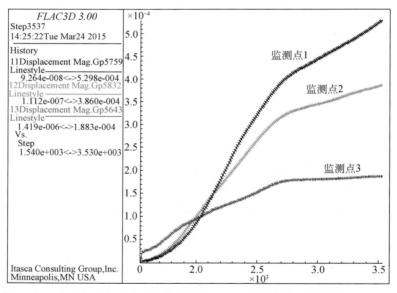

图 2.28　重庆南川甑子岩崩塌数值模拟工况 1 条件下监测点位移时程曲线

在工况 1 基础上，工况 2 对底部区域岩体按等效强度进行折减，以验证底部岩体劣化对塔柱状危岩整体稳定性的影响。工况 2 以 $\Delta \text{step} = 5000$ 为计算周期，结果显示 4891 step 时模型收敛平衡。图 2.29 为监测点的三向位移同步对比，可以看到，随着底部岩体强度的降低，在自重压应力作用下，塔柱状危岩的位移变形出现了陡增，尤其是 X 向与 Y 向的变化最为显著，且随着底部区域变形的增大，中上部岩体的变形在经过相对滞后期也随之增大。而且从监测点位移曲线也可发现，塔柱状危岩的整体变形趋势相对工况 1 而言出现了明显转变，底部区域竖向变形量较小，而水平向变形显著；中上部岩体反之，以竖向变形为主，水平向位移相对较小。这也反映出底部岩体强度对塔柱状危岩整体变形趋势的影响。随着底部区域强度的降低，塑性区分布范围显著扩大，这也表明在塑性区集中的底部区域出现了局部压剪破坏（图 2.30）。

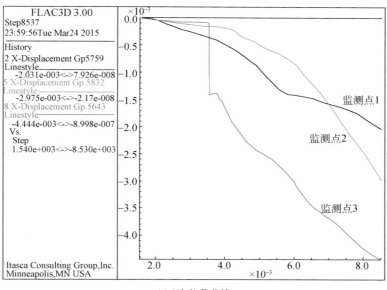

(a) X向位移曲线

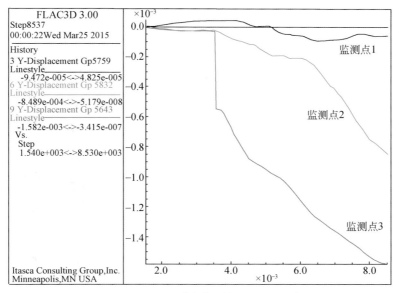

(b) Y向位移曲线

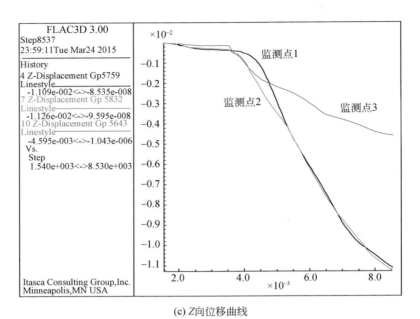

(c) Z向位移曲线

图 2.29　重庆南川甑子岩崩塌数值模拟工况 2 条件下监测点三向位移时程曲线对比

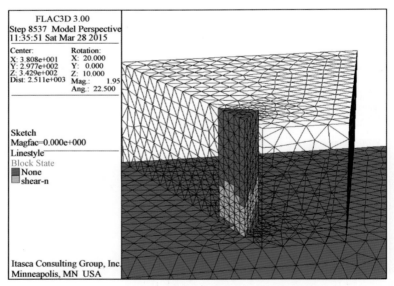

图 2.30　重庆南川甑子岩崩塌数值模拟工况 2 条件下塑性区分布图

　　工况 3 继续对底部区域岩体强度折减，计算 10000step 后模型仍未达到平衡，速度时程曲线在经过调整后近似呈匀速上升，位移也随时步匀速增大，表明塔柱状模型可能处于塑性流动状态（图 2.31），因此可采用此时的计算结果作为工况 3 分析依据，以便对比研究。

　　由位移矢量图可知，随着底部岩体强度的进一步降低，塔柱状危岩变形进一步增大，

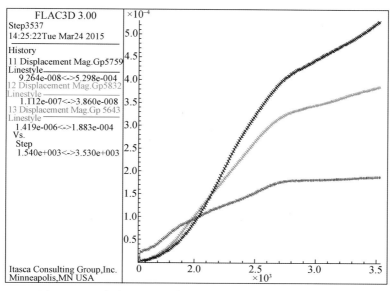

图 2.31　重庆南川甑子岩崩塌数值模拟监测点速度时程曲线

底部区域以向临空侧的变形为主，中上部岩体受底部岩体变形破坏影响，下挫趋势明显增大（图 2.32）。与工况 1、工况 2 相比，塑性区变化更为显著，图 2.32b 表明，底部塑性变形区域主要为压剪性破坏，中部剪张破坏兼而有之，上部区域则以张性破坏为主，说明由于底部岩体损伤强度劣化，长期在上覆岩体自重压应力作用下，发生压剪溃屈破坏，中上部岩体不可避免受到拉张扰动，在下挫中开裂崩解。也就是说，数值模拟结果表明，塔柱状危岩由于底部区域强度降低而整体表现为底部压剪溃屈的变形破坏特征，这与前述理论分析计算以及实际情况是完全一致的。

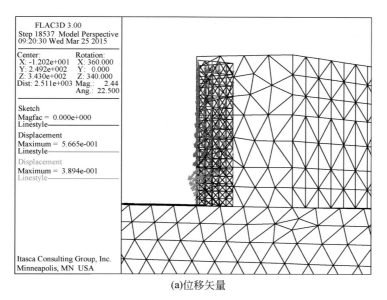

(a)位移矢量

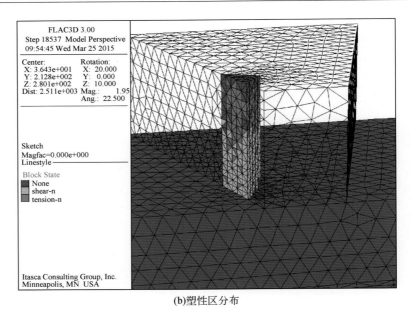

(b)塑性区分布

图 2.32　重庆南川甑子岩崩塌数值模拟工况 3 条件下塔柱状危岩位移变形与塑性区分布图

　　监测点位移时程曲线表明，上部区域以竖向变形为主；中部区域水平向变形虽明显增大，但仍以竖向变形为主；而底部区域的 X 向位移量超过了 Z 向，即以水平向变形为主。底部岩体由于强度降低而发生压剪破坏，其向临空侧的溃屈崩解是中上部岩体变形的原因之所在。对比不同监测点的竖向与水平向位移可知，中上部岩体竖向位移趋势趋同，且远大于底部；中部区域的水平向位移在 step15000 后逐步超过底部，表现出显著的时效差异性，反映出塔柱状危岩由下至上的变形破坏特点，再次验证了之前的理论分析结果（图 2.33）。

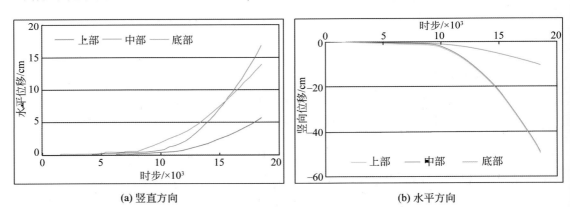

(a) 竖直方向　　　　　　　　　　　　　　(b) 水平方向

图 2.33　重庆南川甑子岩崩塌数值模拟监测点竖向与水平向位移曲线

2.4.4　地下采空模拟

　　岩溶山区大型危岩体的形成与崩塌发生往往与人类工程活动有关，采矿影响区内崩塌发生频率与崩塌体积均远大于非影响区（Kay et al.，2006）。调查发现，我国西南山区的望霞危岩崩塌、鱼洞崩塌以及甑子岩崩塌都处于地下采矿影响区，采矿历史久远，并在现代化采矿时期出现显著变形并发生崩塌。为了研究地下采矿对危岩体的影响，建立鱼洞崩塌的二维概化数值模型（图 2.34），采用 UDEC 软件对采空进行模拟（Feng et al.，2014）。数值模拟结果显示，若不采用相应的防护措施，采空区围岩逐渐发生破裂，顶板易于坍塌。当采空区深入山体内部、距离陡坡面较远时，引发陡倾裂缝产生张拉破坏，裂隙增宽加深，危岩体安全系数降幅较小，由 1.01 降至 0.98（图 2.35a）。当采空区距离坡面较近时，主要引起危岩体沉降变形，陡倾裂缝以剪切破坏为主，危岩体安全系数骤降，由 1.01 降至 0.03（图 2.35b）；采空区与临空面较近，岩体侧限应力减小，危岩体通过剪断采空区与临空面之间岩体发生崩塌的可能性增大。总而言之，当陡坡位于地下采空影响区内时，其稳定性将降低，随着采空区深度减小，对危岩体的影响越大，甚至改变危岩体潜在失稳模式。

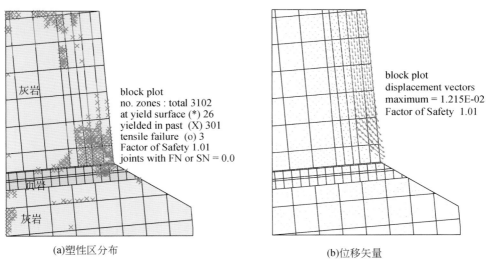

(a)塑性区分布　　　　　　　　　　(b)位移矢量

图 2.34　贵州凯里鱼洞崩塌数值模拟天然工况

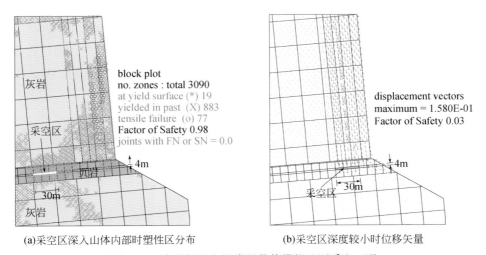

(a)采空区深入山体内部时塑性区分布　　　　　(b)采空区深度较小时位移矢量

图 2.35　贵州凯里鱼洞崩塌数值模拟地下采空工况

2.5　近水平层状高陡危岩压裂溃屈的离心模型试验

滑坡的发生是斜坡自身稳定状态自然调整的过程，而影响其稳定状态的作用因素有自然因素和人类活动因素。就自然因素而言，降雨、库水位变化、地震是其中三个主要因素。人类活动因素主要包括不合理的工程活动，如加载、切坡等。同时，滑坡的发生又是其本身的地质构造、地形地貌、岩土体物理力学特性在特定触发因素综合作用下产生的。正是这种多因素作用导致滑坡的形成和发生成为一种非常复杂的自然现象，用数学模型描述十分困难。在此情况下，物理模型试验成为研究滑坡的形成机理和发生规律的有效手段（罗先启、葛修润，2008；饶锡保、包承纲，1992）。土工离心模型试验以其能再现自重应力场以及与自重有关的变形过程，直观揭示变形和破坏的机理，并能为其他分析方法提供真实可靠的参数依据，成为物理模拟手段中应用最为广泛的研究手段之一，在斜坡破坏及其影响因素等研究中进行了较多的应用（冯振等，2012a，2013，2014）。

2.5.1　土工离心模型试验原理

2.5.1.1　土工离心模型试验基本原理

土工离心机的工作原理是，将模型放在转臂的末端加速，创建一个放射状的加速度场，类似于重力场，但数值远大于地球重力，从而在模型内部形成一个原型状态下的应力场（Taylor，1994）。这实际上是通过模型经受一个强体积力来实现的，这一体积力由幅值为 Ng 的离心加速度来提供（g 为由重力引起的加速度，即 $9.81\mathrm{m/s^2}$）。模型的上表面应力自由，模型中的应力大小随着深度增大，递增速率与模型材料的重度和加速度场的强度有关。如果模型材料采用原型相同的岩土，并且采用谨慎的模型制备程序，凭借相似应力约束模型，那么对于 N 倍于地球重力的惯性加速度场中的土工离心模型，垂直应力在深度 h_m 处将与相应的原型在深度 h_p 处的相同，其中 $h_\mathrm{p} = Nh_\mathrm{m}$。这就是土工离心模拟的基本相似理论，即对应点的应力相似通过将缩小比例为 N 的模型加速至 N 倍的地球重力来实现（图 2.36）。

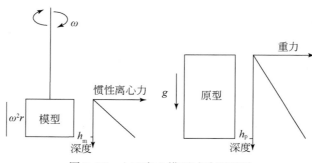

图 2.36　土工离心模型试验原理图

2.5.1.2　土工离心模型试验相似比

物理模拟通过模型重现某一事件来推断原型中可能存在的和发生的现象，模型通常是原型的缩小版。模型和原型两个事件必须非常相似，而这种相似性必须通过相似律来关联。各个领域内的相似律都是非常标准的，例如风洞试验中用于关联不同尺寸事件的无量纲数群。

Fumagalli（1973）从研究力学相似原理出发，假设模型和原型处于同一静力场，以长度 L，质量 M，时间 T 为基本量纲，对静力学模型和地质力学模型的相似关系作了系统论述，得到了其他物理量的因次矩阵：

$$LMT \begin{bmatrix} \nu & \rho & G & \tau & g \\ 1 & -3 & -1 & -1 & 1 \\ 0 & 1 & 1 & 1 & 0 \\ -1 & 0 & -2 & -2 & -2 \end{bmatrix} \qquad (2.19)$$

一般的相似关系推导中，常采用的基本量纲为长度 L 和容重 γ（或密度 ρ）。假设原型和模型的长度比尺为 $C_L = L_p / L_m$，并假定原型材料和模型材料的容重相等，即 $\gamma_p = \gamma_m$，根据量纲分析，可导出如表 2.5 所示一些常用的相似关系。

表 2.5　土工离心模型试验相似比

物理量	原型/模型	物理量	原型/模型
长度 L	$1 : 1/C_L$	应力 σ	$1 : n/C_L$
加速度 g	$1 : n$	变形模量 E	$1 : n/C_L$
面积 A	$1 : 1/C_L^2$	应变 ξ	$1 : 1$
体积 V	$1 : 1/C_L^3$	位移 μ	$1 : 1/C_L$
容重 γ	$1 : n/1$	黏聚力 c	$1 : n/C_L$
质量 M	$1 : /C_L$	内摩擦角 φ	$1 : 1$
集中力 p	$1 : n/C_L$	泊松比 ν	$1 : 1$
时间 T	$1 : 1\sqrt{(n * C_L)}$	—	—

在模型制备时，若 $\gamma_p \neq \gamma_m$，可令 n_0 代替上表中的 n，其中：

$$n_0 = \frac{\gamma_m}{\gamma_p} n \qquad (2.20)$$

2.5.2　甑子岩塔柱状危岩崩塌试验方案

为了研究甑子岩崩塌底部压裂溃屈的失稳模式，研究设计了两组离心模型试验主要内容（表 2.6）：①ZZY1 针对甑子岩危岩体概化模型，采用石膏作为模型材料，凡士林和环氧树脂分别模拟不同的界面材料，离心机加速度按每 20g 逐级增大，直至危岩体的变形破坏。②ZZY2 基于 ZZY1，预埋泡沫模拟铝土矿层，当离心机加速度逐级增大时，泡沫产生压缩变形模拟地下采空，观测危岩体的变形和破坏情况。

表 2.6　重庆南川甄子岩崩塌离心模型试验方案

试验编号	实验条件
ZZY01	针对概化模型，开展自重条件下危岩体的变形、稳定离心模型试验；监测危岩体变形和稳定性
ZZY02	基于 ZZY01，预埋泡沫模拟铝土矿层，开展铝土矿层开挖条件下危岩体变形破坏试验

2.5.3　模型制备与监测

2.5.3.1　相似关系

根据模型箱尺寸 85cm（长）×64cm（宽）×87cm（高）和原型尺寸，离心机加速度选定为 $100g$。本次离心模型试验主要模拟自重以及铝土矿层开挖条件下甄子岩危岩体的变形和破坏情况，重点模拟危岩体底部的抗压强度以及危岩体界面摩擦强度。原型与模型之间的尺寸比尺为 1000 : 1，应力比尺为 10 : 1，应变比尺为 1 : 1，其他比尺如表 2.7 所示。

表 2.7　重庆南川甄子岩崩塌离心模型试验主要物理量比尺关系

物理量	原型/模型	物理量	原型/模型
长度	$1 : 1/C_L = 1000$	应力	$1 : nC_\gamma/C_L = 10$
加速度	$1 : n = 1 : 100$	变形模量	$1 : nC_\gamma/C_L = 10$
容重	$1 : 1/C_\gamma = 1$	应变	$1 : 1$
内摩擦角	$1 : 1$	位移	$1 : 1/C_L = 10$
泊松比	$1 : 1$	黏聚力	$1 : nC_\gamma/C_L = 10$

2.5.3.2　离心模型

离心模型三维效果如图 2.37 所示，具体尺寸如图 2.38 所示。模型总体尺寸长为 60cm，宽为 50cm，高度为 50cm。模型自上而下共分为 5 层，其中，第 1 层为山体和危岩体部分，危岩体包括 W12、W29-1 和 W29-2，高度为 25cm；第 2 层为斜坡层，高度 4cm；第 3 层至第 5 层为基岩层，厚度分别为 10cm、1cm 和 10cm。

2.5.3.3　模型材料

甄子岩危岩坚硬灰岩选用水膏比 0.8 的石膏模型材料，容重为 16.0kN/m³，原型和模型的容重比为 1.56 : 1，抗压强度测试结果为 2.9MPa；钙质滑石质页岩夹灰岩、黏土岩选用水膏比 0.8 的石膏和重晶石粉混合料，石膏与重晶石粉按 1 : 1.3 质量比例进行制样，密度 9.5kN/m³，单轴压缩试验测得抗压强度为 60kPa。离心模型有五个结构面（图

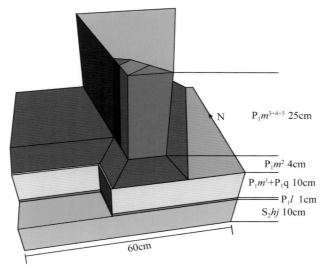

图 2.37　重庆南川甑子岩崩塌离心模型三维效果图

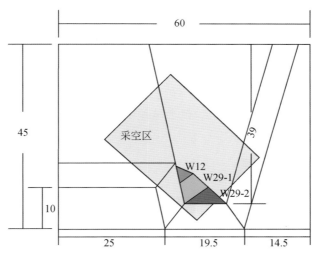

图 2.38　重庆南川甑子岩崩塌离心模型俯视图（单位：cm）

2.37），根据强度分为结构面 I 和结构面 II 两种类型，分别采用相似材料凡士林和环氧树脂模拟，结构面相似材料强度采用直剪试验进行测试，结果如表 2.8 所示。图 2.39 为制作完成并安放在模型箱中的甑子岩危岩离心模型。

表 2.8　重庆南川甑子岩崩塌原型和模型结构面强度

结构面			内摩擦角/(°)	黏聚力/kPa
结构面 I	原型	J1、J2	25	50
	相似材料	凡士林	31.9	20
结构面 II	原型	J3、J4、J5	35	500
	相似材料	环氧树脂	36.1	15.5

图 2.39　重庆南川甑子岩崩塌离心模型

2.5.3.4　监测仪器布置

试验监测内容主要包括：

（1）危岩块的垂直沉降和水平变形：采用激光位移计监测危岩块 W12 和 W29－1 顶部沉降以及水平变形（图 2.40）；

（2）采用两台摄像头全程记录试验整个过程中危岩块的变形和破坏过程，分别位于模型的顶部和侧面（图 2.41）。

图 2.40　激光位移传感器

图 2.41　摄像头布置和调试（俯视）

2.5.4　试验结果分析

激光位移传感器和摄像头等调试完成，并吊装适当配重后，进行离心机运行。离心机

加速按每级 $20g$ 逐级增大，增大至预定加速度后稳定一段时间再增大加载，直至设计加速度 $100g$。试验过程中，如果危岩块产生破坏，即可停止离心机。

2.5.4.1　工况一：ZZY1

ZZY1 主要研究危岩块自重对其变形和稳定性的影响，不考虑铝土矿层开挖的影响，因此模型中未设置采空区。模型中危岩块上部采用纯石膏模拟，下部碎裂岩体采用石膏和重晶石粉混合料模拟。

图 2.42 为 ZZY1 离心模型试验运行过程中监控录像视频截图，清晰捕捉到 W12 破坏前、破坏过程以及破坏后的影像。当加速度逐级增大至 $73g$ 时，危岩块开始发生大变形破坏。将破坏起始点设为 0s（图 2.42a），坡脚出现鼓胀破坏，$0 \sim 0.12s$ 岩块主要变形为整体沉降（图 2.42b），随后坡脚压裂破坏，上部块体下挫并发生倾倒（图 2.42c），而 W29-1 和 W29-2 未出现明显的变形。危岩块坠落后显示，底部碎裂岩体的破裂面为倾向临空面的斜面（图 2.43），坡脚岩屑洒落，与灾害现场调查现象类似。

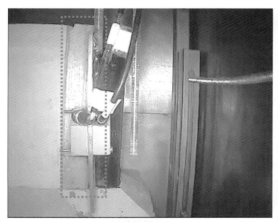
(a)破坏前(0s)

(b) 破坏启动(0.12s)

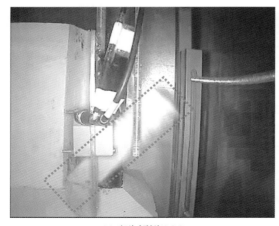
(c) 产生倾倒(0.2s)

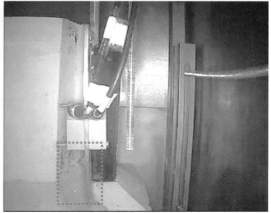
(d) 崩塌后(0.28s)

图 2.42　重庆南川甑子岩崩塌 ZZY1 离心模型试验危岩破坏过程

图 2.43　重庆南川甑子岩崩塌模型试验危岩块底部破裂面

图 2.44 为工况一（ZZY1）试验过程中沉降和水平位移以及加速度随运行时间的变化曲线。加速度从 0g 逐级增大至 80g。随着离心加速的增大，激光测距仪的数据不断增大。当加速度达到 10g 时，激光位移传感器测得的位移曲线曲率增大，危岩块开始变形加快。LS1 和 LS2 位移呈正数增大，表明块体出现沉降变形，LDS3 曲线呈负数增大，表明块体向临空方向偏转。离心加速度达到 25g 以后，位移曲线趋于平缓，基本保持不变，这是由于结构面已被压密。当达到加速度 73g 左右时，W12 的沉降测点 LDS1 和水平位移测点 LDS3 均发生突变，结合监控录像，表明危岩块 W12 产生破坏，而 W29-1 仍处于稳定状态。危岩块发生大变形破坏后，位移量超出 LDS1 与 LDS2 两个测距仪的量程，故后期曲线呈现数据缺失和维持大变形不变。

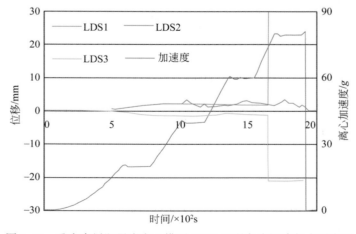

图 2.44　重庆南川甑子岩离心模型 ZZY1 工况危岩沉降与水平变形

ZZY1 工况再现了甑子岩 W12 危岩体的破坏过程，现实中 W12 底部受溶蚀、风化等作用，岩体强度不断降低，为了进一步分析底部岩体不同抗压强度对其稳定性的影响，通过调整石膏与重晶石的比例，配置不同抗压强度模型材料，增加了两组离心模型试验，试验结果如表 2.9 所示。分析表明，随着 W12 底部材料抗压强度的逐渐降低，W12 产生破坏时的加速度逐级减小。

表 2.9　重庆南川甑子岩危岩底部不同抗压强度模型材料的试验结果

试验编号	石膏：重晶石（质量比）	密度/(g/cm³)	抗压强度/kPa	实际模型破坏加速度（g）
ZZY1-T1	1：1.2	0.94	160	100g 未破坏
ZZY1	1：1.3	0.95	60	73g
ZZY1-T2	1：1.5	0.96	40	18g

2.5.4.2　工况二：ZZY2

ZZY2 基本条件与 ZZY1 相同，仅在第 4 层中采用预埋泡沫材料的方法模拟铝土矿层开挖后的采空区，模拟采空区对危岩体长期稳定性的影响。泡沫材料自然状态下厚度约 2cm，填充至模型中的高度为 1cm。离心机的加速方案与 ZZY1 相同，每一级 20g。

图 2.45 为 ZZY2 离心模型试验运行过程中监控录像视频截图。当加速度逐级增大至 27g 左右时，W12 首先出现明显变形。设定破坏起点为 0s（图 2.45a），0~0.08s 变形主要表现为岩块垂直沉降（图 2.45b），此时底部岩块被压裂，由于临空面无侧限，临空面破碎岩屑洒落，上部岩块侧向失稳，向临空面倾倒（图 2.45c），视频监测显示 W29-1 和 W29-2 未出现明显的变形。岩块崩塌破坏后，坡脚破裂面为倾向临空面的斜面，坡脚碎裂岩屑洒落。整体变形破坏特征与 ZZY1 试验类似。

图 2.46 为 ZZY2 试验过程中沉降和水平位移以及加速度随运行时间的变化曲线，岩块的位移变化规律与 ZZY1 试验类似。加速度从 0g 逐步增大时，位移不断增大。当加速度达到 1.4g 时，位移曲线曲率增大，岩块加速变形；当加速度达到 30g 左右时，LDS1 和 LDS3 均发生突变，表明危岩块 W12 产生破坏，此时 W29-1 累计垂直位移约 8.9mm。

综上所述，通过甑子岩危岩崩塌的土工离心模型试验可以发现：

（1）两组试验结果相同，破坏模式均表现为底部岩块压裂破坏、上部岩块垂直下挫，随后转化为整体失稳。

（2）实验表明，甑子岩危岩崩塌机制可以用单轴无侧限压缩试验解释，危岩体稳定性受底部岩体的强度控制，这一研究为柱状危岩体底部溃屈-整体崩塌破坏模式提供了试验依据，为后续定量评估及防治对策研究奠定了理论基础。

（3）试验 ZZY1 无采空时，W12 危岩块在 73g 发生崩塌，破坏前的累计沉降和水平位移量最大分别为 2.15mm 和-2.34mm，试验 ZZY2 采空条件下 30g 发生崩塌，破坏前累计沉降和水平位移量分别达到 9.3mm 和-2.2mm。由此看出，地下采空会加速陡崖危岩变形，危岩体变形加剧，主要表现为沉降量剧增。

（4）无采空时，W12 危岩块崩塌失稳后，W29-1 危岩块仍处于稳定状态；采空条件

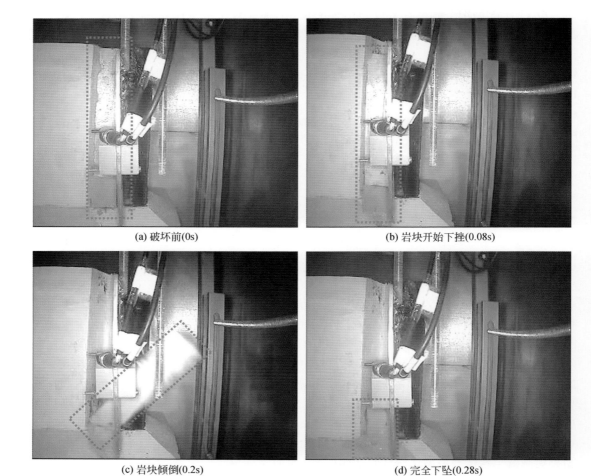

(a) 破坏前(0s) (b) 岩块开始下挫(0.08s)

(c) 岩块倾倒(0.2s) (d) 完全下坠(0.28s)

图 2.45 重庆南川甑子岩崩塌 ZZY2 离心模型试验危岩破坏过程

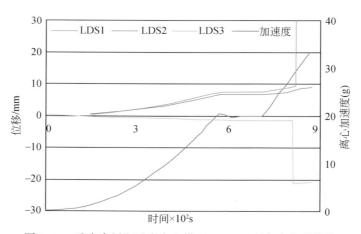

图 2.46 重庆南川甑子岩离心模型 ZZY2 工况危岩变形曲线

下，W12 危岩块崩塌破坏后，W29-1 危岩块沉降变形曲线持续缓慢上扬，垂直位移不断增大，因此需加强对 W29-1 危岩体长期稳定性的评价。

2.6　近水平层状高陡山体压裂溃屈崩滑早期识别特征

我国岩溶山区的高陡崩塌体多由岩性脆且坚硬的茅口组灰岩组成，下伏薄层—中厚层状钙质滑石质页岩与中厚层状微晶灰岩互层。崩塌体受两组近直交的陡倾结构面及软弱基座控制，三组结构面将崩塌体切割成三棱柱状。危岩崩塌经历了长期的变形破坏演化，底部岩体在上覆岩体自重和外营力等长期作用下，损伤程度逐渐增大，岩体强度缓慢降低。随着损伤加剧，底部最终溃屈破坏，上覆岩体随之下挫，裂缝向上扩展、崩解向上传递，危岩体整体崩塌。这种在中上部岩体自重荷载作用下，底部硬质岩体受压导致损伤破裂并引发整个塔柱状危岩崩解的崩塌破坏模式称为压裂溃屈式崩塌。近水平层状高陡山体发生压裂溃屈式危岩崩塌一般具有以下几个特点：

（1）危岩体通常发育于缓倾地层，岩硬且脆，位于山体陡崖边缘。

（2）危岩体下部不存在厚度较大的软岩或软岩不临空，也不存在倾向坡外的不连续面和偏心作用，不易发生滑移、蠕滑和塑流、拉裂破坏。

（3）卸荷、风化、降水、岩溶等多因素作用下，塔柱状危岩后缘、侧缘裂缝在崩塌前往往已几近贯通或已经贯通，使之成为相对独立块体。

（4）塔柱状危岩具有较大高径比，底部区域岩体受到更大的自重荷载，长期作用下，底部区域形成损伤区，其强度往往低于中上部岩体强度。

（5）底部硬岩处于似无侧限压缩和应力集中状态，岩体损伤到一定程度时，岩体内所受压应力大于其强度，发生压裂溃屈破坏。

近水平层状高陡山体的塔柱状危岩成灾过程明晰，初始山体在沟谷下蚀的过程中，由于卸荷回弹在山顶陡崖产生裂隙，软弱夹层附近岩体由于自重压缩和离层剪切作用，形成向上扩展的剪张裂缝。在风化、岩溶等外营力作用下，地表裂缝和剪张裂缝不断延伸、加宽，在陡崖边缘形成孤立危岩体。随着上覆危岩作用在底部的压力增大，底部岩体压张裂缝增多，随着损伤的发展，岩体逐步碎裂化，强度降低，最终发生群发性压剪破裂，上覆岩体垂直挫落并解体崩塌。当具备地形条件时，碎裂崩塌体沿陡崖散落，获得极大动能，可能在陡崖下斜坡形成破坏力更强、灾害性更大的坡面碎屑流。也就是说，当具备条件时，塔柱状危岩崩塌可形成底部压裂溃屈—整体崩塌解体—高速远程碎屑流的灾害链演化模式。

2.7　小　　结

近水平层状高陡山体破坏以塔柱状危岩崩塌为主，其破坏方式多呈现出"受压损伤—压裂溃屈—整体崩解"的破坏特征。本章在现场调查与特征分析基础上，采用运动学解析、数值模拟等技术方法，运用损伤力学理论，系统分析了塔柱状岩体压裂溃屈崩塌破坏机理。

（1）塔柱状岩体失稳主要受陡倾构造节理裂隙与层面控制，岩溶作用使裂隙加宽变深，长期的地下水静动力加载、地下采空导致塔柱状底部岩体强度下降，在上覆岩体自重荷载作用下最终失稳破坏。

（2）利用影像解析方法研究了塔柱状岩体崩塌灾变过程的动力学特征，将塔柱状危岩压裂溃屈崩塌初始失稳划分为低速启动—加速破坏—减速碰撞三个运动阶段，失稳从底部岩体溃屈破坏开始，呈现出由下至上、裂缝扩展、破坏传递、空中崩解的特点。启动阶段表现为危岩体底部岩体发生压裂鼓胀，岩块剥落；加速阶段上部危岩体整体溃屈坠落，发生局部拉裂解体；碰撞阶段上部危岩体下挫，与基座发生碰撞，减缓了下坠的速度，加速崩塌体解体。

（3）基于连续介质损伤力学理论，分析了塔柱状危岩底部岩体损伤演化过程，从损伤力学角度解释塔柱状底部岩体的强度劣化机制。引入损伤变量，对塔柱状岩体失稳崩塌的力学模型开展分析，建立了随损伤演化的塔柱状岩体稳定性计算分析方法。

（4）利用有限差分数值模拟方法分析长期自重作用、地下采空对岩体变形破坏特征与稳定性的影响，对塔柱状危岩压裂溃屈崩塌失稳模式与变形特性开展深入研究与还原验证。模拟结果表明底部岩体强度的降低是导致塔柱状岩体发生压裂溃屈崩塌的直接原因；当陡坡位于地下采空影响区内时，其稳定性将降低，随着采空区深度减小，对危岩体的影响越大，甚至改变危岩体潜在失稳模式。

（5）离心模型试验重现了危岩体底部压裂、上部岩体下挫崩塌的破坏机制，危岩块破坏后形成倾向于坡外的缓倾破裂面，与野外现象较为吻合。无采空区的离心模型在 $73g$ 发生破坏，而有地下采空区的离心模型在 $30g$ 即破坏，试验结果表明地下采空区会导致陡崖危岩变形加速、变形加剧。

第 3 章　斜倾厚层岩质滑坡视向滑动机理研究

斜倾厚层岩质斜坡指滑移面倾角大于地形坡度、岩层与坡面斜切内倾的厚层状单斜岩质斜坡，这类地貌类型在我国西南岩溶山区广泛分布。受地质结构及地形地貌的影响，斜倾厚层岩质斜坡的失稳模式具有复合性。本章以武隆鸡尾山滑坡为典型案例，采用室内试验、数值模拟以及物理模型试验、数学分析相结合的方法和手段，对斜倾厚层灰岩山体视向滑动机理进行研究。

3.1　斜倾厚层岩质滑坡发育特征

2009 年 6 月 5 日发生的重庆武隆鸡尾山滑坡属于典型的斜倾厚层结构山体，其变形破坏沿滑动面滑动，在前缘发生视向偏转、高位临空剪出，约 500 万 m³ 山体突然整体启动，从滑床高速、高位视向剪出，在狭长的沟谷中形成平均厚约 30m，纵向长度约 2200m 的堆积区（图 3.1），掩埋了区内 12 户民房和正在开采的共和铁矿矿井入口，造成 10 人死亡、64 人失踪、8 人受伤的特大灾难（冯振等，2012b；冯振，2012）。

滑坡失稳后碎屑流堆积区的平面形态为斜长的喇叭形，顺沟谷长约 2170m，横沟谷最大宽度 470m，最大堆积厚度约 60m，面积约 46.8×10⁴ m²。堆积体在滑动过程中撞击解体，铲刮和挟裹沟谷侧壁和谷底物质，总体积约 700×10⁴ m³。根据岩土体结构和运动堆积方式，堆积区又可进一步细分崩滑体前部的主堆积区、主堆积区前部的碎屑流堆积区、滑体前缘靠西侧山体的铲刮区以及滑源区东侧陡崖下的碎块石散落区。

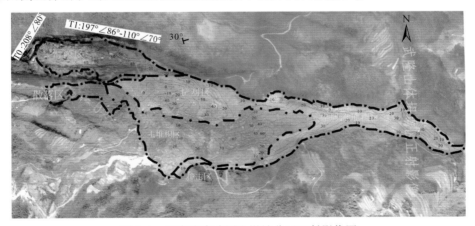

图 3.1　重庆武隆鸡尾山滑坡分区正射影像图

　　鸡尾山滑坡位于赵家坝背斜北西翼，为典型的单斜山体。斜坡出露地层从上至下分别为二叠系茅口组（P_1^3）厚层灰岩、栖霞组（P_1^2）中厚层含沥青质灰岩、梁山组（P_1^1）含赤铁矿黏土岩、志留系中统韩家店组（S_3）粉砂质泥（页）岩（图 3.2）。茅口组灰岩上段为鸡尾山滑坡地层，厚度 50～70m，层间夹薄层状灰泥质灰岩；下段厚度 30～40m，为厚层状–块状含沥青质灰岩，层间夹薄层状泥质灰岩。泥质灰岩结构半致密，含泥质、沥青质及碳质，风化呈片状，局部碳质，沿节理呈薄膜分布，其中的碳质页岩夹层为鸡尾山滑坡滑动地层。鸡尾山滑坡岩层产状 332°～345°∠20°～35°，岩体中发育有两组构造裂隙：一组产状为 185°∠75°，裂面平整，间距 3～5m，延伸长度 10～20m，多呈闭合状；另一组产状为 77°∠80°，间距 0.8～2.5m，延伸长度 3～5m，微张至闭合状，裂面平整。两组结构面极为发育，将鸡尾山岩体切割成积木块状。

图 3.2　重庆武隆鸡尾山滑坡前的显著变形迹象（摄于 2009 年 6 月 5 日 9 时许）

　　鸡尾山斜坡垮塌后，通过地质调查、卫星遥感、无人机航拍以及三维激光扫描仪现场扫描等多种手段的综合测试和分析表明，鸡尾山滑体平面形态近似梯形（图 3.3），以滑坡侧向边界的走向为依据，可分为前部的垂直"三棱柱"和后部的"四棱柱"组成。滑坡张拉裂缝说明后部"四棱柱"长期处于顺层蠕滑变形，是斜坡变形、滑坡发生的驱动块体；前缘"三棱柱"块体阻挡驱动块体的顺层滑移，是阻滑的关键块体。驱动块体南北斜长约 480m，后缘东西最大宽约 152m，前缘东西宽约 130m，体积约 $4.06×10^6m^3$，被 T1、T2 裂缝切割。前缘关键块体平面上呈三角形，南北边长斜约 240m，东西边宽 130m，体积约为 $0.94×10^6m^3$。

　　滑体后壁（T_0缝）产状为 208°∠80°，裂缝长 152m，深 60～70m，为重力蠕滑作用下沿陡倾结构面发育的张拉裂缝，1999 年相关专业单位在调查时发现该裂缝张开度已达 1.5m。滑坡后壁揭露了明显地层界线，壁面溶蚀风化强烈，竖向溶蚀缝隙显著发育（图 3.4）。

　　滑体西侧壁（T_1缝）产状为 97°∠86°，向北延伸过程中发生转折。裂缝距离陡崖面的

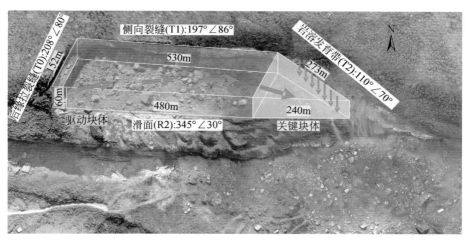

图 3.3　重庆武隆鸡尾山滑源区基本特征

距离约 120~150 m，追踪 SN 向陡倾结构面发育。T₁ 裂缝前缘有滑坡过程中的擦痕，表面附着方解石及其风化物，可见垂向溶蚀裂隙及管道等强烈的风化溶蚀现象，说明在滑坡失稳前也已张开（图 3.5）。

图 3.4　重庆武隆鸡尾山滑坡后缘及侧壁

图 3.5　重庆武隆鸡尾山滑坡前缘视向剪出带

滑坡整体失稳前，T_1 裂缝向北延伸后歼灭，斜坡前缘岩体与基岩山体未被完全切割分离。斜坡前缘沿冲沟地形，形成了走向 N30°E，长达 273 m 的强烈溶蚀带（T_2）。溶蚀带垂直岩溶管道，溶蚀裂缝非常发育（图 3.5），管道直径 1~3 m，被溶蚀残积土褐黄色土充填。溶蚀孔洞水平累积长度达 165m，即水平溶蚀孔洞率达 60% 以上。岩溶发育带岩体强度值较低，走向与陡崖临空面斜交，并倾向斜坡外，为前缘岩体最终视倾向剪断滑出提供了条件。

此外，鸡尾山滑坡滑面为茅口组下段厚层灰岩间夹的碳质页岩，含沥青质与泥质，厚度约 30cm，长期的蠕滑变形在碳质页岩层面形成清晰的擦痕，具有明显的磨光现象（图 3.6），后缘滑面擦痕及镜面指向倾向方向。天然状态下，碳质页岩具薄片状层理，易剥离，性脆，敲击易碎，遇水易软化崩解成碎屑或泥化夹层。

图 3.6　重庆武隆鸡尾山滑坡底部滑面

鸡尾山斜坡东南高、西北低，斜坡东侧临空陡崖，陡崖走向近南北向，岩层倾向北北西，与陡崖面小角度斜交内倾。滑坡区域出露二叠系厚层灰岩，灰岩被含碳质和沥青质页岩软弱夹层切割，山体在重力的长期作用下，沿软弱夹层顺岩层真倾向方向蠕动变形。岩体中发育两组近乎直交的陡倾优势节理，与岩层走向近于平行和直交。软弱夹层与陡倾节理将岩体切割成块状结构，加上地下水溶蚀作用强烈，使斜坡结构具有较大的离散性，山体蠕滑变形过程中顺陡倾节理方向形成后缘拉裂缝 T_0 和侧向裂缝 T_1，形成后部驱动块体。滑坡前缘原始地形为走向北北东临空方向的冲沟地形，岩溶发育强烈、岩溶率高，形成强度相对较弱的岩溶发育带。岩溶发育带将滑坡前缘与稳定基岩相对隔离，形成阻挡驱动块体滑动的关键块体。驱动块体长期蠕滑变形过程中推挤前缘关键块体，使关键块体成为应力高度集中区，随着软弱夹层强度不断降低，驱动块体下滑力增大，最终关键块体沿岩溶发育带剪断，向临空视向方向滑动。

3.2　斜倾厚层岩质滑坡历史形变特征

鸡尾山山体变形经历了漫长的过程（表 3.1）。早在 20 世纪 60 年代就在山体后缘发现与岩层倾向相反的陡倾张拉裂缝，该裂缝在 1999 年时张开度已达到 1.5m。2001 年 9 月，鸡尾山滑坡滑源区上游陡崖出现零星掉块现象，2005 年以后崩塌落石的区域逐渐向北转移，且规模不断增大。2009 年 6 月 2 日至 4 日滑源区前缘发生体积 100 ~ 3000m³ 的局部垮塌，是 6 月 5 日大规模滑坡的前兆（图 3.7）。

表 3.1　重庆武隆鸡尾山滑坡变形历史

时间	变形特征	采取措施
1960 年前后	鸡尾山山体后缘东侧陡崖壁上存在一条纵向张开的裂缝	—
1994 年	将鸡尾山确定为地质灾害隐患点，采取监测预警措施	监测预警
1999 年	相关专业地勘单位对鸡尾山调查测量时发现后缘裂缝张开度已达 1.5m，初步认为山体是崩塌失稳模式，如图 3.2 所示	监测预警
2001 年 9 月	滑源区中后缘陡崖岩壁上出现零星掉块及小规模崩塌，新增裂缝最长约 100m，并出现多条纵向裂缝	圈定陡崖危岩带，划定危险区
2005 年 7 月	发生数次崩塌，崩塌落石区域逐渐由南向北转移，且规模逐渐增大，最大一次崩塌方量达到 1 万 m³	搬迁了位于危岩体下方 200m 范围内的铁矿乡场镇
2009 年 3 ~ 4 月	在滑体前缘剪出口位置，岩体出现压裂崩落现象	加强监测
2009 年 6 月 2 日	滑源区前缘关键块体发生局部垮塌，体积约 100m³	截断危险区道路，设立警戒线，禁止行人车辆通行
2009 年 6 月 4 日	滑源区前缘发生关键块体垮塌，体积约 3000m³，如图 2.15 所示	
2009 年 6 月 5 日	鸡尾山滑坡发生，体积约 500 万 m³，整个滑坡过程历时不到两分钟	

图 3.7　重庆武隆鸡尾山滑坡临滑前缘局部崩塌

为了研究鸡尾山滑坡的时空形变特征，采用历史 SAR 数据以及多种 SAR 技术，对鸡尾山滑坡历史形变进行分析。根据鸡尾山滑坡区的地形、植被等现状以及滑坡发生的时间和存档的 SAR 数据，获取了 10 景存档 L 波段 ALOS/PALSAR 影像（表 3.2）。

表 3.2　重庆武隆鸡尾山滑坡区域 ALOS/PALSAR 影像数据列表

序号	获取日期	轨迹号
1	20070610	570
2	20070726	570
3	20070910	570
4	20071026	570
5	20071112	570
6	20080126	570
7	20080427	570
8	20080612	570
9	20081213	570
10	20090128	570

采用小基线集 InSAR 技术，计算出雷达视线方向的累计形变时间序列，考虑到鸡尾山滑坡的几何参数：滑坡方向为 12°，滑坡倾角 13.8°，将雷达视线方向形变投影至滑坡方向。图 3.8 所示为五个累计时间序列结果，其覆盖时间范围分别为：①20070610-20070726（46 天）；②20070610-20070910（92 天）；③20070610-20071026（138 天）；④20070610-20071211（184 天）；⑤20070610-20071211 以及 20081213-20090128，合计 230 天。

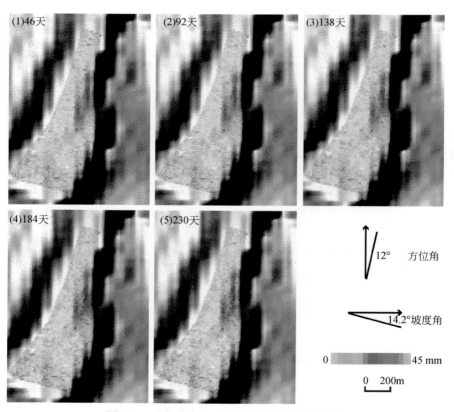

图 3.8　重庆武隆鸡尾山滑坡形变时间序列图

从图 3.8 中可以看出鸡尾山滑坡自 2007 年 6 月已有明显滑动现象，随着时间不断累积，滑坡变形量不断增大。为进一步分析鸡尾山滑坡的空间分布和时间演化特征，对第四个时间序列结果进行详细分析，如图 3.9 所示，累计监测时间为 184 天。

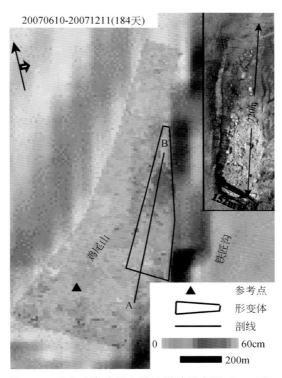

图 3.9　重庆武隆鸡尾山滑坡累计形变图（184 天）

由图 3.9 可以看出，鸡尾山滑坡体由一个位于南侧的四边形和位于北侧的三角形组成，几何参数与现场调查基本一致。滑坡累计位移由坡顶向前缘逐渐增大，前缘最大累计位移量约 50cm。图 3.10 为剖面 A-B 的累计位移时间序列，由图可以看出 120m 处累计位移曲线向上剧变，推测为滑坡后缘张拉裂缝所在位置。位移曲线呈多段线，表明滑坡体变形不协调、非均匀，这是由于滑坡体节理裂隙发育，是不连续介质。滑坡前缘位移曲线出现一个下降拐点，空间上位于后部驱动块体与前缘关键块体的边界。越靠近滑坡前缘（北侧），累计位移量及位移速率越大，说明斜坡处于临滑变形加速阶段，关键块体岩体内部发生渐进破坏。受到 2008～2009 年 ALOS 卫星轨道变化的影响，无法获取更临近滑坡前的形变特征。

综合以上鸡尾山山体变形历史及遥感解译结果可知，鸡尾山滑坡的变形具有如下特征：①滑坡体变形历史追溯久远，表明鸡尾山滑坡具有长期蠕滑变形的特征；②滑坡体在历史变形过程中，变形区由后缘开始逐渐向前缘推进变化，表明后部驱动前缘阻滑的滑动机制；③滑坡在临滑前数天，滑体前缘变形迹象明显，表明滑体前缘出现应力集中现象并逐渐释放。

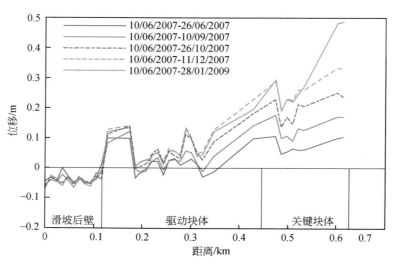

图 3.10　重庆武隆鸡尾山滑坡 A-B 剖面滑前形变时间序列剖线图

3.3　斜倾厚层岩质滑坡主控因素强度特征

　　鸡尾山滑坡是一个"山体拉裂—弱面蠕变—前缘剪断—视向剪出崩滑—碎屑流冲击—灾难形成"的链式反应过程（高杨，2013）。这类斜倾厚层岩质斜坡滑坡视向滑动的破坏模式如图 3.11 所示，其失稳破坏往往具有以下 5 个条件。

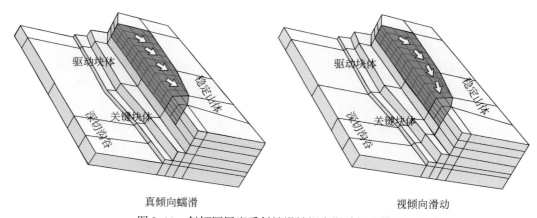

图 3.11　斜倾厚层岩质斜坡滑坡视向滑动概念模型

　　（1）层状块裂结构条件：软弱夹层与近于直交的陡倾节理将斜坡岩体切割成块状结构，沿不连续面岩溶发育，形成了呈架空结构的"积木块体"，离散性好，为滑体从整体基岩中分离并沿软弱结构面发生变形失稳、最终解体崩滑提供了基本的结构条件。

　　（2）山体倾向阻挡条件：斜坡为单斜构造，前坡（单斜崖）为大型节理断裂或河谷切割，后坡（单斜背）岩体完整性好，为阻止滑坡体沿真倾向顺层滑动提供了阻挡，迫使向视倾角方向转向滑动。

（3）视向临空剪出条件：滑坡体视倾角方向为大型节理断裂或被河流、沟谷深切，为滑坡体提供了转向滑动的临空面。

（4）驱动块体下滑条件：山体在重力长期作用下，在张拉作用下形成后缘拉裂，卸荷作用和底部采矿作用产生侧向的深大裂隙，形成与稳定基岩脱离的"积木块体"，沿软弱层面长期蠕动，抗剪强度由峰值逐渐趋向残余值。随着时间的演变，特别是在降雨、岩溶的作用下，下滑力逐渐增加。

（5）关键块体阻滑条件：在下滑驱动块体沿视倾角方向滑动前缘存在一相对稳定的块体，随着下滑力的增大，以及块体在岩溶、地下水等作用下强度逐渐降低，导致沿损伤带瞬时脆性剪断，形成了整体滑动。如果不存在具有一定体积的稳定块体阻挡导致应力累积，则将以小型的崩塌、倾倒破坏的形式释放能量。

分析认为，沿岩体结构面发育的溶蚀裂隙带和底部泥化夹层的强度变化成为控制滑坡发生的主要因素：①软弱夹层的泥化过程及长期强度衰减控制作用。二叠—三叠系灰岩中普遍存在 4～6 层薄层状碳质或泥质页岩，受长期地质运动和重力作用，碳质或泥质页岩由原岩逐渐变为片理化的层间错动带，强度大大降低，而地下水的长期作用，错动带极易变为强度更低的泥化夹层。暴雨时地表水沿岩溶管道可迅速进入这套隔水的软层，导致山体沿软弱夹层发生剪切蠕滑。②深大溶蚀裂隙带强度控制作用。灰岩山体普遍存在近于直交的大型贯穿性陡倾节理，岩体受陡倾结构面和层面切割，形成体积不等的六面块体，沿大型结构面多形成各类溶蚀管道，使岩体具有很好的离散性，大大降低了岩体强度，暴雨季节溶蚀带极易形成很高的静水压力与动水压力，导致岩体发生脆性剪断，极大降低斜坡稳定性，如鸡尾山滑坡北部前缘和东部侧壁强烈溶蚀带。

3.3.1　软弱夹层的演化特征

从鸡尾山软弱夹层的发育特征可以看出，含钙质碳质页岩软层是分布在山体中的一组优势结构面，控制着层状岩体的完整性。软弱夹层具有特殊的岩性、结构构造、力学特性等，在经历了漫长的地质历史演化过程后，原生软岩的性状发生改变，力学强度降低，最终演化成为滑坡的滑带。因此，研究滑带形成的关键科学问题是认清软弱夹层的演化机制和演化模式。在重庆渝东南地区二叠系栖霞组的稳定软层、欠稳定软层及鸡尾山滑坡滑带中采取大量软弱夹层岩石样品，岩性均为含钙质碳质页岩，开展室内试验分析，三组岩石样品分别具有如下工程地质特征：

（1）未经构造运动影响，无剪切错动现象，结构完整的原生含钙质碳质页岩，代表岩层为 RC203、RC204、RC207。该组岩样统一编号为 TZ1，岩样如图 3.12（a）所示。

（2）受到轻微构造运动影响，发生层间剪切错动现象，结构遭到轻微破坏，岩体裂隙化，可见光滑的剪切错动面及擦痕，代表层为 RC206。该组岩样统一编号为 TZ2，岩样如图 3.12（b）所示。

（3）受到强烈多期的构造运动影响，发生剪切错动现象，结构疏松，岩体片理化、碎裂化，剪切错动面擦痕清晰，水的参与使剪切带局部出现泥化现象，代表层为鸡尾山滑带

RC205。该组岩样统一编号为 TZ3，岩样如图 3.12（c）所示。

(a)代表样品TZ1　　　　　　　　　　　　　　(b)代表样品TZ2

(c)代表样品TZ3

图 3.12　含钙质碳质页岩软弱夹层代表样品

3.3.1.1　软弱夹层岩石矿物组分

采用 D8 Advance X-射线衍射仪，依据《沉积岩中黏土矿物和常见非黏土矿物 X 射线衍射分析方法》（SY/T5163-2010）对鸡尾山软弱岩石的矿物组分进行定量分析，矿物组分结果见表 3.3 和表 3.4。

表 3.3　软弱夹层矿物组分含量表　　　　　　　　单位:%

岩样编号	石英	方解石	铁白云石	白云石	黄铁矿	黄钾铁矾	滑石	蒙脱石	绿泥石	黏土矿物总量
TZ1-1	12.0	57.4	21.7	3.9	–	–	3.8	0.4	0.8	5.0
TZ1-2	16.7	51.1	24.5	2.8	0.2	–	2.3	1.1	1.3	4.7
TZ1-3	14.7	44.7	28.5	8.2	0.5	–	1.8	0.6	1.0	3.4
TZ1-4	15.4	49.1	23.2	8.5	0.1	–	2.0	–	1.7	3.7
TZ1-5	15.9	35.9	35.5	7.9	–	–	1.5	2.2	1.1	4.8

续表

岩样编号	石英	方解石	铁白云石	白云石	黄铁矿	黄钾铁矾	滑石	蒙脱石	绿泥石	黏土矿物总量
均值	14.9	47.6	26.7	6.3	0.2	–	2.3	0.9	1.2	4.3
TZ2-1	10.9	68.0	–	11.2	0.8	–	4.2	3.4	1.5	9.1
TZ2-2	13.2	64.3	–	13.6	1.4	–	2.1	5.4	–	7.5
TZ2-3	20.5	47.8	–	22.3	–	–	3.9	3.1	2.4	9.4
TZ2-4	12.9	65.1	–	12.7	0.4	–	4.8	1.9	2.2	8.9
TZ2-5	16.0	63.8	–	12.9	0.5	–	3.2	2.3	1.3	6.8
均值	14.7	61.8	–	14.5	0.6	–	3.6	3.2	1.5	8.3
TZ3-1	15.5	53.1	–	6.8	–	5.0	7.6	5.6	6.4	19.6
TZ3-2	14.7	57.6	–	7.3	0.6	6.9	2.4	8.0	2.5	12.9
TZ3-3	13.3	58.2	–	3.6	–	7.3	6.7	7.5	3.4	17.6
TZ3-4	18.6	46.9	–	4.1	2.1	8.8	7.5	9.8	2.2	19.5
TZ3-5	14.6	52.1	–	5.7	–	12.4	4.9	5.7	4.6	15.2
均值	15.3	53.6	–	5.5	0.5	8.2	5.8	7.3	3.8	17.0

注：黏土矿物总量＝蒙脱石+绿泥石+滑石。

表 3.4　软弱夹层黏土矿物组分表

样品编号	黏土矿物相对含量/%						混层比/%	
	S	I/S	It	Kao	C	C/S	I/S	C/S
TZ1-6	1	99	–	–	–	–	15	–
TZ2-6	1	99	–	–	–	–	15	–
TZ3-6	1	99	–	–	–	–	15	–
均值	1	99	–	–	–	–	15	–

注：S：蒙脱石；It：伊利石；Kao：高岭石；C：绿泥石；I/S：伊利石/蒙脱石混层矿物；C/S：绿泥石/蒙脱石混层矿物。

软弱夹层中的黏土矿物具有亲水性和膨胀性，其含量和组成直接影响软弱夹层的工程性质。软弱夹层中主要有蒙脱石、绿泥石、滑石等不同晶格结构的黏土矿物，而岩石中的黏土矿物一般并非是这几种单一矿物的形式存在，而多是以两种矿物的混层聚合的方式存在。综合以上测试结果，绘出软弱夹层主要矿物组分演化过程均值柱状图，如图3.13所示，结果表明：

（1）含钙质碳质页岩软弱夹层中的黏土矿物主要包括蒙脱石、绿泥石、伊利石/蒙脱石混层矿物、滑石等，非黏土矿物有石英、方解石、铁白云石、白云石等。由于梁山组地

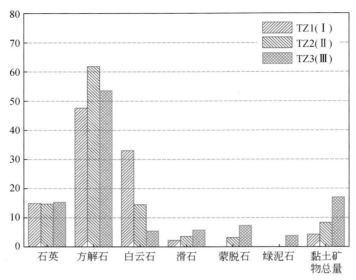

图 3.13　软弱夹层矿物组分演化过程均值柱状图

层中分布有条带状赤铁矿，在地下水的淋滤作用下，携带了少量的黄铁矿进入软弱夹层，并参加了地层的沉积演化过程。在滑带品中形成了一种新的少量矿物黄钾铁矾，它主要由黄铁矿经氧化作用而形成。

（2）石英主要为含钙质碳质页岩在形成过程中沉积的碎屑矿物，由于其自身性质稳定，所以在软弱夹层的整个演化过程中含量变化不大，保持在 14.7% ~ 15.3%。

（3）在演化过程中方解石的含量一直保持较高水平，达到 47.6% ~ 61.8%。这是由于受层间剪切错动作用的影响，溶解在水中的碳酸钙随岩溶地下水渗透、沉积在软弱夹层的裂隙中所致，在第二组和第三组样品中可以观察到大量方解石脉的存在（图 3.12b 和图 3.12c）。在后期滑带的形成过程中，由于水的充分参与，与方解石发生了水解和溶蚀作用，导致其含量降低。

（4）白云石晶体结构呈菱面体，当白云石中铁的含量超过镁时称为铁白云石，晶体形态与白云石类似，其物理性质与化学性质与白云石相同，是一种次生矿。白云石（铁白云石）在演化过程中含量从 33.0% 大幅减少到 5.5%，说明其参与了软弱夹层的整个演化过程，其中 Ca^{2+}、Mg^{2+} 等可交换阳离子与水和其他矿物发生了化学反应。

（5）滑石是一种常见的硅酸盐黏土矿物，在软弱夹层演化过程中含量由 2.3% 增加到 5.8%。滑石非常柔软，手摸具有滑腻感，滑石降低了软弱夹层的强度，是导致区域内滑坡孕育及漫长蠕滑的原因之一。

（6）蒙脱石、绿泥石和伊/蒙混层矿物都属于黏土矿物，具有强烈的亲水性和胀缩性。在软弱夹层演化过程中黏土矿物总量呈升高趋势，而且经过蒙脱石化、伊利石化，蒙脱石的阳离子交换容量高，比表面积大，能吸附大量的水而膨胀，同时也能失去大量水而收缩，在机械崩解、风化等方面起主导作用。绿泥石为层状结构，具膨胀潜势能，其含量增加使含钙质碳质页岩抗潮解能力和风化能力降低，样品中绿泥石发生伊利石化，形成了伊/蒙混层矿物。伊/蒙混层矿物层间距离大，水化膨胀性和分散性更强，在后期滑带中含量大量增加。黏土矿物吸水膨胀时，具有一定的膨胀压，当膨胀压超过上覆山体压力时，使软弱夹层结构破坏，变得疏松，强度降低，产生蠕变，摩擦生热使黏土矿物脱水收缩，加速山体的蠕滑变形。

（7）第一组软弱夹层试样的黏土矿物总量范围在 3.4%～5.0%，均值为 4.3%；第二组试样黏土矿物总量范围在 6.8%～9.4%，均值为 8.3%；第三组试样黏土矿物总量范围在 12.9%～19.6%，均值为 17.0%。黏土矿物含量越高，其中的蒙脱石、绿泥石等在剪切时会出现重新排列的现象，易形成剪切面。软弱夹层在演化过程中，黏土矿物总量在逐渐增加，岩石的弱化作用和活化性能增强，导致了岩石的力学强度降低。

3.3.1.2　软弱夹层物理性质

和其他地质体一样，软弱夹层赋存于一定的地质环境中，其物理性质既是软岩本身物质基础的体现，也是软弱岩体和周围环境相互作用的外在表现，软弱岩体的物理性质往往决定了其力学性质的变化规律。分别对 3 组含钙质碳质页岩样品进行物理性质测试分析，每组 5 个，共 15 个岩样。试验结果如图 3.14 所示，可以看出，在软弱夹层演化过程中，由于岩石经过剪切作用，结构受到破坏，裂纹与孔隙增多，使天然密度和饱和密度逐渐降低，孔隙率、天然含水率和饱水率逐渐升高。水的作用使软岩泥化后岩石颗粒变细，黏土矿物含量增高。

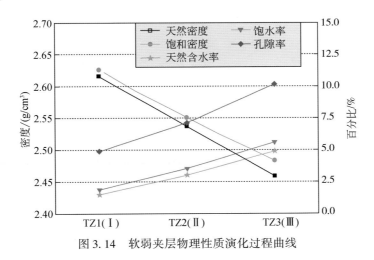

图 3.14　软弱夹层物理性质演化过程曲线

3.3.1.3　软弱夹层微结构与连接类型

软弱夹层在整个演化过程中，矿物成分发生改变，矿物颗粒的排列和相互关系也发生了相应的调整。在软弱夹层矿物组分分析的基础上，利用 Quanta250 扫描电子显微镜（SEM）对软弱夹层各组样品的微观结构进行测试，并选取具有代表性的测试结果进行分析，如图 3.15 所示。

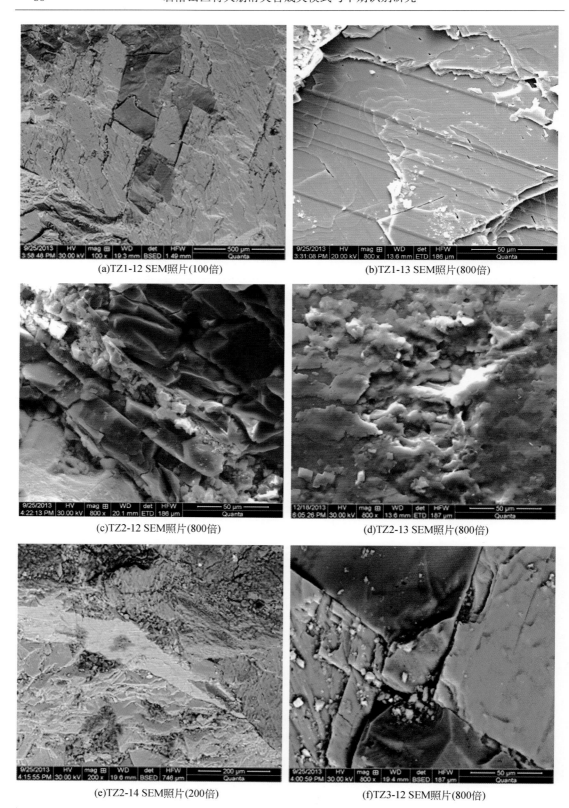

(a)TZ1-12 SEM照片(100倍)　　　　　　　(b)TZ1-13 SEM照片(800倍)

(c)TZ2-12 SEM照片(800倍)　　　　　　　(d)TZ2-13 SEM照片(800倍)

(e)TZ2-14 SEM照片(200倍)　　　　　　　(f)TZ3-12 SEM照片(800倍)

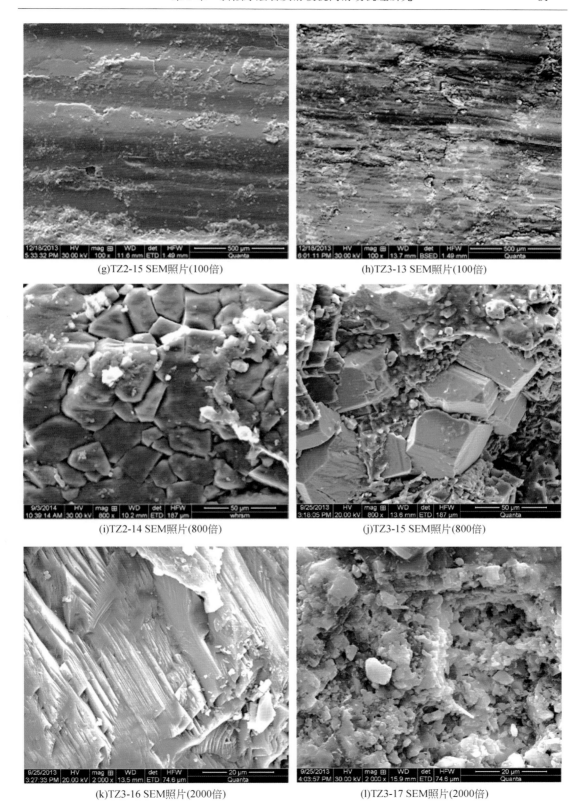

(g)TZ2-15 SEM照片(100倍)

(h)TZ3-13 SEM照片(100倍)

(i)TZ2-14 SEM照片(800倍)

(j)TZ3-15 SEM照片(800倍)

(k)TZ3-16 SEM照片(2000倍)

(l)TZ3-17 SEM照片(2000倍)

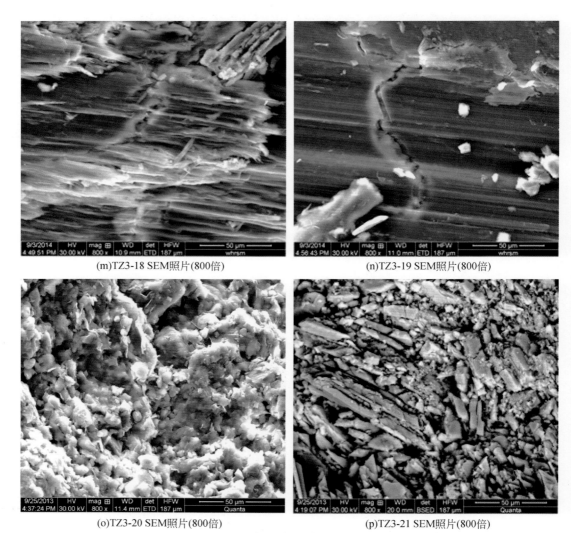

図 3.15　软弱夹层 SEM 照片组图

　　根据黏土类土和岩石的微结构类型和结构连接分类,结合软弱夹层演化过程的 SEM 照片,将软弱夹层的微结构与连接类型分为以下几类,如表 3.5 所示。

表 3.5　软弱夹层微结构与结构连接类型

演化阶段 微结构特征	TZ1	TZ2	TZ3
微结构类型	层状	骨架	骨架–蜂窝
连接类型	同相	凝聚	过渡–凝聚

　　测试结果表明:

　　(1) 第一组原生软岩微结构为层状结构,层厚约为 1～5μm,层间连接较致密,结构连接类型为同相型接触，如图 3.15 （a）、图 3.15 （b） 所示。

（2） 第二组层间剪切带微结构类型为骨架结构，颗粒间松动架立，孔隙度较大，分布不均匀，其间由黏土矿物颗粒连接，结构连接类型为凝聚型接触，层间及垂向节理裂隙发育，节理裂隙宽度约 2～5μm，由岩溶地下水作用形成的方解石脉穿插停留在节理裂隙中，层面上出现了轻微的定向擦痕，擦痕频度为 4000～6000 条/m，剪切错动形成了参差不齐的凹坑、断口，如图 3.15 （c）、图 3.15 （d）、图 3.15 （e）、图 3.15 （g） 所示。

（3） 第三组鸡尾山滑坡滑带微结构具有骨架-蜂窝结构特征，颗粒较松散，比层间剪切带疏松，孔隙增多，孔隙直径约 1～3μm。结构连接类型为过渡-凝聚型接触，有溶蚀现象，黏土矿物微聚体团聚在碎屑颗粒周围，受长期剪切作用影响，出现剪切扩容现象，黏土矿物和碎屑晶体具有明显的定向排列性，层面擦痕频度也比层间剪切带高，约为 8000～12000 条/m。滑带表现出剪切碎裂化和张拉断裂特征，出现 "X" 型共轭剪切滑移错位和张拉裂纹，裂纹宽度约 2～5μm，断口为台阶状、纤维状或贝壳状。滑带中含有大小不一、分布无序的碎屑，碎屑颗粒边缘棱角稍有磨圆，碎屑间充填有凝絮状黏土颗粒，最易接受水和干湿交替变化的碎屑颗粒及黏土颗粒在水的作用下逐渐形成结构破坏，慢慢的这个范围沿劈理逐渐深入扩大，出现了许多大大小小溶蚀作用形成的凹坑、孔洞。这个过程一般需要许多年时间和千百万次的干湿交替变化，如图 3.15 （f）、图 3.15 （h）、图 3.15 （p） 所示。

综上所述，鸡尾山型软弱夹层在演化过程中，其微观结构具有以下特征：微结构由致密变得疏松，颗粒间连接变弱，孔隙及节理裂隙增多，擦痕频度升高，黏土矿物和碎屑定向性更高，碎屑溶蚀作用更加强烈，出现了剪切碎裂化和张拉断裂特征。

3.3.1.4　软弱夹层物理化学性质

软弱夹层在演化过程中，时刻进行着系统与外界环境的物质交换。引起物质交换的外界主要影响因素是水，不论是地下水还是降雨，其中都溶解有多种气体和化合物，成为水溶液，水溶液通过溶解、水化、溶蚀、淋滤等方式长期与岩石发生物质交换。通过软弱夹层演化过程的化学测试试验，得到软弱夹层中交换阳离子含量、有机质含量、pH 值等参数，如表 3.6 所示。将软弱夹层物理化学性质参数均值绘制成柱状图，如图 3.16 所示。

表 3.6　软弱夹层物理化学性质演化过程表

样品编号	交换阳离子/（meq/100g）						交换盐基总量/（meq/100g）	有机质/%	pH
	K^+	Ca^{2+}	Na^+	Mg^{2+}	Al^{3+}	Fe^{3+}			
TZ1-14	0.080	0.985	0.083	0.745	0.009	0.003	1.906	1.24	9.15
TZ1-15	0.036	2.160	0.076	0.858	0.012	0.003	3.145	1.34	9.14
TZ1-16	0.036	3.825	0.095	1.150	0.012	0.003	5.120	1.39	9.06
均值	0.051	2.323	0.085	0.918	0.011	0.003	3.390	1.32	9.12
TZ2-16	0.046	1.280	0.054	0.348	0.013	0.003	1.744	1.29	9.06
TZ2-17	0.161	1.725	0.081	0.335	0.014	0.005	2.321	1.09	9.06

样品编号	交换阳离子/（meq/100g）						交换盐基总量/（meq/100g）	有机质/%	pH
	K^+	Ca^{2+}	Na^+	Mg^{2+}	Al^{3+}	Fe^{3+}			
TZ2-18	0.115	1.425	0.129	1.208	0.032	0.018	2.927	1.74	8.99
均值	0.108	1.477	0.088	0.630	0.019	0.009	2.330	1.37	9.04
TZ3-22	0.061	1.355	0.070	0.417	0.018	0.005	1.926	2.34	8.81
TZ3-23	0.054	2.340	0.124	1.150	0.016	0.004	3.688	2.44	8.60
TZ3-24	0.042	1.810	0.058	0.892	0.012	0.003	2.816	2.14	8.80
均值	0.052	1.835	0.084	0.819	0.015	0.004	2.810	2.31	8.74

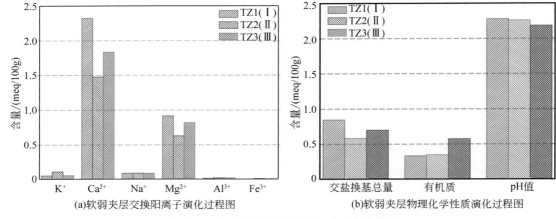

(a)软弱夹层交换阳离子演化过程图　　　(b)软弱夹层物理化学性质演化过程图

图3.16　软弱夹层物理化学性质演化柱状图

由表3.6和图3.16可以看出，软弱夹层在演化过程中，其物理化学性质具有以下特征：

（1）交换性盐基总量在第一组原岩中最高，其次是第三组的滑带，第二组略低于第三组。其中，Ca^{2+}和Mg^{2+}与交换盐基总量演化趋势基本保持一致，而且Ca^{2+}和Mg^{2+}在交换阳离子中占比重最大，表明在软弱夹层演化过程中以Ca^{2+}交换为主；K^+含量在第二组中最高，其余两组中含量较少；Na^+、Al^{3+}、Fe^{3+}在各组中含量均较少。

（2）有机质主要是碳质，含量随着软弱夹层演化逐渐增大。碳质在岩石中定向分布，含碳质越高，岩石胶结程度越差，而且页理也越发育，也越易风化，岩石的力学强度也就越低。

（3）在软弱夹层的演化过程中，pH值均值从9.12逐渐降低到8.74，均呈弱碱性。弱碱性的环境有利于岩石的蒙脱石化和伊利石化。

由以上分析可以看出，鸡尾山型软弱夹层在由原生软岩→层间剪切带→滑带的演化过程中，在矿物成分方面，出现蒙脱石化、伊利石化，黏土矿物含量增多；物理性质和化学性质变差，有机质增多；岩石微结构破坏，晶体间连接变弱；抗剪强度参数c、φ值逐渐降低，剪切面由台阶状剪断破坏变为剪切滑移破坏。

3.3.2　软弱夹层流变特性

鸡尾山滑坡变形始于 20 世纪 60 年代,直到 2009 年 6 月 5 日滑坡发生,经历了较长时间的蠕变变形。为了分析碳质页岩长期强度特性,开展了碳质页岩软弱夹层的常规剪切特性试验和剪切流变强度试验,分析其流变-时间特性对斜坡稳定性的长期影响。

1. 常规剪切强度

试验考虑碳质页岩的实际埋深与应力状态,将正应力分为五级,分别为 0.1 MPa、0.5 MPa、1.0 MPa、1.5 MPa、2.0 MPa,将碳质页岩软弱夹层的常规剪切试验分为天然和饱和两种状态,进行两组,每组 5 个试样,共 10 个试样。试验获得碳质页岩常规剪切强度指标,天然含水量状态下内摩擦角和黏聚力分别为 39.86°、0.181 MPa,饱和状态下为 38.55°、0.123 MPa。相对天然含水量状态,饱和样品的摩擦角和黏聚力降幅分别为 3.3% 和 32%。

2. 剪切流变试验

试验考虑碳质页岩软弱夹层埋深、水的影响以及岩石流变力学特性,将碳质页岩的剪切流变试验分为天然含水量和饱和两组,每组 3 个试样。具体试验设计方案如下,见表 3.7。

表 3.7　鸡尾山滑坡滑带剪切流变试验设计方案

含水量状态	正应力/MPa	剪切面积/cm²	分级剪应力/MPa					
			第一级	第二级	第三级	第四级	第五级	第六级
天然	0.5	263	0.100	0.190	0.290	0.390	0.590	—
	1.0	243	0.250	0.490	0.740	0.900	—	—
	1.5	283	0.330	0.680	1.020	1.330	—	—
饱和	0.5	238	0.110	0.230	0.330	0.430	0.510	—
	1.0	253	0.210	0.410	0.510	0.610	0.710	0.810
	1.5	249	0.210	0.410	0.610	0.820	1.020	1.140

图 3.17 是天然含水量状态和饱和状态下碳质页岩的剪切流变试验位移-时间曲线。可以看出,天然和饱和状态下,软弱夹层在演化过程中都表现出明显的流变特性,具有初始衰减流变、稳态流变和加速流变三个阶段。具体体现在以下几点:

(1) 软弱夹层的剪切破坏值随着正应力增加而增大,饱和状态下的剪应力破坏值低于天然状态。

(2) 岩石在某级恒定的正应力水平下,当分级加载各级剪应力时,均出现了初始衰减流变阶段,该阶段历时短,位移量较大,流变速率随时间迅速减小,最后趋于稳定。

(3) 正应力恒定时,各级剪应力在低应力水平下,初始流变结束后,岩石均出现了稳态流变阶段,该阶段的流变曲线近似为直线,位移基本保持不变或者缓慢匀速增长,说明该阶段的流变速率近似为零或者保持为一个较小的恒定值。

(4) 当加载最后一级剪应力后,流变曲线出现了流变的三个阶段:初始衰减流变阶段、稳态流变阶段和加速流变阶段。稳态流变阶段较短，有些甚至由初始流变阶段直接进入加速流变阶段，表现出典型的非线性黏弹塑性流变特性。加速流变阶段历时短暂，剪切位移量大，流变速率随时间急剧增大，最终岩样发生流变破坏。

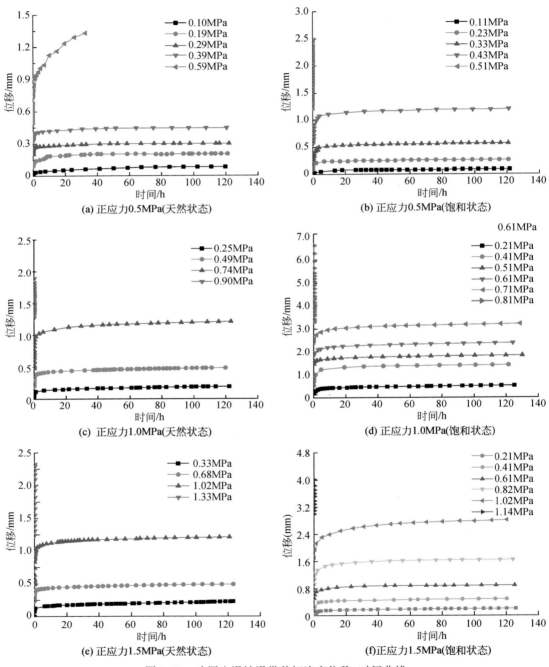

图 3.17　鸡尾山滑坡滑带剪切流变位移-时间曲线

基于剪切流变位移-时间关系曲线，可以绘制不同应力条件下的剪应力-位移等时簇曲线（图 3.18），并据此求出各等时簇曲线拐点处对应的剪应力水平，即为碳质页岩的长期抗剪强度，进而得出长期抗剪强度参数（表 3.8）。

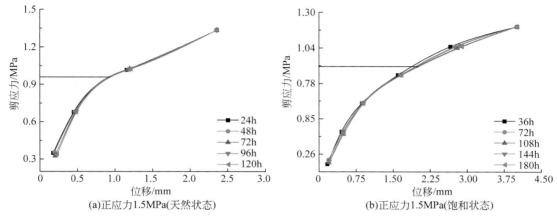

图 3.18　鸡尾山滑坡滑带剪应力-位移等时簇曲线

表 3.8 显示，天然含水量状态下，碳质页岩长期内摩擦角和长期黏聚力分别为 29.63°、0.096 MPa，饱和状态下分别为 27.20°、0.088 MPa，降幅分别达到 8.2% 和 8.3%。

表 3.8　鸡尾山滑坡滑带剪应力-位移等时簇曲线法确定的长期抗剪强度参数表

状态	正应力/MPa	长期抗剪强度/MPa	长期内摩擦角/(°)	长期黏聚力/MPa
天然	0.5	0.423		
	1.0	0.651	29.63	0.096
	1.5	0.964		
饱和	0.5	0.402		
	1.0	0.587	27.2	0.088
	1.5	0.877		

表 3.9 列出了碳质页岩软弱夹层常规抗剪强度与长期抗剪强度对比。由表可见，剪切流变下长期强度参数低于常规剪切瞬时强度参数，天然含水量状态下，碳质页岩长期内摩擦角和黏聚力从瞬时强度分别降低 25.7%、47%，饱和状态下分别降低 29.4%、28.5%。据此分析，鸡尾山山体长期顺层蠕滑的过程中，碳质页岩软弱夹层由流变前的瞬时剪切强度降低至长期抗剪强度，且降低幅度较大，滑面抗滑力不断降低，后部驱动山体挤压前缘稳定的阻滑关键块体，最终导致关键块体沿岩溶带剪断，向视倾向偏转滑动。

表 3.9　鸡尾山滑坡常规抗剪强度与长期抗剪强度的关系表

状态	内摩擦角/(°)			黏聚力/MPa		
	常规	流变	降幅	常规	流变	降幅
天然	39.86	29.63	25.7%	0.181	0.096	47%
饱和	38.55	27.20	29.4%	0.123	0.088	28.5%

3.4　斜倾厚层岩质滑坡土工离心模型试验

为了研究斜倾厚层岩质滑坡视向滑动失稳模式，重现武隆鸡尾山大型山体滑坡的产生和破坏过程，分析"后部块体驱动–前缘关键块体瞬时失稳"的破坏特征，利用土工离心机对一个包含四组结构面的地质力学模型进行了物理模型试验（冯振，2012）。

3.4.1　试验过程

为了模拟节理化岩体，对块体模型进行了设计优化，结构面与模型材料不变，在考虑模型制作的因素上，对后部滑体设置了两组直交的陡倾节理（图 3.19）。试验过程中同样设置了裂缝监测应变片、侧向激光位移传感器（图 3.20）以及高分辨率摄像机。

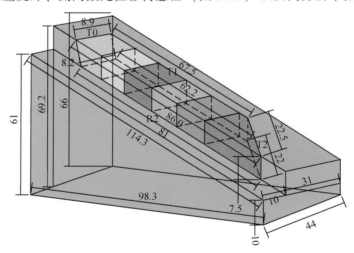

图 3.19　鸡尾山滑坡离心模型（单位：cm）

图 3.20　鸡尾山滑坡离心试验监测示意图

　　离心机实验采用分级加速的方法提高加速度。试验过程中，离心加速度 $60g$ 之前，按每一级 $5g$ 的速度提高离心加速度，每一级离心加速度维持约 6 分钟。$60g$ 以后，每级增加的加速度为 $10g$，每一级加速度维持约 6 分钟。当离心机加速度达到 $80g$ 并稳定时，模型滑体发生滑动破坏。模型滑坡过程小于 1s，六个块体均滑出滑床。

3.4.2　块体位移分析

　　根据激光位移传感器的数据，得出了关键块体①和滑块③侧向水平位移以及离心加速度随时间变化的监测结果（图 3.21）。图中可以看出，加速度在 $80g$ 以前，关键块体①和滑块③的水平位移近乎为 0，数据的微小波动应为数据传输或系统误差。在离心加速度达到 $80g$ 时，出现一个明显的水平位移增量，这是由于滑坡瞬时破坏造成的。滑块在软弱夹层上，沿着 T2 结构面向视倾向发生骤然滑动，从临空面高速滑出。滑块在同一平面上运动，由于关键块体①的滑动方向与临空面夹角较驱动块体大，故测得关键块体①侧向位移比滑块③大。当滑坡发生瞬时破坏后，滑块的侧向位移超出激光位移传感器的量程，因而激光位移传感器读数稳定不再变化。

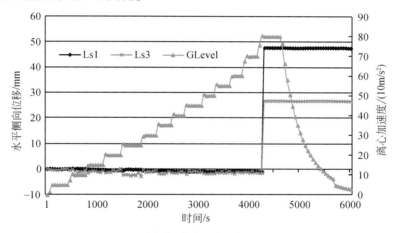

图 3.21　滑块侧向位移随离心加速度变化曲线

Ls1 为激光位移传感器测得关键块体①的侧向水平位移；Ls3 为激光位移
传感器测得滑块③的侧向水平位移；Glevel 为离心加速度

3.4.3　裂缝监测分析

　　图 3.22 为裂缝监测应变片输出电压及离心加速度随时间变化的监测曲线。结果显示，在离心加速度为 $45g$ 时，CS4 出现了一个显著的数据突变，表明滑块④与基座产生较大的位移错动，应变片脱离使得其输出数据不再变化。当离心机速度达到 $80g$ 时，CS1 的输出电压出现骤降，表明关键块体与基座产生大的错动，应变片发生破坏或其接线断掉发生短路，输出电压值超出量程而显示稳定的 $-10v$。CS6 原始输出电压较为稳定，40 倍数据放大显示其在 $45g$ 时出现一个小的降低。试验后检查应变片完整无损，推测 CS6 在 $45g$ 时由于

较小的位移错动造成基片脱落，从而使其输出电压值无显著突变。随着加速度的不断增大，后部驱动块体首先达到极限平衡进入蠕滑变形阶段，不断推挤前缘关键块体。当离心加速度达到 80g 时，关键块体发生瞬时破坏，视向滑动剪出。后部块体的高速下滑，撞击前缘结构面转向滑出。裂缝监测应变片的破坏顺序表明，斜坡的破坏是由后部向前缘发展的。

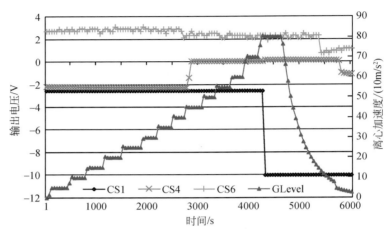

图 3.22　裂缝监测应变片输出电压随离心加速度变化曲线

CS1、CS4、CS6 分别为关键块体①、滑块④、滑块⑥与基座间裂缝监测应变片，

应变片输出电压信号放大系数为 1000；Glevel 为离心加速度

根据离心模型试验原理及相似理论可知，摩擦角的相似率为 1:1，黏聚力的相似率与离心加速度成反比。假定每一级加速度对应相同的原型，随着离心加速度的逐渐增大，相当于原型结构面黏聚力的不断减小。试验中，离心加速度逐级增大，与重力相关的下滑力和摩阻力也增大，而黏结力不变。驱动块体首先达到极限平衡，推挤前缘关键块体。当加速度达到 80g 时，关键块体沿 T2 结构面发生脆性剪切破坏，视倾向高速剪出，引发后部驱动块体的高速下滑。块体最终堆积在模型箱中，由于撞击发生破坏。现实中，由于地下水等因素的作用，软弱夹层的抗剪强度降低，重力作用下山体初始处于蠕滑变形，产生后缘和侧向拉裂缝。受前缘关键块体的阻滑作用，斜坡整体处于稳定状态。当软弱夹层的抗剪强度降低到一定程度，关键块体失稳，沿强度较低的岩溶发育带发生脆性剪断，引起后部山体高速滑动并从滑床高位滑出。块体在沟谷中高速运动，发生碰撞解体，转化为高速远程碎屑流。

3.4.4　滑坡过程分析

试验过程采用高速摄像机进行全程录影，为了对模型滑坡启动和滑动过程进行观察，通过分帧截取录像的方式进行对比分析（图 3.23）。当离心机加速度达到 80g 时，前缘关键块体（红色）首先发生视向滑动，诱发后部滑块迅速沿滑面顺层滑动，滑块由前缘向后缘依次滑动。T$_1$ 和 T$_2$ 结构面交界处形成拐点，内侧滑块（天蓝色）在拐点处形成挤压阻塞。外侧滑块在试验过程中，沿滑面滑动，在前缘撞击岩溶发育带（T$_2$ 结构面）后产生视向偏转，从高位剪出，最后在模型箱内堆积。由于模型箱尺寸有限，无法模拟滑体在沟谷中高速远程滑动并形成碎屑流的过程，但是从试验监测录像仍能观察到滑体在模型箱内碰撞解体的现象。80g 时模型滑坡发生变形破坏，当滑块停止变形、监测数据稳定之后，离心加速度缓慢减小直至离心机关机（图 3.24）。

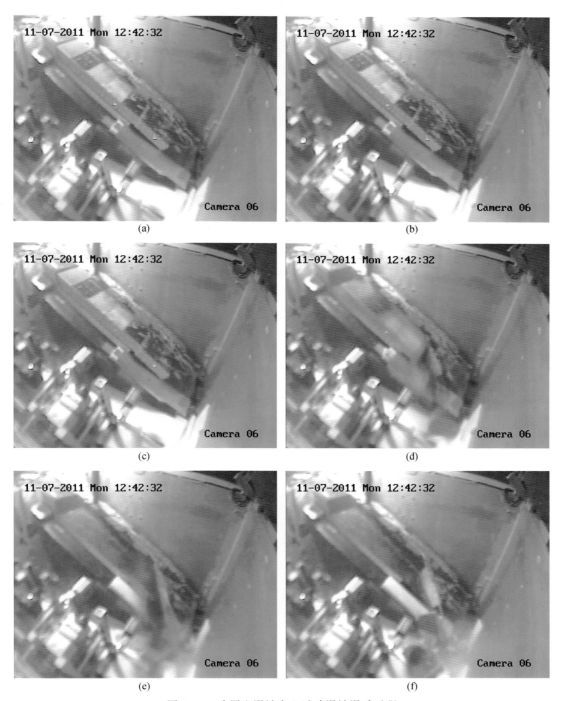

图 3.23　鸡尾山滑坡离心试验滑坡滑动过程

图 3.24　鸡尾山滑坡离心试验结束后滑块堆积与碰撞破坏现象

3.5　斜倾厚层岩质滑坡视向滑动的三维离散元模拟

基于离散元的 3DEC 离散元软件将块体之间的不连续面当做边界条件处理，允许沿着不连续面的大位移和块体转动，将岩体的连续性和结构面的不连续性很好的结合，能较为真实地模拟岩质滑坡的变形和渐进破坏过程。采用 3DEC 程序模拟了鸡尾山滑坡的初始失稳过程，包括重力长期作用下的蠕滑、地下采空区的影响、软弱夹层软化的变形破坏特征。

3.5.1　模型建立与参数选择

根据鸡尾山滑坡的三维地质形态，建立了鸡尾山滑坡的三维离散元地质模型（图 3.25）。滑坡地质模型长为 800m，宽为 400m，高为 700m，滑体上设置 4 个位移监测

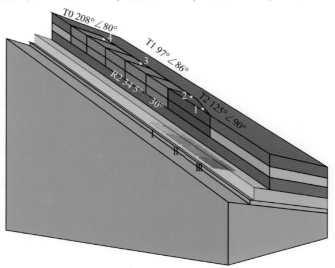

图 3.25　鸡尾山滑坡数值模拟模型及位移监测点

点。由于岩体内节理发育，块体选择遍布节理模型。将岩溶发育带 T_2 概化为结构面，所有结构面模型为摩尔–库仑模型。

为了获取模拟相关参数，开展了不同岩石的三轴强度试验，获得基本物理力学强度，利用 Hoek-Brown 强度准则估算岩体的强度，最终的参数取值见表 3.10。

表 3.10　鸡尾山滑坡数值模拟岩体物理力学参数取值表

岩体类型	容重/(kN/m³)	内摩擦角/(°)	黏聚力/MPa	泊松比	弹性模量/GPa
茅口组灰岩	26.70	30.7	2.28	0.262	10.8
栖霞组上段灰岩	25.5	24.2	2.55	0.216	11.0
梁山组黏土岩	15.5	23.7	1.01	0.314	10.0
志留系泥（页）岩	26.2	19.6	0.67	0.318	4.32

表 3.11 列出了鸡尾山滑坡数值模拟中结构面物理力学参数的选取值。滑坡前缘岩溶发育带抗剪强度参数按照完整岩体的 40% 选取。T_0 和 T_1 裂缝参考链子崖危岩体竖向裂缝参数（殷跃平等，2000）。岩体节理参数根据结构面直剪试验取得。碳质页岩岩体内摩擦角和黏聚力按照岩块瞬时剪切强度的 50% 和 20% 选取，分别为 20°、40 kPa，长期强度按照瞬时强度的 0.8 倍选取。

表 3.11　武隆鸡尾山滑坡数值模拟结构面物理力学参数建议值

结构面类型	内摩擦角/(°)	黏聚力/MPa	法向刚度/(GPa/m¹)	切向刚度/(GPa/m¹)
T_0 缝	10	0	8	8
T_1 缝	8	0.02	8	8
岩溶发育带 T_2	12.3	0.91	8	8
岩体节理	34	0.1	8	8

3.5.2　重力作用下的长期缓慢滑移变形模拟

本次数值模拟的过程分三种工况，0～6662 时步为初始应力平衡过程，6663～13662 时步为重力长期作用下的蠕滑变形，136630～18662 时步为底部采空模拟，18663～23662 时步为软弱夹层软化后斜坡变形模拟阶段。

当模型运行到 6662 步时，模型达到初始应力平衡，对结构面参数按表 3.13 进行修改，模拟重力作用下山体的长期缓慢滑移变形。

图 3.26 为软件运行到 13662 步时，鸡尾山滑坡在重力作用下山体的长期缓慢滑移变形的位移矢量图。滑坡的最大位移位于坡顶，为 0.771m，关键块体位移小于 0.15m。缓慢变形阶段 Z 方向位移–时步曲线（图 3.27）显示，坡顶 4 号监测点 Z 方向位移 0.6074m，为前缘 1 号监测点 Z 方向位移 0.1330m 的 4.6 倍；驱动块体位移曲线较陡，位

移及位移速率较大，呈不断增大的趋势；由于前缘稳定山体的阻滑作用，关键块体位移–时步曲线平缓，位移及位移速率较小。X 方向位移–时间曲线（图 3.28）显示，缓慢变形阶段 X 方向位移和位移速率自坡顶向前缘减小，坡顶 4 号监测点 X 方向位移 0.0527m，前缘 1 号监测点 X 方向位移 0.0198m。受结构面的控制，驱动块体在重力作用下沿软弱夹层 R_2 和侧向裂缝 T_1 的交线产状方向滑移。由于前缘稳定山体和侧向裂缝的阻滑作用，滑体位移自滑坡顶部向前缘逐渐减小，临空一侧的位移较内侧位移较大。

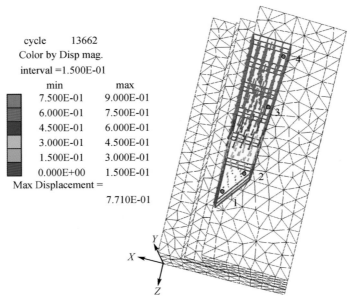

图 3.26　重力作用下变形位移矢量图

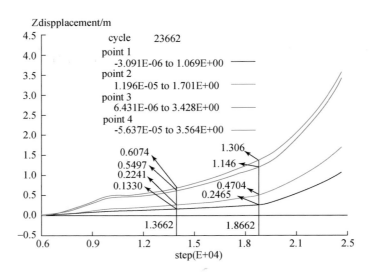

图 3.27　滑坡监测点 Z 方向位移–时步曲线

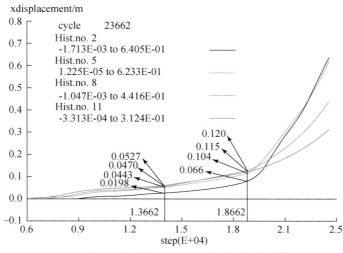

图 3.28　滑坡监测点 X 方向位移–时步曲线

软弱夹层内摩擦角小于岩层倾角，滑体在重力作用下呈缓慢变形状态。图 3.29 为关键块体内 1、2 号监测点在倾向正北的垂直面上的正应力监测曲线。由于受关键块体阻滑作用，驱动块体位移显著，关键块体压缩变形，应力累积，尤其在侧向裂缝 T_1 与岩溶发育带接触带应力集中，如图 3.29 显示，点 2 的应力水平较点 1 大约两个数量级。长期缓慢滑移变形阶段，应力集中区的 2 号监测点，应力在初始陡增之后趋于缓慢增大，表明滑体处于缓慢滑移变形阶段。软弱夹层剪切位移与滑体位移分布趋势相同，由后缘向前缘不断减小，后缘软弱夹层先发生剪切破坏。随着时步不断增大，软弱夹层发生剪切破坏的面积越来越大，其提供的剪切力越来越小，驱动块体作用在关键块体上的剩余下滑力越来越大。

3.5.3　地下采空情况模拟

此次模拟中按开采时间设置了 8 个采空块体，如图 3.25 所示：Ⅰ（1990 年以前）、Ⅱ（1990 年至 1999 年）、Ⅲ（2000 年至 2009 年）。对Ⅰ～Ⅲ号采空区逐一开挖，开挖间隔运行步数为 2000 步，运行至 18662 步截止。

图 3.29 显示，采空引起上覆一定范围内岩体的应力调整。底部采空对位于采空区上方西南方向、应力集中区的 2 号监测点的正应力影响不明显。而 1 号监测点仅当位于其正下方的Ⅱ采空区发生采空时，正应力出现陡增，Ⅰ和Ⅲ采空区对其影响亦不明显。

图 3.30 显示，采空阶段滑体位移分布及趋势与缓慢滑移变形阶段相同，滑坡的最大位移位于坡顶，为 1.672m，关键块体位移小于 0.4m。滑体上各监测点的 X 方向和 Z 方向（图 3.27、图 3.28）位移仍呈缓慢增大的趋势，采空加剧斜坡变形，但是影响是缓慢而持久的。

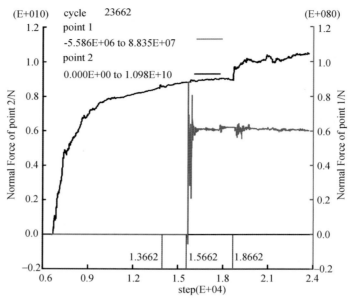

图 3.29 监测点力随时步变化曲线

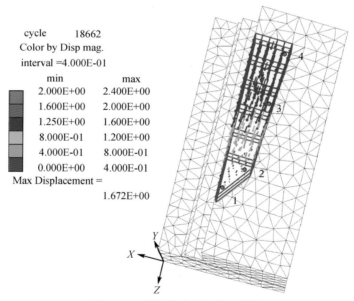

图 3.30 底部采矿后位移矢量图

3.5.4 软弱夹层软化模拟

碳质页岩软弱夹层由于流变强度降低，将软弱夹层抗剪强度降低为长期强度，模拟地下水长期作用下软弱夹层软化的过程。

图 3.31 为鸡尾山滑坡在软弱夹层软化后的位移分布模拟结果。滑体位移仍然呈自坡顶向下减小的趋势，滑坡位移矢量向临空方向偏转。图 3.28 显示，滑坡视倾向（X 方向）位移剧增，关键块体增量显著，说明前缘发生瞬时破坏，导致滑坡整体视倾向滑动。图 3.27 显示，滑坡后缘 4 号监测点 Z 方向位移达到 5.0m，为前缘 1 号监测点 2.4m 位移的 2.1 倍。软弱夹层强度降低后，监测点的位移和位移速率陡增，表明岩溶发育带剪切破坏后，滑体进入大变形阶段，发生整体滑动。

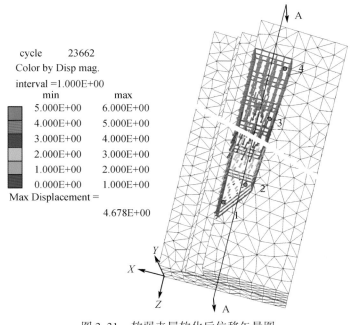

图 3.31   软弱夹层软化后位移矢量图

3.6   小   结

针对斜倾厚层岩质滑坡视倾向滑动失稳模式，以重庆武隆鸡尾山滑坡为例，通过地质调查、室内试验、数值模拟方法与手段，验证了斜倾厚层灰岩山体"后缘块体驱动−前缘关键块体剪断"的视倾向滑动地质力学模型。

（1）采用 InSAR 技术获取了鸡尾山滑坡前地表形变时间序列，揭示了鸡尾山山体滑前的时空形变特征。结果显示，鸡尾山滑坡发生剧滑破坏之前，经历了长期的渐进变形过程，滑坡前两年最大水平位移量超过 50cm，表现出临滑前的前缘压裂。InSAR 解译识别的变形区域与实际滑坡体平面形态近似，稳定山体、驱动块体以及关键块体的边界显著。

（2）通过试验分析与数值计算，获取了灰岩山区碳质页岩软层的强度变化特征。分析认为，重力蠕滑导致碳质页岩软弱夹层强度不断降低，天然状态下长期强度内摩擦角和黏聚力比瞬时峰值强度分别降低 26% 和 47%，山体蠕滑后而挤压侧边和前缘的溶蚀带，导致山体下滑推力不断增大，前缘阻滑关键块体岩溶发育带最终被脆性剪断，山体整体滑动。

（3）通过土工离心模型试验和离散元数值模拟，重现了鸡尾山滑坡全过程，验证了斜倾厚层岩质滑坡"后部块体驱动–前缘关键块体瞬时失稳"的视向滑动破坏特征，滑坡经历了渐进蠕滑到瞬时破坏的过程。

第 4 章　陡倾层状岩溶斜坡崩滑失稳模式研究

西南厚层岩溶山区是我国层状岩质崩滑灾害的高发区。根据岩层倾角、倾向与斜坡倾向间夹角的关系，又可细分为平缓层状、斜倾层状、陡倾层状等不同斜坡结构。作为层状岩质斜坡的一种主要失稳模式，倾倒破坏很早就受到学者的关注。Freitras 和 Watters（1973）明确提出倾倒变形是能在多种岩体结构大范围发生的特殊斜坡变形；Goodman 和 Bray（1976）归纳了陡倾岩层常见倾倒破坏的基本类型，并提出了用于进行倾倒稳定分析的极限平衡法，掀开了从力学机制层面上研究倾倒破坏的篇章。此后，很多学者建立的倾倒破坏力学模型基本上都遵循或参照倾倒极限平衡分析法，并在此基础上进行了修正和推广。Duncan（1980）提出岩块倾倒的临界破坏准则；Zanbank（1983）、Aydan 和 Kawamoto（1992）认为层间作用力可以设定为集中力，作用点在试验基础上估计确定，并假设滑动面是单一直线状，建立力矩平衡方程；Sagaseta（1986）Sagaseta 等（2001）发展了可以考虑锚固力作用的通用倾倒分析方法，这种方法实际应用性极强；Amini 等（2009，2012）将反倾斜坡内的岩块分为两部分：与母岩完全断开或与母岩连接，通过极限平衡方法开发了分析软件。陈祖煜等（1996）、陈祖煜（2004）在考虑到岩柱底滑面的连通率及岩体结构面分布特征的基础上，改进了 G-B 分析方法。蒋良潍和黄润秋（2006）建立斜置等厚板梁弹性模型，将岩层的层间错动阻力考虑，采用能量法，得出屈曲和弯折破坏的临界判断条件。Liu 等（2008，2009）引进微元法，以拟连续介质理论建立了极限平衡分析力学模型，对斜坡稳定性评价具有一定的参考意义。王林峰等（2013）引进断裂力学理论，以受单一结构面控制的边坡为例，推导出临界应力强度因子的破坏判断准则，求解出各个层状岩块的层间作用力，在一定程度上能够推断边坡倾倒的破坏顺序及过程。

本章以鸡冠岭山体滑坡为例，在地质调查基础上，从岩石力学试验、数值模拟、土工离心试验、三维极限平衡分析等方面进行分析，开展地下采空对陡倾层状斜坡变形的破坏机制研究，提出地下采空诱发鸡冠岭的失稳模式，为岩溶采矿山区的层状山体斜坡防治提供指导。

4.1　陡倾层状斜坡破坏特征分析

1994 年 4 月 30 日，重庆武隆鸡冠岭发生大型岩质崩滑灾害，体积约 400 万 m^3，在运动过程中形成高速碎屑流，约 30 万 m^3 碎屑流体流入乌江后又堵塞水运（殷跃平等，1994），堵江时间长达 30 分钟，造成 17 人死亡，重伤 19 人，船只被击沉 5 艘，乌江水运中断 3 个月，直接损失近亿元，如图 4.1 所示。

图 4.1　重庆武隆县鸡冠岭岩质崩滑灾害全景

　　鸡冠岭位于乌江左岸武隆县兴顺乡核桃村，构造上为桐麻湾背斜核部西翼，地形条件复杂，山体陡峭，乌江在此处垂直切割桐麻湾背斜，切割侵蚀强烈，切割深度大于 750m，两岸形成比较对称的高陡岩质斜坡，背斜核部清晰。鸡冠岭崩滑区 NE45° 与 NE135° 两侧临空，NE45° 坡向平均坡度 40°～45°，NE135° 坡向坡度 60°～70°，临空条件良好，岩层产状为 295°～310°∠70°～80°，岩层倾角大于 65°，为陡倾岩层。根据层状斜坡的坡形结构分类，鸡冠岭岩层倾向与斜坡倾向间的夹角为 95°～120°，在 60°～120°之间，岩层倾角在 0°～90°之间，斜坡破坏属于陡倾层状横向斜坡的失稳。

　　鸡冠岭斜坡失稳是陡倾层状岩体倾倒变形–滑移的复合失稳模式。后缘张拉裂缝将鸡冠岭三角山脊切割成层状棱柱体，陡倾层状岩体在自重作用下，向 NE135° 临空方向发生倾倒变形，由于"煤系地层"的存在，上覆层状岩体逐渐弯曲蠕动变形。当煤层逐步开采后，形成临空面，上覆岩层失去有效支撑，往临空面处倾倒，并挤压在下伏岩层。下伏阻滑块体受到上覆岩层的挤压作用，往临空向变形，当阻滑块体抵抗力不足以平衡上覆倾倒岩体的下滑力时，发生破坏，从临空面剪出形成崩塌。崩塌体坠落下滑过程中不断铲刮、碰撞，破碎解体，形成滑坡，分流为两股碎屑流，并冲入乌江，形成堵江灾害（图 4.2）。

　　不少学者对鸡冠岭崩滑的地质环境条件和成灾原因进行了探讨。陈自生和张晓刚（1994）提出鸡冠岭崩滑的成灾过程为鸡冠岭崩滑—崩塌—碎屑流—堵江，指出剥蚀面间

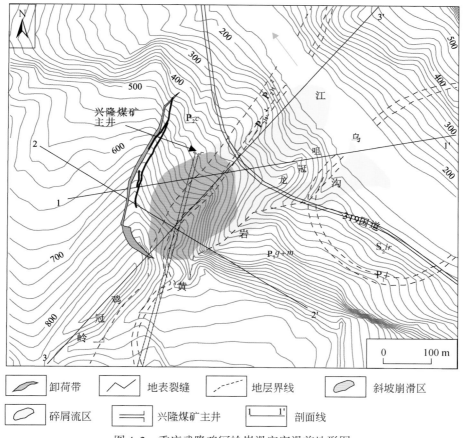

图 4.2　重庆武隆鸡冠岭崩滑灾害滑前地形图

的崖壁因坡脚处失去支撑发生倾倒崩塌，崩塌体加积于滑坡体上，破碎解体形成碎屑流，形成堵江灾害。李玉生等（1994）对鸡冠岭岩崩的特征进行了分析，认为鸡冠岭岸坡陡峭，具有上硬下软的结构特征，所处的背斜构造轴部岩层挤压强烈，且滑坡前后无降雨和地震，属于拉裂倾倒式崩塌。刘传正等（1995b）认为人类工程活动为鸡冠岭岩崩的主要诱发因素之一，长期的采矿活动造成大面积采空，覆岩失去平衡，山体顶部的拉裂缝与采空区贯通后形成崩塌。上述相关研究为鸡冠岭崩塌的研究做了一个良好的开端，为深入揭示地下采空诱发鸡冠岭崩塌的破坏机理和失稳模式奠定了基础。

　　地下采矿引起的地表及岩体移动研究起源于欧洲（Allen，1934；Rice，1934），我国是建国后在平原区开展了大量的现场观测和研究工作，从地下矿层开采技术特点、覆岩结构理论、顶板结构稳定性等方面，开拓了多种互相补充的理论，建立了"三下"开采沉陷预测体系（梅松华等，2004；范士凯，2006）。国内外许多学者通过理论和实践研究认为（Jones et al.，1992；Malgot and Baliak，2004；Brady and Brown，2006；Marschalko et al.，2008，2012；Tang，2009；Altun et al.，2010；胡广韬、林叔中，1994；胡广韬等，1995；王玉川等，2013；赵建军等，2014）：地下采空诱发山区地表破坏的主要表现形式是山体变形，山体变形在一定的诱发因素下，可以转化为崩塌和滑坡。地表与岩层变形特征及规律受自然地质因素和采矿技术因素的综合影响，采矿诱发山体变形必须具备三个条件：地表临空、地下采矿和软弱夹层（汤伏全，1989）。地下采矿诱发山体变形的内部机制是由于斜坡内部岩体应力变化及其导致的岩体工程地质条件的改变。矿层采出改变了斜坡内部应力状态，引起的地表及岩层移动，改变了岩体结构及物理力学特性，降低了软弱夹层的力学强度，使覆岩及地表产生裂缝，地下水的动力作用加强，加剧高陡斜坡变形破坏（Aydan and Kawamoto，1992；Tang，2009）。与自然斜坡稳定性分析相同，地下采矿诱发高陡斜坡变形的稳定性分析方法主要采用工程地质分析法、极限平衡分析法、数值模拟分析方法和物理模型试验分析方法。

目前研究取得共识的是，采矿活动主要对山体的应力调整具有很大的影响，引起"悬臂效应"或顶板冒落（孙玉科，1983a，b；刘传正，2009），进而诱发平行陡崖走向的深大裂隙的产生。裂隙与斜坡的控制结构面组合，容易将岩体切割成块体，脱离基岩演变形成灾害体。应该指出，已有研究绝大部分是基于理论分析和二维的数值模拟手段。而地下采空对斜坡变形的影响，不仅体现在采矿方式和采矿顺序上，还体现在地下采空的空间分布上（采空区分布、煤柱及回填情况）。因此，地下采空诱发斜坡变形破坏的研究，应该根据实际的采矿顺序和地下采空区的空间分布等进行模拟，才能得到比较可靠的结论。重庆武隆鸡冠岭斜坡失稳是一类陡倾层状山体的失稳破坏，针对陡倾层状山体采空破坏，Hoek（1974）从二维角度分析认为，陡倾角结构面走向与矿体走向相近，且延展性良好时，容易引起上覆岩体倾倒破坏。

4.1.1　鸡冠岭崩滑地质环境背景

4.1.1.1　地形地貌

鸡冠岭所处区域地貌属于岩溶中山地貌，整体走势为西南低、东北高，海拔为700～1600m不等，相对高差则在700～1000m范围内，根据成因分类，该处地貌为河谷侵蚀堆积地貌和侵蚀溶蚀地貌。

鸡冠岭崩滑区峰顶标高为897m，呈北西—南西向岭脊地形，平均坡度35°～40°。乌江在此段切割强烈，形成峡谷，乌江由南东流向北西，水面标高152～158m，江面宽约150～200m，切割深度大于750m，两岸形成对称的高陡岩质斜坡（图4.2）。

鸡冠岭山体处于桐麻湾背斜核部西翼。桐麻湾背斜核部受到强烈的褶皱作用，应力集中，核部地层容易发生张拉形成破碎岩体。背斜东翼的长兴组与吴家坪组地层在长期地质作用下被侵蚀、剥离，栖霞茅口组厚层灰岩裸露于地表。背斜东翼在侵蚀过程中，与西翼完整地层形成"V"断面，具备良好的集水条件，逐渐发展成深切冲沟即黄岩沟。背斜西翼的地层在切割作用下形成了倒"V"形的岭脊（图4.3）。

鸡冠岭主坡向为N39°E，主坡向南东侧为黄岩冲沟，此处形成陡坎，平均坡度达到65°。鸡冠岭由东临乌江岸边，形成局部岭脊地形，称为龙冠咀，最高点标高为377m。龙冠咀南东侧为深切的黄岩深沟，断面呈"V"形，切割深度达70～100m，发育方向与鸡冠岭脊向基本一致，由南西往北东方向汇入乌江（图 4.3）。

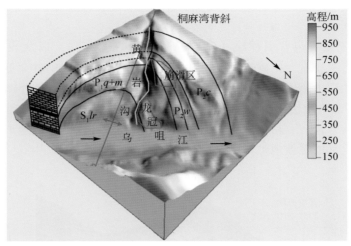

图 4.3　重庆武隆鸡冠岭山体地质环境背景图

鸡冠岭崩滑区位于乌江左岸，是由层状灰岩与页岩组成的高陡岩质斜坡。鸡冠岭沿山脊走向 NE45°的平均坡角约 35°~45°，山脊东南侧 NE135°临空，坡脚处是深切冲沟，形成陡峭临空面，坡角平均值约为 65°，为岩体倾倒变形提供了良好的两侧临空条件（图 4.4）。

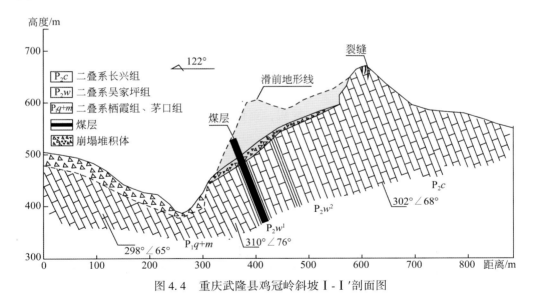

图 4.4　重庆武隆县鸡冠岭斜坡 I - I′剖面图

4.1.1.2　地层岩性

鸡冠岭地层除第四系缺一堆积层外，以二叠系和志留系地层为主，由新到老为：二叠系中统长兴组、吴家坪组；二叠系下统茅口组、栖霞组、梁山组及志留系罗惹坪组（图4.5）。

1. 第四系全新统

第四系全新统主要包含崩积层（Q_4^{col}）、崩坡积层（Q_4^{col+dl}）以及残坡积层（Q_4^{el+dl}）。崩积层主要由漂石、块石、巨砾组成，多分布在黄岩沟、龙冠咀山脊北翼及乌江南岸的崩积体前缘。崩坡积层上部主要为次棱角状生物灰岩、燧石灰岩及页岩碎石，块度一般为0.2～0.5m。中下部为次棱角状灰岩及页岩碎石，块度一般为0.01～0.1m。残坡积层主要为褐色—橘黄色，含岩屑、粉煤灰、黏土，分布于岩崩区北西侧缓坡地形的岩崩边缘及岩崩区南侧锅圈岩上部的缓坡地带。

图4.5 重庆武隆县鸡冠岭地层岩性组合（镜像230°）

2. 二叠系中统

（1）长兴组（P_2c）：厚度大于100m，主要是灰—浅灰色中厚层状灰岩，夹条带状燧石灰岩，岩质坚硬。沿鸡冠岭及其北西翼岩崩山脊线，岩溶发育，主要与层间裂隙及切割岩层的多个组合型节理裂隙有关。岩层产状295°～310° ∠43°～80°。走向方向呈疏缓坡状，倾向方向岩层倾角上缓下陡，与下伏P_2w^2呈整合接触。

（2）吴家坪组上段（P_2w^2）：厚大于80m，顶部为绿灰—黄褐色页岩夹黑色及薄层硅质条带及扁豆体厚2～3.8m；中下部为薄层—中厚层燧石灰岩，夹黄褐色页岩（单层0.02～0.4m）灰岩与页岩比为10：1，厚度约60m。岩层产状305°∠69°，岩溶较发育。

（3）吴家坪组下段（P_2w^1）：厚约10～21m，含煤层。上部为灰黑色页岩夹2～3层深灰色泥晶灰岩及星散状黄铁矿，厚约2～3m；中部为煤层，厚约0.02～1.2m，平均0.65m；下部为绿灰色水云母铝土质页岩，夹黑色高碳质铝土质页岩，厚5～16m。岩层产状310°∠70°，近背斜轴部的北翼倾角20°～31°。与下伏P_1q+m呈整合接触。岩层节理发育。该套地层为含煤地层，已采空。

3. 二叠系下统

（1）栖霞、茅口组（P_1q+m）：厚度大于300m，岩性为浅灰—深灰色厚—巨厚层状灰岩，夹瘤状灰岩，岩质坚硬与下伏P_1l呈假整合接触，岩层节理裂隙频数稀疏，切层横节理较发育，节理代表性产状210°∠70°。裂隙走向上贯通性强，裂缝宽5～20cm。

（2）梁山组（P_1l）：厚度大于10m，由浅红色—浅黄色—浅灰色铝土质页岩夹不稳定的薄层灰岩，该层仅出露于边滩隧道的南出口方向 100 m 处，位于桐麻湾背斜南东翼。北西翼位于黄岩沟与龙冠咀之间，被崩积体所掩盖。与下伏地层呈假整合接触，岩层节理发育，风化强烈。此层为岩崩区下伏的软弱隔水层。

4. 志留系

罗惹坪组（S_2lr）：厚度大于 100m，岩性为褐绿色—褐灰色页岩夹薄层粉砂岩，两者比例 8∶1。该层分布于崩塌区南东以及乌江河谷两岸，为桐麻湾背斜的核部地层，岩层产状南东翼为 120°～144°∠8°～35°，北西翼为 315°∠43°～50°。岩层节理裂隙发育（图4.6）。

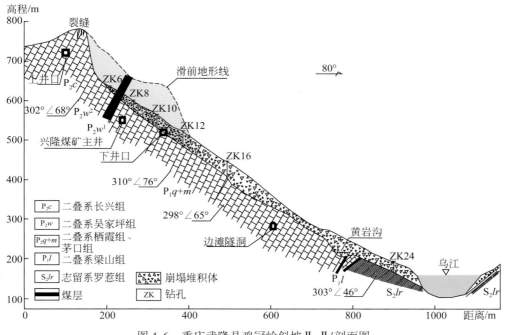

图 4.6　重庆武隆县鸡冠岭斜坡Ⅱ-Ⅱ′剖面图

鸡冠岭斜坡上部为中厚层灰岩，下部为厚层灰岩，中部为含煤页岩，形成上硬下软的典型"二元结构"特征。吴家坪组下段页岩夹煤层为软弱地层，力学性质与灰岩相差很大，由于受到灰岩的挤压，软弱层易发生压缩变形，使得上覆层状岩体受拉，并发生蠕动变形。下伏栖霞组为厚层灰岩，力学性质较为稳定，起阻滑作用，如图 4.5 所示。

4.1.1.3　地质结构与构造

鸡冠岭的岩层产状为 300°～310°∠70°。根据层状斜坡的分类（表 4.1），鸡冠岭地层倾角大于 60°，属于陡倾状斜坡。根据坡形结构的分类，鸡冠岭岩层倾向与斜坡坡向倾向之间的夹角为 95°～120°，在 60°～120°之间，岩层倾角在 0°～90°之间，鸡冠岭属于横向斜坡。因此，鸡冠岭斜坡属于陡倾层状横向斜坡，此类型的斜坡最可能发生的变形是弯曲倾倒变形。

表 4.1　层状斜坡坡形结构划分依据

块状结构	坡体结构类型	岩层倾角 α	岩层倾向与斜坡倾向的夹角 β
层状结构	平缓层状	<10°	0°~180°
	横向斜坡	0°~89°	60°~120°
	顺向层状斜坡		0°~30°
	反向层状斜坡		150°~180°
	斜向层状斜坡		120°~150°
			30°~60°

鸡冠岭崩滑前，岩体变形主要是由两组节理控制，一组沿原背斜横向节理发育，产状为 40°∠70°~80°，与鸡冠岭崩塌后形成的三角陡崖面平行，受采矿活动影响和岩体自身重力 NE45°向的分力影响，逐渐发展形成深大拉裂缝，为崩塌体的侧向拉裂缝，此裂缝与鸡冠岭两侧临空面组合，将岩体切割成似三棱柱状。另外一组节理为岩层层面节理，在卸荷作用下逐渐扩展形成卸荷裂隙，向坡体深部延伸，发育成坡体贯通性结构面，将三棱柱状岩体分割成层状结构，在重力作用下，层状岩体发生倾倒变形。同时，由于上覆岩层压在软弱夹层上，蠕动变形会不断发展，一旦下方形成大面积的临空面，上覆岩层容易发生倾倒破坏。

鸡冠岭区内构造特征主要以褶皱为主。桐麻湾背斜紧邻金子山向斜东侧，北东端倾伏于骡子梁以北，南西端倾伏于洗马池，轴线走向为 NE25°~30°。桐麻湾背斜北东倾伏端在紧贴大耳山背斜处往北偏转，方向为 NE15°。轴部地层为二叠系，被乌江切穿处可发现志留系罗惹坪组页岩。两翼为三叠系飞仙关组，北段轴部狭窄而呈尖棱状；南段较平缓开阔，为一不对称背斜。桐麻湾背斜轴部存在次级小背斜，鸡冠岭即位于此次级背斜上。

4.1.1.4　岩溶发育情况

鸡冠岭崩滑发育于桐麻湾背斜核部地层中，构造核部应力集中，节理裂隙发育强烈。区内地下水主要为碳酸盐岩岩溶水和基岩裂隙水，地下水主要接受大气降雨补给，以泉的形式向地势低洼处汇集，经暗河流入溶洞排泄。大气降水补给区内的暗河、泉点等地下径流，为滑坡区岩溶发育提供了条件。

根据地质调查发现鸡冠岭崩滑区域岩溶非常发育，存在较多溶洞，溶洞主要沿桐麻湾背斜与打撅沟-金子山向斜二叠系灰岩地层发育（表 4.2）。崩积区岩崩堆积物中同样存在钙化溶蚀物及石钟乳，以往的勘察钻孔也表明鸡冠岭山内岩溶现象发育，空洞较多。

表 4.2　重庆武隆鸡冠岭滑坡区溶洞发育特征

溶洞	位置	地层时代	发育裂隙	特征
媒人洞	处于桐麻湾背斜与金子山向斜的过渡部位，高程为 367m，走向200°	P_2c	第一组裂缝宽 2~3cm，间距为 20~50cm，产状 37°~50°∠50°~52°；第二组裂隙面较新鲜，间距 0.5~1.5m，宽 0.2~2cm，产状 252°~254°∠54°~71°	洞长约 200m，宽 8~15m，高 3~15m。节理裂隙发育，洞内为大块度石钟乳。稳定性差

续表

溶洞	位置	地层时代	发育裂隙	特征
大洞	观音阁兴隆煤矿运输线下的陡岩区，高程470m，延伸方向63°～110°	P_2c	裂缝产状300°∠60°，宽10～30cm，充填有灰岩碎石、钙华、黏土等，裂面平直	洞长约72.7m，宽23.5m，高约6m；节理裂隙发育。稳定性差
燕子洞	位于乌江南岸小歇槽山靠边滩隧道口一侧的山腰上，高程为270m，延伸方向220°左右	P_1q+m	裂缝整体沿层间溶蚀裂缝发育，在垂直方向上延伸至地表，第一组裂缝产状315°∠41°，宽1～4cm；第二组裂缝裂面平直，产状185°∠25°	长100m，宽1～10m，高2～20m。洞内岩石有坍塌现象，岩溶现象沿洞延伸方向从外到里逐渐减弱。稳定性较好

　　岩溶空洞与斜坡变形破坏有一定的关系。鸡冠岭崩滑区的溶洞均是沿顺层裂缝或岩层发育的，特别是媒人洞与滑坡后形成的1、2号拉裂缝向地下延伸的位置一致，表明岩溶对滑坡失稳的影响很大。由于岩溶空洞的存在，使软弱夹层下部灰岩岩体的支撑作用削弱，不利于斜坡的稳定性。

　　鸡冠岭斜坡南东侧坡脚处是深切黄岩冲沟，黄岩沟切割深度为70～100m，具备良好的集水条件。黄岩沟处发育有溶蚀裂缝（图4.7）。鸡冠岭顶部灰岩被雨水冲刷侵蚀严重，岩石表面光滑并伴有许多穴穴。鸡冠岭 NW 侧为大沱社，高程840m 处有牛角洞暗沟。据调查及当地群众反映：此带在雨季时降雨大多直接进入溶洞，而且在其附近很少有地下水出露，牛角洞暗河泛出的水在鸡冠岭尾部的落水漏洞一带迅速消失或从山脊 NW 侧大沱社的羊儿坪岩溶洞口流出。

图 4.7　重庆武隆鸡冠岭崩滑区岩溶发育

　　鸡冠岭原始地形具备有利的汇水条件，崩塌后缘（海拔约840m）处、鸡冠岭 NE67°主坡向以南形成宽约30m、切割深度达35m 的集水沟，冲沟溶蚀严重，降水沿着节理裂隙渗入岩体，大大降低了拉裂缝的强度。此拉裂缝构成了鸡冠岭崩塌的控制性结构面。

4.1.1.5　地下采矿活动

鸡冠岭崩滑区分布有二叠系吴家坪组含煤地层，该煤层斜穿整个岩崩区，煤层厚约 0.02~1.2m，平均0.65m。资料显示，前人对该煤层进行了大面积的采空，采空深度达 950m，前人井位低于兴隆煤矿主井。1992年2月，县办兴隆煤矿也在同一层新建动工，主井标高519.6m，掘进深度1100m，掘进方向与煤层走向夹角约为25°（图4.2），同时在主井上面同一层开挖风井，其标高为631.6m。在风井中向上开挖立山88.4m与核桃坪煤矿主井连通。核桃坪煤矿先于兴隆煤矿开采，开采方向为从山体上部往下部。兴隆煤矿开采方式为掩护支架采煤法，沿矿层走向布置采煤工作面，用掩护支架将采空区和工作空间隔开进行回采，在回采过程中，原有煤柱也被开采一空，鸡冠岭采空区如图4.8所示。

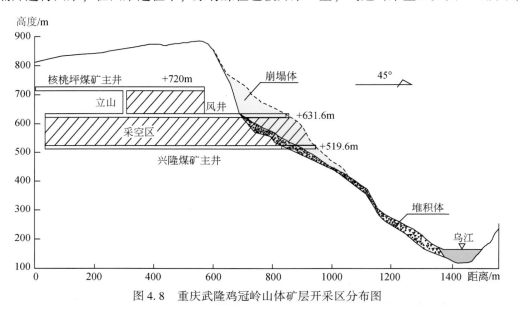

图4.8　重庆武隆鸡冠岭山体矿层开采区分布图

人类工程活动如采矿活动会改变围岩和山体的应力分布，容易引起地表裂缝、沉陷或者坍塌，从而对山体稳定性造成影响。高陡斜坡的深部矿层开采对山体稳定性的影响很复杂，上覆岩层的变形、危岩体的形成和发展、节理裂隙的发展等不仅受到岩体结构、主控结构面等因素的控制，和采矿方式、开采深度等也紧密相关。表4.3给出了采矿方向和矿层倾角组合关系对坡体结构的影响。兴隆煤矿的采矿巷道与矿层的层理走向夹角较小，矿层倾角约为68°，采矿会对斜坡山体产生不利的影响。

表4.3　采矿方向与矿层倾角关系的影响（Bieniawski，1989）

走向垂直于隧道轴线				走向平行于隧道轴线		
顺着倾角掘进		对着倾角掘进				
倾角45°~90°	倾角20°~45°	倾角45°~90°	倾角20°~45°	倾角45°~90°	倾角20°~45°	倾角0~20°
很有利	有利	中等	不利	很不利	中等	中等

另一方面，对于陡倾层状斜坡，在地下矿层采空的情况下，上覆岩层容易产生"悬臂效应"。地下采空后，相当于上覆岩层失去支撑，于是产生类似于悬臂梁的力学行为，上覆岩层容易形成平行走向的深大拉裂缝，拉裂缝一旦贯通，斜坡将会发生失稳。

综上可知，两侧临空的坡形结构、上硬下软的岩性组合、陡倾层状岩体结构、岩溶发育等为鸡冠岭岩质崩塌提供了有利的地质环境。地下水渗透和溶蚀作用下，滑坡区岩体强度逐渐降低，裂缝加宽变深。另一方面，人类工程活动加速了山体变形及岩体强度衰减，尤其是含煤矿层采空，形成了鸡冠岭岩质崩塌的诱因。

4.1.2　鸡冠岭陡倾层状斜坡特征

4.1.2.1　基本特征

鸡冠岭为背斜地貌，岩层倾向与坡向倾向走向约 105°，岩层倾角 70°，属于典型的陡倾层状横向斜坡结构。陡倾层状岩质斜坡由于在自重作用下，容易发生倾倒变形（图4.9）。

图 4.9　重庆武隆鸡冠岭斜坡陡倾层状岩体倾倒变形特征

鸡冠岭山脊走向为 NE45°，山脊南东侧为深切黄岩冲沟。受山脊向重力分力的影响，山脊处后缘产生地表拉裂缝，拉裂缝在地下水和重力长期作用下，强度不断降低，往深处拓展，形成宽大的张拉裂缝，与两侧临空面组合，将崩塌区岩体切割成较规则的三棱柱体（图 4.10）。三棱柱体的纵向长度约 250m，横向剖面为三角面，横向长度约 200m，平均厚度约 80m，总体积约 400 万 m³。

滑动区的地层岩性主要包括二叠系长兴组厚层灰岩、吴家坪组灰岩夹页岩、栖霞茅口组厚层灰岩。典型的上硬下软"二元结构"将岩体切分成上覆层状岩体和阻滑关键块体。崩塌源区海拔位置较高，坡度高陡，崩塌体蕴含巨大的位能。从滑坡后缘到堆积区的前缘

图 4.10　重庆武隆鸡冠岭崩滑体地质概化模型

距离约 980m，高差约 630m。

　　鸡冠岭所处地区有悠久的采矿历史，地下采空面积非常大。据悉，在灾害发生前一天，兴隆煤矿（1992 年动工）主井洞底板有鼓胀现象和铁轨错位现象，后缘裂缝进一步加宽、加深、规模变大。迹象表明含煤地层的大量开采造成斜坡内大面积临空，上覆层状岩体呈现出"悬臂效应"，地下采空的附加应力加剧了上覆岩层的倾倒变形。随时间的推移，斜坡层状岩体往 NE135°方向临空面发生倾倒大变形，地表出现密集的拉裂缝，与下部临空面贯通，瞬间失稳，从而形成大规模的崩塌。

　　上覆岩层发生倾倒崩塌后，挤压下伏岩层，下伏岩层发生剪切破坏，形成大体积的崩塌体，瞬间从剪出口高速启动。由于受深切冲沟、阶地基座和局部高地的影响，滑坡在运动过程中表现出铲刮、碰撞、崩塌岩体破碎形成碎屑流的特征。鸡冠岭崩塌经过启动—铲刮—碰撞—解体—碎屑流—入江—堆积的形式，持续时间不超过一分钟，并形成堵江灾害，造成重大人员伤亡和经济损失。因此，鸡冠岭崩滑属于高速、大型的陡倾层状岩质斜坡崩塌–碎屑流。

4.1.2.2　崩滑体特征

　　通过滑前地形分析、滑后地质调查、无人机拍摄资料等多种方式的对比综合分析，表明鸡冠岭崩塌呈现出三棱柱体。滑坡后缘的裂缝 T_0 产状 40°∠79°~80°，裂缝平均深度约 80m，最深处约 170m，长约 242m，该拉裂缝在地下水长期作用下强度逐渐衰减。以层状灰岩之间的软弱夹层（含煤地层）为界线，可分为上覆层状岩体和下伏阻滑块体。在重力的作用下，上覆层状岩体向黄岩沟方向（NE135°）发生倾倒蠕动变形，下伏关键块体为厚层灰岩，通过提供阻滑力抵挡上覆岩层通过软弱夹层传递的下滑力。

1. 上覆层状岩层

上覆层状岩体受层面节理和发育岩溶裂隙的切割，形成层状岩体，主要由长兴组厚层灰岩和吴家坪组上组中厚层灰岩夹页岩组成。厚层灰岩与页岩存在比较明显的互层现象，并被岩溶裂缝和层面切割形成中薄层状的岩体。上覆岩层在自重沿滑动面的分力作用下产生弯曲变形。

2. 下伏关键块体

下伏关键岩体为茅口组和栖霞组厚层灰岩，厚度约 50～60m，在斜坡变形阶段起到限制软弱层变形的阻滑作用，阻挡上部块体倾倒。上覆层状岩体倾倒破坏瞬间，挤压在下伏岩层上，迫使关键岩体发生切层剪断，沿剪切面滑移。

4.1.2.3　崩滑运动特征

鸡冠岭坡体失稳启动后，沿途铲刮并发生碰撞，最后在入江处堆积，由于崩塌体在滑坡源区、铲刮区和入江处进行散落堆积分布，大部分铲刮区被堆积体覆盖，撞击区为局部高地，无堆积体分布。因此，可将其分为崩滑区和碎屑流堆积区，如图 4.2 所示。

（1）崩滑区：鸡冠岭层状岩体在重力作用下产生倾倒变形，弹性势能开始累积，随着进一步的采空，上覆层状岩体逐层依次破坏，发生倾倒式崩塌，下伏基岩被挤压剪断，崩塌岩体累积的能量在短时间内释放，转化为动能，崩滑体剪出后获得较大的启动速度。

（2）碎屑流区：崩塌体剪出后，沿南西-东北走向的黄岩沟和东北方向斜坡向下运动，受到坡脚山脊龙冠咀的阻挡，发生碰撞。碰撞加速了崩塌岩体的破碎解体程度，使之进一步流态化，形成碎石块体；同时，由于受到沟谷地形限制，崩塌体分成两股碎屑流，涌入江中形成堵江坝体。

4.1.3　鸡冠岭斜坡破坏模式

鸡冠岭崩滑灾害是受地形地貌、地层岩性、岩体结构、岩溶发育等方面因素的控制，在地下采矿活动扰动下，形成的陡倾层状灰岩山体崩塌滑坡-碎屑流灾害链。斜坡背斜构造使得山体应力集中，节理裂隙发育，鸡冠岭坡形两侧临空，提供了良好的临空条件；层状灰岩夹软弱岩层的"上硬下软"结构决定了滑坡的破坏特征，而陡倾层状结构和横向坡形是斜坡呈现倾倒变形特征的主要原因。山脊后缘张拉裂缝与两侧临空面将崩塌区岩体切割成棱柱状岩体，层面将斜坡岩体切割成一系列的层状块裂岩体结构，岩体的离散性非常好，滑动过程容易解体形成碎屑流。地下矿层采空诱发斜坡山体应力重分布，影响斜坡山体的稳定性，是鸡冠岭崩滑的诱发因素。

鸡冠岭崩滑灾害失稳模式是"倾倒—滑移—整体失稳"。由于地下水的因素，后缘裂缝强度不断降低，削弱了基岩对崩塌区层状岩体的后缘约束。软弱夹层与矿层在同一地层，受地下采空和地下水影响，强度降低，并将夹层上覆层状灰岩和下伏栖霞茅口组厚层灰岩切分为上覆层状岩体与下部关键块体，上覆岩层在自重作用下，往黄岩沟方向发生弯曲倾倒变形，沿山脊走向蠕滑变形，下伏关键块体起到限制上部岩层变形的阻滑作用。地下矿层开采过程中，矿层逐渐采空，提供了大面积的临空面，上覆岩层失去支撑，强度不断降低，加速倾倒变形，并发生倾倒破坏，转动挤压在下伏关键块体上，下伏岩层提供的阻滑力不足以抵挡上覆岩层的下滑力，发生剪切破坏，往深切冲沟临空面剪出，形成崩塌体往下滑动。崩塌体沿着深切冲沟高速滑动，沿途铲刮坡积层，并受到局部高地的作用，发生碰撞和分流，形成两股碎屑流，滑入乌江，造成堵江灾害，形成体积约 400 万 m^3 的散落堆积体。总的来看，鸡冠岭崩塌是受岩体结构、坡形结构和结构面控制，由地下采空诱发的陡倾层状岩质斜坡崩滑灾害。

4.2　陡倾层状斜坡破坏的离心模型试验

为了验证鸡冠岭山体的破坏模式，开展了离心模型试验。通过概化的鸡冠岭斜坡模型，在离心机上还原陡倾层状斜坡弯曲倾倒的破坏过程，分析重力和煤层开挖作用下层状斜坡的变形特征。

试验使用的土工离心机有效容量 200g-t，最大加速度 200g，有效半径 3.7m，模型箱尺寸为 85cm（长）×64cm（宽）×87cm（高），试验离心机加速度选定为 80g。通过模型与原型的抗弯强度相似选择模型材料的配比以及开缝率。原型与模型之间的尺寸比尺为 1000 : 1，应力比尺为 16 : 1，应变比尺为 1 : 1。

4.2.1　离心模型

鸡冠岭山体概化的离心模型三维效果如图 4.11 所示，模型整体尺寸为 622.5mm（长）×

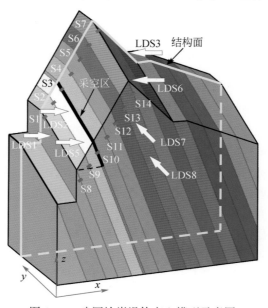

图 4.11　鸡冠岭崩滑体离心模型示意图

400mm（宽）×712.5mm（高），共 17 块岩层粘贴而成，岩层之间为结构面 I，滑体与后部基岩之间为结构面 II。模型岩层按倾角为 70°通过界面材料连接在一起，岩层通过开缝模拟原型岩层的裂隙。离心机加速度逐级增大，分析斜坡在自重作用下的变形或破坏情况；采用相似材料模拟煤层，当离心机运行变形稳定后，利用离心机机械手系统将煤层模型材料取出，模拟煤层开挖，分析鸡冠岭山体在煤层开挖作用下的破坏情况（图 4.12）。

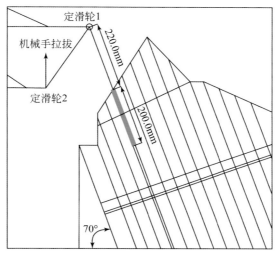

图 4.12　鸡冠岭模型试验煤层开挖原理示意图

1. 岩石材料模拟

鸡冠岭崩滑体主要由灰岩构成，容重为 25kN/m³，抗拉强度为 950kPa。离心模型设计尺寸相似比为 800∶1，加速度为 80g，容重比为 1~2。相似材料通过试验对比，选用水膏比 0.8 的石膏模型材料，容重为 16kN/m³，各物理量参数相似比如表 4.4 所示，几何尺寸相似比 C_L（原型∶模型）为 800∶1，加速度相似比 n（原型∶模型）为 1∶80，容重相似比 q（原型∶模型）为 15.6，计算可得模型材料的抗拉强度为 61kPa。

表 4.4　鸡冠岭滑坡离心模型试验主要物理量比尺关系

物理量	原型∶模型 比例关系	原型∶模型 比例数值
长度	$1∶1/C_L$	800
加速度	$1∶n$	1∶80
容重	$1∶n/q$	1∶1248
位移	$1∶1/C_L$	800
弹性模量	$1∶n/qC_L$	15.6
黏聚力 c	$1∶n/qC_L$	15.6
内摩擦角 φ	1∶1	1∶1
泊松比 v	1∶1	1∶1
抗拉强度	$1∶n/qC_L$	15.6

原型结构面主要有结构面 I 和结构面 II 两种，分别代表层面和后缘裂缝，分别采用相似材料土工布和凡士林模拟。结构面的抗剪强度通过直剪试验如下：结构面 I 通过土工布模拟，内摩擦角 23.3°，黏聚力 26.5kPa；结构面 II 通过凡士林模拟，内摩擦角 3°，黏聚力 16kPa。

2. 煤层开挖模拟

如图 4.12 所示，红色部分为煤层，形状为梯形，最长为 200.3mm，采用复合塑胶板进行模拟。煤层开挖模拟：采用离心机专用机械手系统，将钢丝绳固定在煤层模拟材料上部，钢丝绳绕过两个定滑轮固定于机械手系统。通过机械手向上提拉，将煤层模拟材料逐级拉出模拟开挖。

3. 监测仪器布置

图 4.11 中显示了应变片粘贴和激光位移传感器布置情况。应变片设置 14 个，位于滑动坡体的顶面和侧面，监测岩层间相对位移变化情况；激光位移传感器设置 7 个，坡体下部 3 个（LDS1、LDS2、LDS3）、坡体上部 2 个（LDS4 和 LDS5）和坡体侧面 2 个（LDS6 和 LDS7），监测斜坡位移变化情况。

4. 离心机加速度设置

离心机加速按初期每级 10g、后期每级 20g 逐级增大至设计加速度 80g。80g 运行至应变和激光位移传感器测量结果稳定后，开展煤层开挖模拟。若离心机加速过程中模型发生破坏，即停止运行。图 4.13 为试验前的山体离心模型和在离心机中的安装情况。

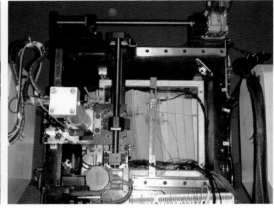

图 4.13　鸡冠岭山体离心模型及试验装置情况

4.2.2　试验结果及分析

试验过程监测显示，随着模拟煤层的模型板慢慢被拔出，山体逐渐产生倾倒破坏，当被拔出 3/4 板长时，山体发生倾倒破坏。图 4.14 为离心模型试验完成后岩体斜坡倾倒破坏图，可以看出，模拟煤层的模型板下方山体以及上方的 4 层岩体产生了破坏，最高的板状岩体产生了裂纹，但未发生倾倒破坏。

图 4.15 为鸡冠岭山体离心机试验过程中地表位移和离心加速度随运行时间的变化曲

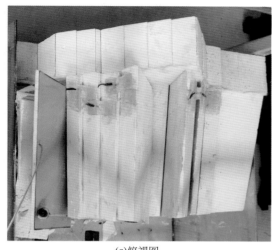 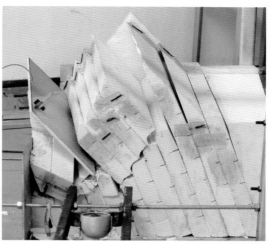

| (a)俯视图 | (b)侧视图 |

图 4.14 试验完成后模型倾倒破坏

线。离心加速度按每级增大 10g 逐级增加，每级稳定运行 5 分钟，80g 运行稳定后模拟煤层开挖。试验结果可以看出，随着加速度的逐级增大，LDS4 和 LDS5 位移监测曲线逐渐增大，而 LDS1、LDS2 和 LDS3 位移监测曲线逐渐减小，表明岩质斜坡逐渐产生倾倒；80g运行稳定后，缓慢将煤层模拟板拔出，当拔出 20cm 时各位移测量结果瞬间产生突变，结合监控录像，表明此时斜坡已产生破坏。

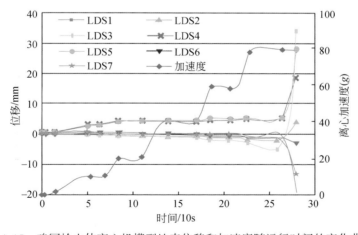

图 4.15 鸡冠岭山体离心机模型地表位移和加速度随运行时间的变化曲线

图 4.16 为离心模型试验过程中应变监测点随离心机运行时间的变化曲线。

图 4.16（a）显示，随着离心加速度的逐级增大，各应变片监测值均逐渐减小，表明在离心力作用下岩质夹缝逐渐被压缩。当加速度 80g 运行稳定时，开展煤层开挖模拟，此时应变产生突变，与之对应的位移测量结果也产生突变（图 4.15），结合实时视频观测，表明此时鸡冠岭山体模型产生破坏。

图 4.16（b）表明，随着加速度的逐级增大，应变监测点 S10、S11 和 S12 缓慢增大，

表明采矿层上部层状岩体间隙增大；而 S8 和 S9 绝对值逐渐增大，但为负增长，表明层状岩体之间间隙逐渐减小。当加速度达到 80g 后，模拟煤层开挖后，模型的所有应变监测点产生突变，鸡冠岭山体模型瞬间产生破坏。试验结果表明，随着加速度的逐级增大，在离心作用下模型采矿层上部岩体发生倾倒变形，间隙逐渐增大，并挤压下部采矿层；而斜坡下部坡脚处岩体层间间隙被压密。这一现象说明，倾倒岩体在长期重力作用下往往挤压下部的阻滑岩体，阻滑岩体的强度是山体发生滑坡破坏的主要因素。这一过程也可以看出，当模拟下部阻滑岩体附近的煤层开挖时，上部岩体将发生大规模失稳变形，全部重力挤压在下部阻滑段上，一旦阻滑段岩体被剪切破坏，山体就会发生瞬间整体破坏。

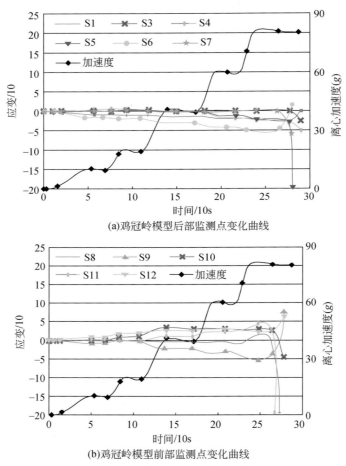

(a)鸡冠岭模型后部监测点变化曲线

(b)鸡冠岭模型前部监测点变化曲线

图 4.16 鸡冠岭山体离心机模型岩体层间应变监测随时间变化曲线

4.3 陡倾层状斜坡变形三维有限元数值模拟

鸡冠岭斜坡独特的陡倾层状横向地层结构及后缘张拉裂缝决定了其弯曲倾倒变形特

征。斜坡主要受节理与后缘拉裂缝的控制，导致层面分离、裂缝张拉和层状岩体弯曲变形等特征的出现。FLAC3D 软件将块体之间的不连续面作为接触面进行处理，能够实现接触面两侧单元的错位、滑移等模拟，将不连续面和连续体实现层理面与岩溶裂缝的模拟，较为真实地模拟逐步开采对鸡冠岭斜坡变形特征影响的渐进过程。本章采用 FLAC3D 程序模拟分析鸡冠岭山体的初始变形—采动诱发滑坡失稳的渐进过程，包括重力长期作用下的斜坡变形特征、逐步开采矿层诱发的斜坡应力与变形变化破坏特征，进一步揭示分析矿层采动和结构面对鸡冠岭岩质崩塌形成的影响、破坏机理和失稳模式。

4.3.1　数值模型

根据现场调查及鸡冠岭崩塌地质勘探工程平剖面图等现有资料，以及崩塌发生前的地形图，结合崩塌体周边地形地貌、研究区的地层岩性和结构面特征，建立 FLAC3D 数值模型。以崩塌发生后的陡崖三角面为 $Z=0$ 平面，Z 轴正向与山脊走向平行。地形范围前缘至乌江（$Z=600\text{m}$），后缘至山脊分水岭（$Z=-500\text{m}$）。$X=150\text{m}$ 处为黄岩深切冲沟，黄岩沟东侧的地形对斜坡影响很小，可以进行简化。岩层倾向为 310°，倾角为 70°，山脊走向约为 NE45°。鸡冠岭的地质力学概化模型如图 4.17 所示。数值模型底面尺寸为 1100m×750m，模型高度方向最大尺寸为 890m，共划分为 5639 个单元，6768 个节点。

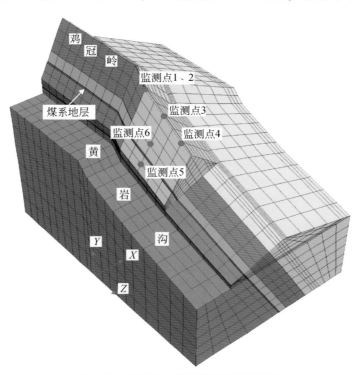

图 4.17　鸡冠岭山体三维概化地质模型

假设模型底部深度足够，深部岩层不受基岩的影响，限制的岩体垂直移动，即 $Y=0$

处岩体 Y 向位移为 0。假设选取的边界较大，边界周围对模型的影响可以忽略，因此可以限制模型前后和侧面的水平移动，即 $X=-500\text{m}$ 与 $X=600\text{m}$ 处的 X 向位移为 0，$Z=0$ 与 $Z=750\text{m}$ 处岩体的 Z 向位移为 0。

鸡冠岭斜坡岩体变形主要由层状岩体的层面节理和后缘发育岩溶裂缝控制。层面节理的倾角为 70°，主要分布在岩层之间，后缘发育岩溶裂缝约为 85°。数值模型中通过设置接触面对结构面进行模拟。

选取山梁后缘崩塌体顶部监测点 2 与稳定山体的位移监测点 1 作为监测变量，亮点位移差能够反映考察后缘拉裂缝的发展。监测点 2、3、4 处于山梁，能够反映山梁处的岩体位移特征，监测点 5、6、3 为 $Z=100\text{m}$ 剖面处（离陡崖三角面距离 100m）的不同位置层状岩体顶部的位移，能够表现层状岩体真倾角方向的变形特征，布置如图 4.17 所示。

4.3.2 材料参数

岩体强度是岩体工程设计中的重要参数，也是数值模拟结果合理与否的关键因素。为验证鸡冠岭斜坡的变形破坏模拟的真实可行，必须为模型选取合理的参数。参数的获取方法主要包括室外原位测试、现场采集岩石样品进行室内试验以及根据经验取值等。在鸡冠岭崩塌区地质勘探资料和乌江下游地区灰岩、页岩室内物理力学参数实验结果（表 4.5）的基础上，通过工程地质类比法和经验法对鸡冠岭崩塌区的岩体强度进行合理估计。

表 4.5 重庆武隆鸡冠岭主要岩石力学测试结果

岩石	弹性模量 /MPa	泊松比	黏聚力 /MPa	内摩擦角 /(°)	抗压强度 /MPa	抗拉强度 /MPa
茅口组灰岩	12000	0.2	9.38	40	48.70	2.46
页岩	5500	0.26	5.48	30	24.20	1.58

岩体强度和岩石强度具有比较大的差别。一般而言，岩石强度会大于岩体强度。这是因为，进行岩石强度试验选取的试件是相对完整的小尺寸岩块，不包含节理裂隙。实际上，岩体在长期的地质演变过程中，在地下水、风化等侵蚀作用下往往会形成节理裂隙。节理裂隙构成了岩体的软弱结构面，结构面的性质和结构面的空间组合对岩体的强度影响很大。

根据岩石强度去估算岩体强度，常见的方法有三种。第一种是准岩体强度法，此法的实质是用某种简单的试验指标来修正岩石强度，作为岩体强度的估算值，如根据弹性波在岩块和岩体中传播速度的比值作为指标确定岩体完整性系数。第二种方法是根据 Hoek-Brown 经验方程对岩体强度进行估算，此法用于受构造扰动和结构面较为发育的裂隙化岩体的岩体强度估算是比较合理的。第三种是通过测定结构面与岩石的力学性质，将前两种方法结合起来求算岩体强度。

1. 岩体的抗拉强度选取

对于乌江地区的灰岩，长兴组灰岩和吴家坪组灰岩岩体质量较好，除表层受风化影响，深部岩体质量非常好，灰岩岩体有 1～2 组节理，节理间距较大，参考 Hoek-Brown

（1980）给出的关系表，对照选取 $m=3.5$，$s=0.1$，那么岩体单轴抗拉强度：

$$\sigma_{mt} = \frac{1}{2}\sigma_c(m - \sqrt{m^2 + 4s}) = \frac{1}{2} \times 48.7 \times (3.5 - \sqrt{3.5^2 + 4 \times 0.1}) = -0.95\text{MPa}$$

岩体的单轴抗压强度：

$$\sigma_{mc} = \sqrt{s}\,\sigma_c = \sqrt{0.1} \times 48.7 = 15.4\text{MPa}$$

对于页岩，节理裂隙发育，岩溶较发育，选取 $m=5$，$s=0.1$，通过计算可以得知，页岩岩体单轴抗拉强度：

$$\sigma'_{mt} = \frac{1}{2}\sigma'_c(m - \sqrt{m^2 + 4s}) = -0.4\text{MPa}$$

岩体的单轴抗压强度

$$\sigma'_{mc} = \sqrt{s}\,\sigma'_c = \sqrt{0.1} \times 24.2 = 7.65\text{MPa}$$

2. 岩体的抗剪强度选取

根据工程经验，一般岩石抗剪强度指标 c_R 是岩体抗剪强度指标 c_m 的 15～55 倍，内摩擦角的差别往往不大。采用 M. Georgi 法进行估算。

$$c_m = [0.114\mathrm{e}^{-0.48(i-2)} + 0.02]c_R \tag{4.1}$$

式中，i 为不连续面密度，单位为条/m。对于长兴组灰岩和吴家坪组灰岩，取 $i=3.5$，$c_m=0.708\text{MPa}$。对于栖霞、茅口组灰岩，岩层节理裂隙稀疏，切层横向节理较为发育，可在长兴组灰岩基础上进行适当折减。对于页岩，取 $i=4.4$，$c_m=0.3\text{MPa}$。综合以上所述，给出鸡冠岭斜坡的岩石力学参数如表 4.6 所示。

表 4.6　鸡冠岭山体岩石物理力学参数取值表

岩体	容重 /(kN/m³)	弹性模量 /MPa	泊松比	体积模量 /GPa	剪切模量 /GPa	黏聚力 /MPa	内摩擦角 /(°)	抗拉强度 /MPa
长兴组灰岩	25.0	12000	0.20	6.67	5.00	0.708	40	0.95
吴家坪组灰岩	25.0	12000	0.20	6.67	5.00	0.708	40	0.95
吴家坪组页岩	15.0	5500	0.26	3.82	2.18	0.30	20	0.40
栖霞茅口组灰岩	25.0	12000	0.20	6.67	5.00	0.70	39	0.95

根据工程经验，鸡冠岭结构面的强度参数取值如表 4.7 所示。对于层面节理，由于层面之间一旦受到拉力即会发生分离，因此可假定层面的黏聚力为零，摩擦角为 15°～20°。

表 4.7　鸡冠岭山体结构面物理参数取值建议表

结构面	法向刚度/MPa	切向刚度/MPa	内摩擦角/(°)	黏聚力/kPa
后缘张拉裂缝	800	800	20	50
层面	800	800	15	0

4.3.3　地下采矿情况

本节数值模拟主要考虑矿层开采活动对陡倾层状岩质斜坡破坏机制的影响，包括斜坡位移和斜坡层状岩体的应力随着矿层开采变化的规律，因此开挖工况根据实际采矿的顺序进行设置。首先模拟核桃坪煤矿开采活动，包括核桃坪煤矿主井巷道的掘进和回采区开采过程，对应的实际采矿活动是核桃坪煤矿的采矿活动。其次进行兴隆煤矿的采矿活动，包括兴隆煤矿主井巷道掘进以及下部回采区开采，最后对回采区内的矿柱进行开采模拟，主要对应 1992 年新建的兴隆煤矿的采矿活动。根据实际采矿区，数值模拟的开采工况（包括回采区、巷道、矿柱等）如图 4.18 所示。

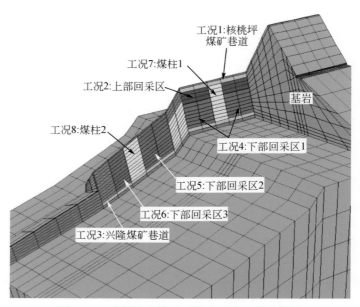

图 4.18　鸡冠岭山体地下煤矿开采工况示意图

开采工况一共分为 8 种工况，每一种工况均是在前一种工况的基础上进行计算，即对开采分区依次进行开采（开采后无回填），模拟矿层的连续开采行为。在 FLAC3D 中，岩体材料模型选取摩尔–库仑模型进行模拟，对开采区使用 null 模型模拟采空工况，每种工况进行 15000 计算时步，工况和实际采矿区的对应关系如表 4.8 所示。

表 4.8　鸡冠岭崩塌煤层采空设计工况

工况	对应采矿情况	迭代次数
1	核桃坪煤矿巷道	15000
2	上部回采区	15000
3	兴隆煤矿主井巷道	15000
4	下部回采区 1	15000
5	下部回采区 2	15000
6	下部回采区 3	15000
7	煤柱 1	15000
8	煤柱 2	15000

4.3.4　自然状态下陡倾层状斜坡变形特征

　　根据斜坡岩性组合可知，上覆层状岩体和下伏岩体为灰岩，含煤矿层属软岩，软岩受到上覆层状岩体的挤压，形成剪应变集中分布区，剪切应变增量集中区呈条带状分布，与岩体走向基本保持一致，最大剪应变增量为 0.011。下伏岩体受到软岩传递的上覆层状岩体的下滑力，如图 4.19（a）所示。

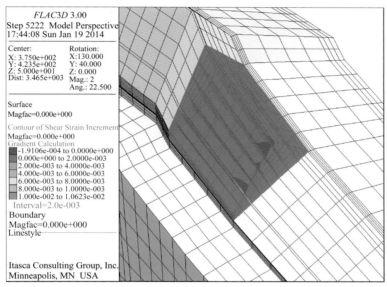

(a)山体剪应变增量云图

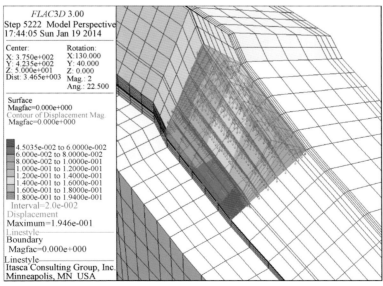

(b)山体位移矢量量云图

图 4.19　鸡冠岭崩滑山体应变增量云图及位移矢量图（自然状态）

鸡冠岭斜坡沿山梁坡向和黄岩沟方向两侧临空。从位移值特征看，最大位移出现在山梁的后缘拉裂缝处，最大位移为 0.194m；沿着山梁往下，位移值逐渐变小；往黄岩沟方向，层状岩体位移由后往前逐渐减小，最小值出现在深沟前方坡脚处，为 0.04m。因此在自然状态下，由于处于应力集中的地质环境，斜坡岩体产生了较大的弯曲变形，斜坡后缘在长期的地质作用下也逐渐形成拉裂缝，此拉裂缝在地下水长期作用下，强度逐渐降低。

从位移矢量来看，上覆层状岩体的变形方向总体上垂直于岩体走向，沿着坡面指向黄岩沟，而且位移值往岩体深部由大到小变化，表明在自重应力作用下，岩体变形呈现出弯曲变形的特征。下伏岩体受到软岩和软岩上覆层状岩体的挤压作用，从另一方面来讲，下伏岩体的位移值远小于上覆层状岩体的位移值，说明下伏岩体限制了软岩和上覆岩层的变形，起到"关键块体"的阻滑作用，如图 4.19（b）所示。

4.3.5　地下采空诱发陡倾层状斜坡崩塌的过程分析

1. 工况 1——核桃坪煤矿巷道开挖

核桃坪煤矿巷道位于斜坡后部，巷道掘进对斜坡岩体产生应力扰动，改变了斜坡体的应变增量分布规律，但是总体的应变增量改变值不大。从图 4.20（a）中可以看到，下伏岩层"关键块体"的应变增量最大值出现在层状岩体底部，最大值为 $4.22×10^{-3}$，应变增量的分布方式显示此处发生应力集中，说明层状岩体容易受拉进而出现裂缝，岩体强度会逐渐降低。

图 4.20（b）显示了软岩上覆层状岩体的应变增量分布，分布方式与下伏岩层的基本保持一致，与软岩相邻的岩层应变最大值为 $9.59×10^{-4}$，约为下伏岩层最大值的 1/5，层状岩体位置越处于上方，最大应变增量越小，说明核桃坪煤矿巷道开挖对鸡冠岭山体稳定性影响不大。

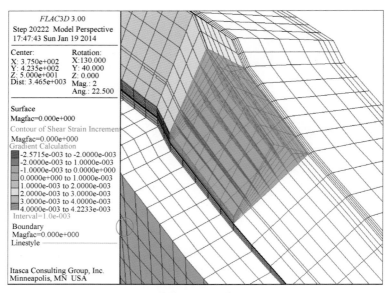

(a)山体剪切应变增量云图

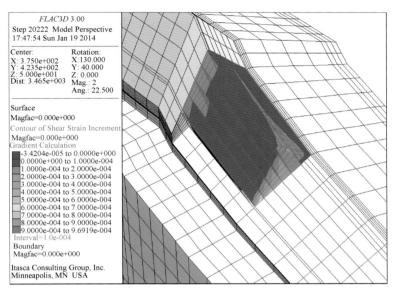

(b)上覆岩层剪切应变增量云图

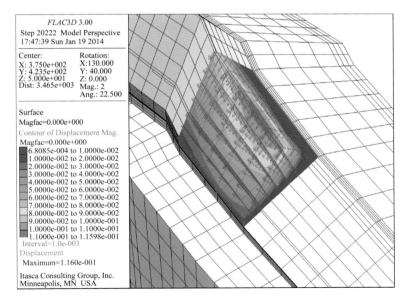

(c) 山体位移矢量云图

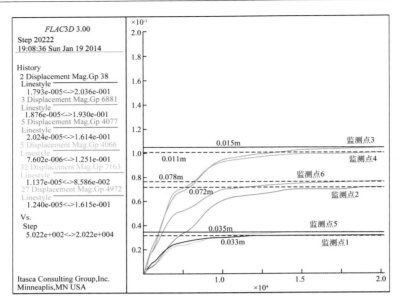

(d) 监测点位移曲线

图 4.20　鸡冠岭崩滑山体的应变增量云图、位移矢量图及监测点位移图（工况 1）

图 4.20（c）反映了山体斜坡在巷道掘进之后的位移矢量变化规律。可以看到，斜坡整体位移很小，斜坡前缘产生扰动，发生自由变形，最大位移约为 0.116m，后缘坡顶位移非常小，约为 0.072m，表明巷道掘进对整个山体滑坡的影响很小。比较相邻层状岩体之间的位移大小，可知相邻岩层之间的位移出现差异，表明逐渐发生层面分离及错动现象。从位移矢量来看，上覆层状岩体位移正交指向黄岩沟临空方向，以岩层真倾角方向的弯曲变形为主。前缘部分岩体的位移方向与山脊走向斜交，表明岩体受到重力沿山梁坡向侧向分力的影响发生蠕动变形。总体而言，核桃坪煤矿巷道的掘进对斜坡的影响很小。此时斜坡的安全系数为 1.34，表明斜坡处于稳定状态。

由图 4.20（d）可知，监测点 1 和 2 位移差由 0 增加到 0.039m，表明后缘裂缝受采矿影响逐渐开始拉裂拓展。拉裂宽度很小。下伏阻滑块体处点 5 的位移约为 0.035m，小于监测点 6 和 3 的位移值，滑坡前缘点 4 位移为 0.10m。

2. 工况 2——核桃坪煤矿上部回采区开挖

工况 2 是核桃坪煤矿上部回采区开挖，由于尚未扰动滑动山体，煤层上覆层状岩体应变增量变化不大，从监测点位移曲线可以看到，最大位移变为 0.119m，后缘拉裂缝宽度为 0.04m，各监测点的位移基本上保持不变，趋于稳定，可见工况 2 引发的应力变化非常小，采动影响不大，主要是由于开采煤层位于鸡冠岭的后部山体，离滑动区岩体距离较远，采动影响有限（图 4.21）。

3. 工况 3——兴隆煤矿主井巷道开挖

工况 3 对应的是兴隆煤矿主井巷道开挖掘进，通过剪应变增量及位移（图 4.22），可以发现滑动山体的剪应变增量、位移变化很小，监测点的位移变化趋势平缓，后缘拉裂缝宽度为 0.041m。因此，兴隆煤矿小规模主井巷道的掘进诱使斜坡山体的应力调整变化很小，斜坡附加位移增加幅度小，影响不大，表明斜坡处于稳定状态。

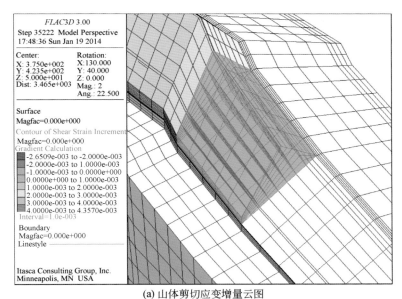

(a) 山体剪切应变增量云图

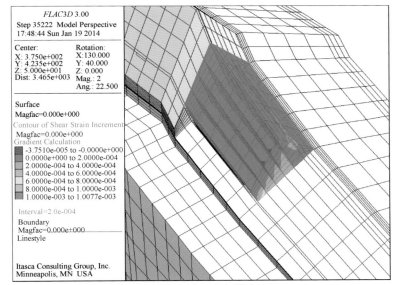

(b) 上覆岩层剪切应变增量云图

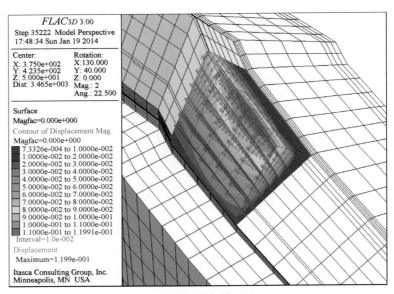

(c) 山体位移矢量云图

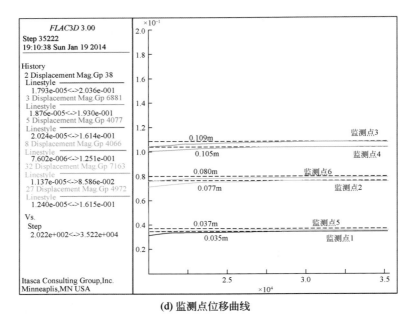

(d) 监测点位移曲线

图 4.21   鸡冠岭崩滑山体的应变增量云图及位移矢量图（工况 2）

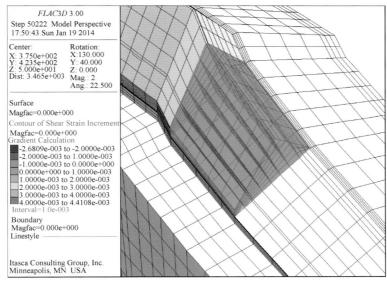

(a)山体剪切应变增量云图

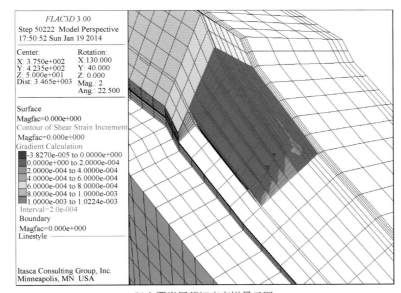

(b)上覆岩层剪切应变增量云图

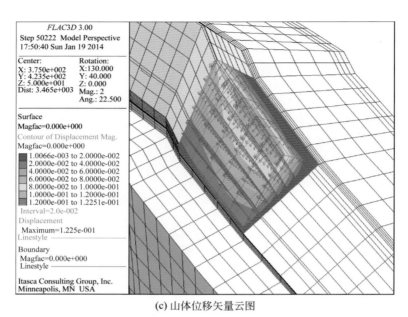

(c) 山体位移矢量云图

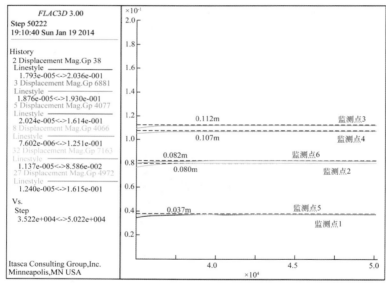

(d) 监测点位移曲线

图 4.22　鸡冠岭崩滑山体的应变增量云图及位移矢量图（工况 3）

4. 工况 4——兴隆煤矿下部回采区 1 开挖

工况 4 对应的采矿活动为山体后部的下部回采区 1，开采此处煤层后，后部山体形成两个相对面积比较大的采空区。由于开采区位于山体后部，对鸡冠岭崩塌体的影响不是很大。从应变增量分布云图中可以看到，最大应变增量增大到 $4.90×10^{-3}$，增加了 11%，下伏"关键块体"所受的剩余下滑力有所增大，如图 4.23（a）所示。软岩上覆的层状岩体同样受到剩余下滑力，最大剪应变集中于岩体底部，剪应变集中区发生拉裂后形成裂缝，并逐渐拓展，一旦完全贯通将形成滑动面，如图 4.23（b）所示。

从图 4.23（c）中可以看到，斜坡后缘坡顶的位移逐渐增大到 0.128m，点 1 和 2 的位移差逐渐增大到 0.08m，表明山梁后缘的地表裂缝在开采过程中发生张拉，往深处拓展。最大位移仍处在斜坡前缘处，为 0.138m。比较层状岩体的位移，处于相同位移的岩层位移明显不相同，岩层发生了层面分离。下伏阻滑岩体的变形仍然很小，监测点 5 位移为 0.044m，说明下伏关键块体提供的阻滑力仍大于剩余下滑力，限制着上覆岩层的倾倒变形。监测点 1、2 之间位移差值为 0.046m，表明后缘裂缝在采矿过程中继续拉裂。此时斜坡的安全系数为 1.28，山体仍然处于比较稳定的状态。

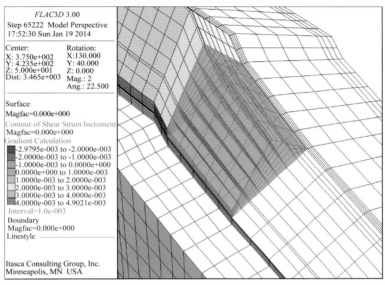

(a) 山体剪切应变增量云图

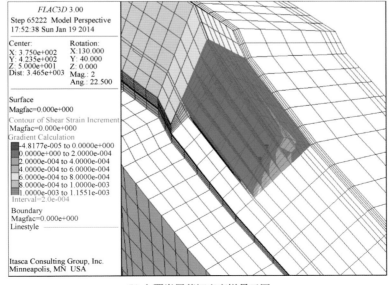

(b) 上覆岩层剪切应变增量云图

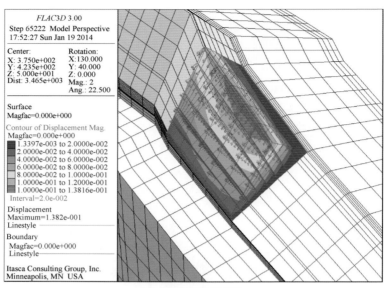

(c) 山体位移矢量云图

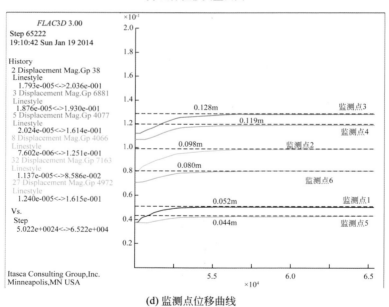

(d) 监测点位移曲线

图 4.23　鸡冠岭斜坡的应变增量云图及位移矢量图（工况 4）

5. 工况 5——兴隆煤矿下部回采区 2 开挖

开采此处煤柱后，煤层形成一个相对比较完整的大面积采空区。从图 4.24（a）中可以发现，软层最大剪应变增量迅速增大为 2.60×10^{-2}，比工况 1 的剪应变增量（4.22×10^{-3}）大 5.2 倍，比前种工况（4.90×10^{-3}）增大 4.3 倍，表明软岩和崩塌区的层状岩体应力急剧增大，上覆层状岩体的剩余下滑力作用变大，挤压在软岩上。下伏关键岩体的底部岩体最大应变增量为 2.60×10^{-2}，比前一种工况增大 5 倍左右，表明下伏基岩受到软岩传递的压力快速增大。此时斜坡安全系数为 0.98，可以判断，崩塌区岩体发生破坏，下伏阻滑块体被挤压剪出。

从图 4.24（b）的剪应变分布规律可以推断，层状岩体破坏时从下往上逐层依次发生倾倒破坏，倾倒的层状岩体挤压在软岩和下伏关键块体上，关键块体发生剪切破坏。

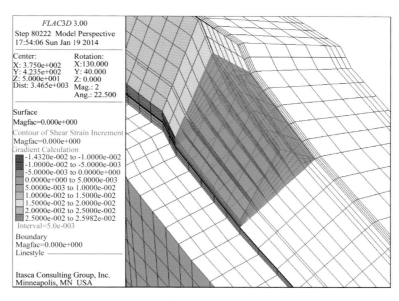

(a) 山体剪切应变增量云图

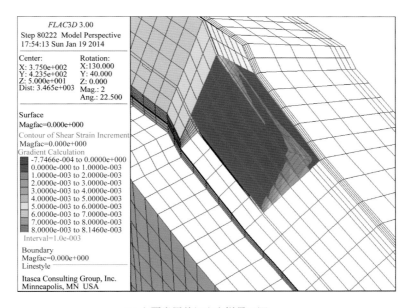

(b) 上覆岩层剪切应变增量云图

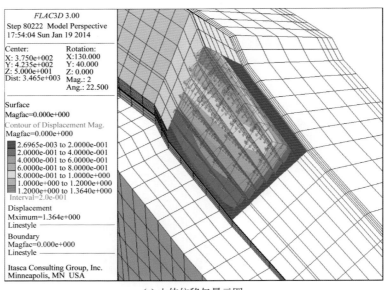

(c) 山体位移矢量云图

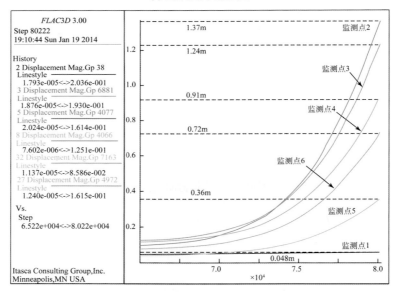

(d) 监测点位移曲线

图 4.24　鸡冠岭斜坡的应变增量云图及位移矢量图（工况 5）

　　从位移变化规律看，斜坡岩体位移急剧增大，进入大变形阶段。最大位移开始出现在斜坡坡顶处，为 1.36m，根据监测点 1 和 2 的变化趋势可以发现（图 4.24d），随着崩塌区的含煤地层采空，监测点 1 的位移变化不大，表明山体后缘稳定，监测点 2 与后缘稳定山体的位移差越来越大，说明裂缝不断拉裂往深部拓展，直至与滑动面贯穿。软岩相邻上覆层状岩体的弯曲变形越来越大，表明上覆层状岩体发生倾倒破坏。下伏关键岩体的顶部位移值达到 0.20 ~ 0.40m，在上覆层状岩体的挤压下往深沟临空方向发生较大变形，而且变化趋势还在增大。关键块体在上覆层状岩体失稳的情况下，不足以平衡剩余下滑力，变形越来越大，并最终发生破坏，下伏关键岩体的位移矢量方向往垂向偏转，表现出阻滑岩体被挤压剪出的特征。

从斜坡监测点位移的整个过程来看（图4.25），工况1至工况4对应的采矿活动对斜坡崩塌岩体的影响不大，引起的最大附加位移约为0.128m，山脊后缘处裂缝拉裂拓展宽度约0.046m，基本保持稳定，采矿引起的斜坡岩体应力较小，对斜坡体稳定性无明显影响。当对崩塌区岩体的含煤地层进行开采时（即工况5），山脊后缘裂缝迅速拉裂，上覆层状岩体往黄岩沟方向发生倾倒大变形，下伏关键岩体的位移也急剧增大，在上覆岩体的挤压作用下发生破坏。

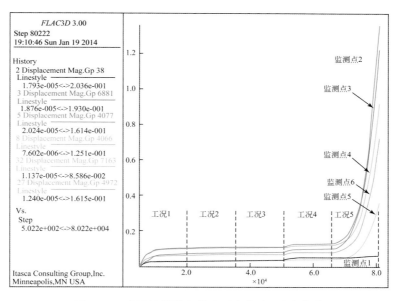

图4.25　鸡冠岭崩滑山体监测点位移–时步曲线

从鸡冠岭山体的安全系数来看（图4.26），工况1至工况4的斜坡安全系数均大于1，表明斜坡山体处于稳定状态，工况5时斜坡的安全系为0.98，小于1，说明此处煤层的开采引发了斜坡区岩层的剧烈扰动，大大加剧了斜坡区上覆岩层的弯曲变形，可以认为此时山体发生破坏，鸡冠岭山体发生整体失稳。

数值模拟结果表明，鸡冠岭崩塌是在内外环境下的多种因素共同作用下形成的，而人类工程活动是鸡冠岭崩塌的诱发因素。数值模拟结果揭示了自然状态和地下采空情况下陡倾层状斜坡的破坏过程和机理：

（1）鸡冠岭位于桐麻湾背斜西翼，应力集中环境使得鸡冠岭斜坡层状岩体形成了较大的初始弯曲变形，岩体的倾倒变形指向黄岩沟临空方向。在长期地质作用下，鸡冠岭沿山梁方向发生蠕滑变形，山梁的后缘产生拉裂缝，拉裂缝在地表渗流和地下水的作用下，强度逐渐降低。后缘裂缝在煤矿开采过程中不断张拉，往深处发展，强度逐渐降低，并与底滑面贯通，最终形成后缘滑裂面。

（2）斜坡后部山体的矿层开采与下巷道的掘进对斜坡区岩层造成扰动，坡体应力重新

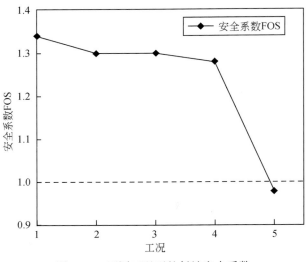

图 4.26　不同工况下的斜坡安全系数

分布，层状岩体应力发生调整，弯曲变形处于较小增长的阶段，最大附加位移约为 0.20m，同时，层状岩体开始出现层面分离及错动现象，裂隙跟踪结构面逐渐发展，但此时矿层开采引起的地应力变化较小，关键块体位移很小，限制上覆层状岩体的倾倒变形过大（工况 1—工况 3）。

（3）后部山体矿层开采形成相对完整的采空区，加速了岩体弯曲变形，层状岩体发生层面分离，位移逐渐增大，后缘裂缝开始往深处拉裂拓展，层状岩体底部逐渐受拉破坏形成裂缝，岩体进入损伤发展阶段，岩体强度逐渐降低，结构面沿着张拉裂缝拓展，下伏基岩关键块体仍能提供足够的阻滑力（工况 4）。

（4）斜坡区的矿层持续开采导致部分层状岩体失去支撑，变形急剧增大，结构面贯通，软岩的上覆层状岩体逐层折断，累进发生倾倒破坏，上覆岩层挤压在软岩上，对软岩的挤压作用传递到下伏基岩，坡趾处的下伏基岩不足以平衡最大剩余下滑力，被挤压剪切破坏，从黄岩沟上方临空处剪出，形成崩塌破坏（工况 5）。

4.4　陡倾层状斜坡极限平衡解析

综上可知，地下矿层采空诱发岩质崩塌的主要原因在于采空提供了两个有利的条件，一是为上覆岩层块体的倾倒变形提供了临空面，二是破坏上覆岩层的平衡条件，使得上覆岩层缺乏抵抗下滑力的支撑力。鸡冠岭崩塌的破坏机制为上覆岩层倾倒—下伏岩层滑移—岩体失稳。

4.4.1　层状斜坡倾倒破坏二维极限平衡分析

根据 Goodman 和 Bray（1976）提出的倾倒破坏边坡的岩块特征，可将倾倒岩体分为滑动区、倾倒区和稳定区，滑动区内的岩块为滑动状态，倾倒区的岩块为倾倒破坏状态，稳定区的岩块保持稳定，假定滑动区的滑动块体共有 N_S 个，倾倒区的倾倒块体共有 N_T 个，如图 4.27 所示。

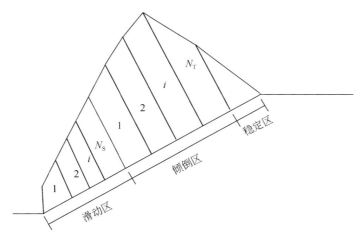

图 4.27　层状岩质倾倒斜坡二维模型分析示意图

4.4.1.1　基本假设

（1）倾倒块体达到极限平衡状态时，转动点为岩柱底部下游支点 O_i，当转动块体压在其他块体上，层间力的作用点为下伏岩层与倾倒块体之间的接触点（图 4.28）；

（2）层面剪应力与正压力、岩柱底部的剪应力和正应力均满足 Mohr-Column 定理：

$$\tau_{ic} = \sigma_{ic}\tan\xi_i + c_i \tag{4.2}$$

式中，ξ_i 为层面节理的内摩擦角；层面间的黏聚力 c_i 忽略不计；

（3）块体的滑动面与岩层真倾向所在平面不一定重合；

（4）引进水平加速度系数 η，块体受到水平地震力 ηG 的作用，当 $\eta = 0$ 时，对应无地震水平作用力的静力极限平衡状态。

4.4.1.2　力学推导

以第 i 块岩块为研究对象，达到极限平衡时的受力分析如图 4.28 所示。

其中，P_i、P_{i+1} 为块体 i 两侧的法向作用力；Q_i、Q_{i+1} 为块体 i 两侧的切向作用力；N_i 为块体 i 底面的正压力；T_i 为块体 i 底部的抗滑力；G_{ipx} 为块体 i 自重沿倾向的分力；G_{iN} 为块体 i 自重垂直底面的分力；β 为层状岩体节理倾角；θ_i 为底滑动面与节理倾角的夹角；d_i 为块体厚度；b_i 为块体底面长度；h_i、h_{i+1} 为块体 i 两侧的高度；M_b 为岩桥提供的弯矩；N_b、T_b 分别为岩桥提供的正压力和抗滑力。对于滑动块体，达到滑动极限平衡时，将力投影到垂直于底滑动面方向，列出平衡方程如下：

$$N_i - G_{iN} + \eta G_i\sin\beta + (P_{i+1} - P_i)\sin\theta_r + (Q_i - Q_{i+1})\cos\theta_r = 0 \tag{4.3}$$

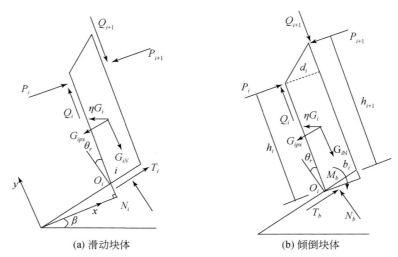

(a) 滑动块体　　　　　　　(b) 倾倒块体

图4.28　倾倒斜坡第 i 块岩块受力分析图

将力投影到平行于底滑动面方向，有：

$$T_i - G_{ipx} - \eta G_i \cos\beta - (P_{i+1} - P_i)\cos\theta_r + (Q_i - Q_{i+1})\sin\theta_r = 0 \qquad (4.4)$$

由假设（4.3）可知，层面摩擦力与层间正压力满足：

$$Q_i = \int \tau_{ic} \mathrm{d}A_i = \int \sigma_{ic} \tan\xi_i \mathrm{d}A_i = P_i \tan\xi_i \qquad (4.5)$$

同理，对于岩层底部的正应力与剪应力：

$$\tau_{is} = \sigma_{is} \tan\varphi_i + c_i \qquad (4.6)$$

$$T_i = \int \tau_i \mathrm{d}A_i = N_i \tan\varphi_i + c_i S_i \qquad (4.7)$$

联合式（4.2）至式（4.7），解出：

$$P_{i+1} = P_i + B_i + C_i \eta \qquad (4.8)$$

其中，

$$B_i = \frac{\tan\varphi_i G_{iN} + c_i S_i - F_s G_{ipx}}{F_s K_i} \qquad (4.9)$$

$$C_i = -\frac{\tan\varphi_i \sin\beta + F_s \cos\beta}{F_s K_i} G_i \qquad (4.10)$$

$$K_i = \cos\theta_r + \tan\xi \sin\theta_r + \frac{\tan\varphi}{F_s}(\sin\theta_r - \tan\xi \cos\theta_r) \qquad (4.11)$$

第一个滑动块体左侧无作用力，即：

$$P_1 = 0 \qquad (4.12)$$

代入式（4.8），可解得：

$$P_{N_s} = \sum_{j=1}^{N_s-1} B_j + \eta \sum_{j=1}^{N_s-1} C_j \qquad (4.13)$$

在斜坡发生倾倒破坏时，底滑动面有可能是不完全贯通的，借鉴陈祖煜提出的改进 G-B 法（Amini et al.，2012），假设岩层柱底存在力矩 M_b 和法向正压力 N_b，可以判断岩柱底部的岩桥处于偏心受压状态，如图 4.29 所示。

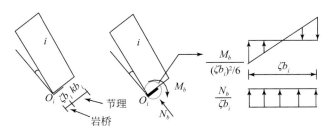

图 4.29　倾倒斜坡岩柱底部节理受力分析图

通过受力分析，并采用最大拉应力准则，认为岩层柱底左侧端点的应力达到岩桥抗拉强度 σ_t，可得：

$$\sigma_t = \frac{6M_b}{\varsigma^2 b_i^2} - \frac{N_b}{\varsigma b_i} \tag{4.14}$$

式中，$\varsigma = 1 - k$，b_i 为岩块底部长度。当 $k = 1$ 时，即可还原为 G-B 法。

对于倾倒块体，以岩柱底部 Q_i 为转动点，列出转动极限平衡方程：

$$P_{i+1}(h_{i+1} + b_i\sin\theta_r) - P_{i+1}d_i\tan\xi_i - P_i h_i + \frac{1}{2}\eta G_i\cos\beta\overline{h}_i$$

$$+ \frac{1}{2}G_{ipx}\overline{h}_i - \frac{1}{2}G_{iN}d_i + \frac{1}{2}G_i d_i\eta\sin\beta + \frac{1}{2}\varsigma b_i N_b - M_b = 0 \tag{4.15}$$

将其他力投影到岩柱底面法向上，可求得垂直滑动面的力平衡方程：

$$N_b + P_i\tan\xi_i\cos\theta_r - P_i\sin\theta_r + P_{i+1}\sin\theta_r - P_{i+1}\tan\xi_i\cos\theta_r - G_{iN} + \eta G_i\sin\beta = 0 \tag{4.16}$$

将式（4.12）、式（4.14）代入式（4.13），可以得到：

$$P_{i+1} = D_i P_i + E_i + F_i\eta \tag{4.17}$$

其中，

$$D_i = \frac{3h_i - \varsigma b_i(\sin\theta_r - \tan\xi_i\cos\theta_r)}{3K_i} \tag{4.18}$$

$$E_i = \frac{3G_{iN}d_i - 3G_{ipx}\overline{h}_i - 2\varsigma b_i G_{iN} + \varsigma^2 b_i^2\sigma_{te}}{6K_i} \tag{4.19}$$

$$F_i = \frac{2\varsigma b_i\sin\beta - 3d_i\sin\beta - 3\overline{h}_i\cos\beta}{6K_i}G_i \tag{4.20}$$

$$K_i = h_{i+1} + b_i\sin\theta_r - d_i\tan\xi_i - \frac{\varsigma b_i(\sin\theta_r - \tan\xi_i\cos\theta_r)}{3} \tag{4.21}$$

若第 N_t 个块体为最后一块倾倒块体，那么：

$$P_{N_t+1} = 0 \tag{4.22}$$

联合式（4.17）、式（4.22）可以得到：

$$\eta = -\frac{D_{Nt}P_{Nt} + E_{Nt}}{F_{Nt}} \tag{4.23}$$

安全系数的隐性表达式为

$$P_{N_t} = \prod_{j=1}^{N_{t-1}} D_j P_{N_S} + \sum_{k=1}^{N_{t-1}} \prod_{j=k+1}^{N_{t-1}} D_j E_k + \eta \sum_{k=1}^{N_{t-1}} \prod_{j=k+1}^{N_{t-1}} D_j F_k \qquad (4.24)$$

显然，当确定滑动块体和倾倒块体的数目后，即可通过公式（4.24）进行迭代，计算出安全系数。当临界加速度系数 $\eta = 0$ 时，表明岩块在无外加水平加速度的作用下达到极限平衡状态，此时对应的斜坡安全系数即为所求。因此，在滑坡稳定性计算过程中，可以将 η 作为收敛判据。

4.4.1.3　倾倒块体的搜索

采用组合法判断斜坡最有可能发生倾倒的块体组合。通过对滑动块体个数 N_s 和倾倒块体个数 N_t 进行不同组合，计算出相应的安全系数 F_{s1}，F_{s2}，F_{s3}，…，比较得到最小的安全系数 F_{smin}，最小安全系数为斜坡的安全系数，对应的岩块组合即为斜坡最有可能发生倾倒破坏块体。

4.4.1.4　计算步骤

首先根据坡形典型剖面和主要影响因素确定计算模型，并确定岩体的物理力学性质参数，然后选定滑动块体个数 N_s 和倾倒块体个数 N_t，开始进行计算 η，若 $|\eta - 0| > \delta$，调整 F_s 的值，重新计算得到 η，直至 $|\eta - 0| < \delta$，其中 δ 为计算精度，安全系数的计算流程如图 4.30 所示。

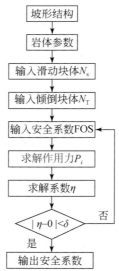

图 4.30　倾倒斜坡安全系数计算流程图

4.4.2　层状岩体倾倒破坏三维受力分析

二维极限平衡分析是基于主要坡形结构的剖面进行计算分析的，是比较简便的分析方法，其应用较为普遍，但对于空间形态比较复杂的斜坡结构（如楔形体或者棱柱体斜坡），其得出的安全系数可能会出现比较大的偏差。因此，有必要考虑三维形态层状斜坡的受力特点，在三维受力分析的基础上，进行力的等效，对二维倾倒的极限平衡做出修正。

层状岩质斜坡的岩体具有层状结构，层状结构沿岩层走向的长度往往远大于真倾角方向的长度。可以验证，层状岩体在重力作用下真倾角方向的转动变形远大于沿岩层走向的转动变形。因此，层状岩体在重力作用下，岩体在沿岩层走向的分力作用下主要发生滑移而非转动，在极限平衡分析过程中，只考虑真倾角方向的倾倒极限平衡分析，其力学行为可近似悬臂梁。

下面对层状岩质斜坡三维力系进行分析和简化。建立以水平地面为基准的坐标系 $o\text{-}uvw$。

层状岩体受力分析如图 4.31 所示。其中 $AB'C''D''$ 为滑动面。滑坡破坏面可近似由下述方法得到：先将平面 $ABCD$ 绕着 ou 轴顺时针（根据右手法则）旋转角度 β_0，得到平面 $ABC'D'$，然后将平面 $ABC'D'$ 绕着 AE 顺时针转动 α。可以求出滑动面的法向量 $\vec{n}_3 = (-\sin\alpha\cos\beta_0, -\sin\beta_0, \cos\alpha\cos\beta_0)$。

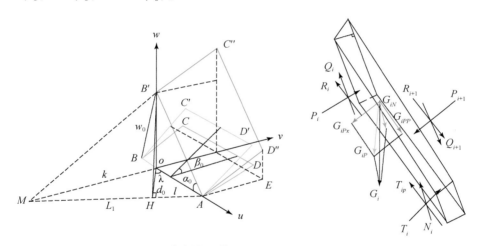

图 4.31　倾倒斜坡第 i 块岩块三维受力示意图

重力矢量 $\vec{G}_i = (0, 0, -G_i)$，将重力进行正交分解为垂直于滑动面的重力分量 G_{iN} 和平行于滑动面的重力分量 G_{iP}，那么垂直于滑动面的重力分力 G_{iN} 的大小为

$$|\vec{G}_{iN}| = \left| \frac{\vec{G}_i \cdot \vec{n}_3}{|\vec{n}_3|} \right| = G_i\cos\alpha\cos\beta_0 \tag{4.25}$$

G_{iN} 的单位方向向量为 $\vec{n}_N = \vec{n}_3$。

平行于滑动面的重力分量 G_{iP} 的大小为

$$|\vec{G}_{iP}| = \sqrt{G_i^2 - G_{iN}^2} = \sqrt{1 - \cos^2\alpha\cos^2\beta_0}\,G_i \tag{4.26}$$

G_{iP} 的单位方向向量平行于滑动面的真倾向方向，即：

$$\vec{n}_p = \frac{\vec{n}_c}{|\vec{n}_c|} = \frac{1}{\sqrt{d_0^2 + w_0^2}}(d_0\cos\lambda, -d_0\sin\lambda, w_0) \tag{4.27}$$

于是，将 $\vec{G}_{iP}$ 分解为平行滑动面 $B'C''$ 方向的视倾向力 $\vec{G}_{iPx}$ 和沿顺坡向 $B'A$ 方向（岩层走向方向）的力 $\vec{G}_{iPP}$：

$$\mid \vec{G}_{iPx} \mid = \left| \frac{\overrightarrow{B'M}}{\mid \overrightarrow{B'M} \mid} \cdot \vec{n}_p \right| \mid \vec{G}_{iP} \mid = \frac{kd_0 \sin\lambda + w_0^2}{\sqrt{(k^2 + w_0^2)(d_0^2 + w_0^2)}} \mid \vec{G}_{iP} \mid \tag{4.28}$$

$$\mid \vec{G}_{iPP} \mid = \left| \frac{\overrightarrow{B'A}}{\mid \overrightarrow{B'A} \mid} \cdot \vec{n}_p \right| \mid \vec{G}_{iP} \mid = \frac{ld_0 \cos\lambda + w_0^2}{\sqrt{(l^2 + w_0^2)(d_0^2 + w_0^2)}} \mid \vec{G}_{iP} \mid \tag{4.29}$$

在倾倒分析过程中，顺坡向（岩层走向方向）的力达到平衡，不考虑其对块体的转动影响。因此，考虑滑体三维受力状态，将三维力系适当简化，等效为二维问题，即可应用倾倒的二维极限平衡分析方法进行斜坡稳定性分析。

4.4.3　鸡冠岭山体稳定性极限平衡分析

4.4.3.1　鸡冠岭山体三维计算模型

鸡冠岭滑坡两侧临空，受长期构造运动与河流侵蚀形成棱柱状山脊，不同地层之间的层面将岩体切割成中薄层板状的岩体，从而形成典型的陡倾层状岩质斜坡结构（图4.32）。鸡冠岭地层主要以二叠系灰岩和志留系页岩为主，由新到老为：二叠系中统长兴组、吴家坪组，二叠系下统茅口组、栖霞组、梁山组及志留系罗惹坪组，是典型的上硬下软的二元结构，鸡冠岭岩层倾角大于 $60°$，属于陡倾斜坡。

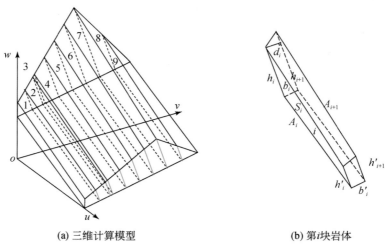

(a) 三维计算模型　　　　　　　　　　(b) 第 i 块岩体

图4.32　鸡冠岭山体三维稳定分析模型示意图

通过区域地形勘探资料以及地质情况分析，可以抽象出鸡冠岭滑坡的地质模型，并获得鸡冠岭滑坡岩体的基本几何特征参数，包括地层分布、岩层块体的平均厚度与长度、层面节理产状、滑动面产状和滑体的概化三维模型形态尺寸，其三维模型示意如图4.32所示，滑体的几何参数见表 4.9。

表 4.9 鸡冠岭滑坡三维模型几何参数表

块体编号	h_i/m	h_i'/m	h/m	z_i/m	A_i/m^2	A_{i+1}/m^2	S_i/m^2	b_i/m	d_i/m	V_i/m^3
1	30.00	10.00	20.00	250	5000.00	7573.75	10247.97	35.50	28.55	151147.11
2	45.36	15.23	30.30	250	7573.75	10478.75	7245.75	25.10	25.00	225656.25
3	63.70	20.13	41.92	250	10478.75	11028.75	1452.04	5.03	5.00	53768.75
4	67.25	20.98	44.12	250	11028.75	14788.75	9442.56	32.71	32.50	419534.38
5	91.03	27.28	59.16	250	14788.75	18563.75	9442.56	32.71	32.50	541978.13
6	114.87	33.64	74.26	250	18563.75	22307.50	9442.56	32.71	32.50	664157.81
7	138.58	39.88	89.23	250	22307.50	26021.25	9324.21	32.30	32.09	775434.79
8	162.09	46.08	104.09	250	26021.25	13008.75	10400.97	36.03	35.90	700588.50
9	81.03	23.04	52.04	250	13008.75	15686.25	10438.49	36.16	17.96	233674.32

注：其中岩块 1 和岩块 9 由于形状不规则，其厚度为等效厚度。

4.4.3.2 自然状态下稳定性分析

层状岩体的节理倾角为 $\beta=25°$，滑动面角度 $\beta_0=\beta+\theta_r=27°$，$\alpha=32°$，层面节理摩擦角 $\xi=15°$，$l=z_0=250m$，计算得到鸡冠岭模型的层状岩体重力及其分力（表 4.10）。

以连通率 $k=0.8$ 为例进行说明，$\zeta=1-k=0.20$。根据上述计算方法对斜坡稳定性进行验算，计算精度取 $\delta=0.01$，计算结果如表 4.11 所示。

从表 4.11 来看，在自然状态下，当坡脚处的岩块 1 为滑动块体，岩块 2 至岩块 9 均为倾倒块体时，此时对应的安全系数最小，为 $F_s=1.06$。但根据地质调查和数值模拟结果可知，岩块 1 和岩块 2 所在地层为栖霞茅口组厚层灰岩，并起到限制上覆岩层变形的作用，应看为一个整体（关键块体），即 $N_s=2$，$N_t=7$，对应的安全系数为 1.59，其安全系数大于 1，表明鸡冠岭层状岩体在自然状态下处于稳定状态。若连通率为 1，可以计算得知安全系数为 1.28，斜坡处于稳定状态。

表 4.10 鸡冠岭三维模型重力及其分力计算结果

岩块 i	$c_i/(kN/m^2)$	$\varphi_i/(°)$	$\sigma_t/(kN/m^2)$	$\gamma_i/(kN/m^3)$	G_i/kN	G_{iN}/kN	G_{ipx}/kN
1	700	39	950	25	3952612.50	2986654.66	1714836.96
2	700	39	950	25	5641406.25	4262733.13	2447518.43
3	400	25	400	15	806531.25	609427.39	349912.77
4	700	39	950	25	10488359.38	7925165.29	4550364.18
5	700	39	950	25	13549453.13	10238174.71	5878416.62
6	700	39	950	25	16603945.31	12546195.88	7203604.99
7	700	39	950	25	19385869.84	14648260.74	8410540.15
8	700	39	950	25	17514712.50	13234385.54	7598740.42
9	700	39	950	25	5841858.03	4414197.58	2534484.24

表 4.11　鸡冠岭山体安全系数求解结果

$k=0.8$	$N_T=4$		$N_T=5$		$N_T=6$		$N_T=7$		$N_T=8$	
	F_s	η	F_s	η	F_s	η	F_s	η	F_s	η
$N_s=1$	3.681	−0.001	2.550	−0.003	1.450	0.009	1.100	−0.001	1.06	0.003
$N_s=2$	3.050	0.000	2.130	0.001	1.648	−0.003	1.590	0.000	—	—
$N_s=3$	2.160	0.001	1.705	−0.001	1.643	0.001	—	—	—	—
$N_s=4$	2.136	0.001	2.088	0.002	—	—	—	—	—	—

　　根据二维方法对斜坡自然状态下进行稳定分析，其中滑动块体为岩块 1 与岩块 2，倾倒块体为岩块 3 至岩块 9，安全计算系数计算如表 4.11 所示。从表 4.11 可以看到，采用二维倾倒分析方法计算所得出的安全结果约为 1.70，比三维方法的安全系数 1.59 大 0.11，表明在考虑斜坡体的三维受力状态下，斜坡的安全系数较小，二维分析结果较大，偏于安全（表 4.12）。因此，考虑三维受力是很有必要的。

表 4.12　极限平衡三维分析与二维分析计算结果比较

$k=0.8$	4		5		6		7		备注
	F_s	η	F_s	η	F_s	η	F_s	η	
$N_s=2$	3.05	0	2.13	0.001	1.648	−0.003	1.59	0	三维方法
	2.61	0.0001	1.875	0.0002	1.72	0.0003	1.6998	0.0002	二维方法

　　岩体连通率对安全系数的计算产生影响（图 4.33）。随着岩体连通率的减小，岩桥面积增大，斜坡的安全系数在提高，表明在考虑岩体的连通率之后，岩桥能够起到抵抗下滑力的作用，岩桥面积越大，所能提供的抵抗力越大，斜坡的稳定性随之增强。另外，滑动块体数越少，倾倒块体越多，斜坡的安全系数越小，从直观上表明，滑动块体处在倾倒块体下方，能够提供抵抗力，滑动块体越少，能够提供的抵抗力就越小，因而造成安全系数越低。这表明滑动块体提供的支撑作用非常重要，要限制和防止斜坡倾倒破坏，可以增加滑动块体数目或者通过工程措施增加滑动块体的阻滑力来实现。

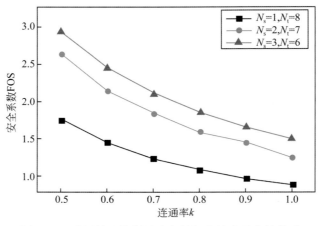

图 4.33　鸡冠岭山体斜坡稳定性与岩体连通率的关系

4.4.3.3　采空状态下稳定性分析

地质调查表明，地下矿层采空是鸡冠岭崩塌的诱发因素。随着巷道掘进与煤矿开采，岩块 3 会逐渐被开挖采空。矿层采空，可等效为岩块 3 去除，即不考虑其重力，$G_3 = 0$。

岩块 2 和岩块 4 不接触，岩块 4 左侧临空，那么 $P_3 = P_4 = 0$，$Q_3 = Q_4 = 0$。

假设岩块 4 在采空工况下达到静力极限平衡，根据式（4.17），可得：

$$P_5 = P_4 + B_4 + C_4\eta = B_4 = 1.60 \times 10^4 \text{kN}$$

以岩块 4 的左侧下游端点 O_4 为转动点，以逆时针方向为正，转动弯矩 M_4 为

$$M_4 = P_5(h_5 + b_4\sin\theta_r) - P_5\tan\xi \cdot b_4\cos\theta_r + \frac{1}{2}G_{4px} \cdot \overline{h}_4 - G_{4N} \cdot \frac{1}{2}b_4\cos\theta_r \quad (4.30)$$

代入数值，可以求出 $M_4 = 9.51 \times 10^7 \text{kN} \cdot \text{m} > 0$。

岩块 4 的右侧上游端点的轴向拉应力近似值：

$$\sigma_4 = \frac{P_5 h_5 + 0.5G_{4px}\overline{h}_4}{b_4^2/6} - \frac{Q_5 + G_{4pN}}{b_4} = 4.22 \text{MPa} > \sigma_t = 0.95 \text{MPa}$$

因此，当矿层采空之后，由于具备良好的临空条件，岩块 4 往左侧倾倒变形，岩块底部上游发生受拉破坏，在转动弯矩的作用下，裂缝从受拉裂缝处拓展延伸，并发生转动。同理，可依次计算得到岩块 5 至岩块 9 的层间作用力和转动弯矩（表 4.13）。对于上覆层状岩体 5、6、7、8 而言，根据弯曲应力判据，可知岩块 5~8 均会发生受拉破坏，并在转动弯矩的作用下，岩块依次发生转动倾倒破坏。岩块 9 的正压力小于 0，表明岩块 9 可能处于稳定状态。

表 4.13　倾倒区岩块层间力

岩块 i	$P_i/$ kN	$M_i/$ kN · m	$\sigma/$MPa
5	160170.90	116891539.71	7.71
6	316193.18	204101374.11	8.12
7	454573.83	310140632.53	8.43
8	579122.08	178241016.64	6.47
9	856349.56	7911509.86	-1.35

上覆岩块发生倾倒破坏后，挤压在下伏关键岩块 2 上，将岩块 1、2 看作整体，受力分析如图 4.34 所示。

岩块 4 的转角：

$$\theta_4 \approx \frac{b_3}{h_4} = \frac{5.03}{41.92} \cdot \frac{180°}{\pi} = 6.8°$$

$$\chi = \theta_4 + \beta = 31.8°$$

上覆岩层受力分析如图 4.34（c）所示。将上覆岩层重力分解，可以求得：

$$F'\cos(\beta + \theta_r - \chi) = G_{npx} \quad (4.31)$$

$$F'\sin(\beta + \theta_r - \chi) + G_{nN} = N_n \quad (4.32)$$

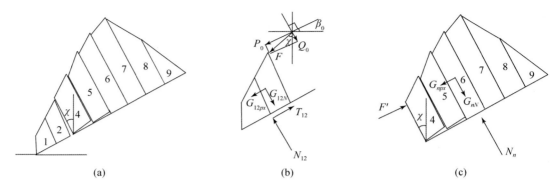

图 4.34　倾倒岩层块体受力分析图

式中，n 表示压在下伏岩层的倾倒块体的数目；F' 为倾倒块体和阻滑块体之间的相互作用力；G_{npx}、G_{nN} 分别为挤压在阻滑块体上的 n 个倾倒块体的自重的倾向分力和垂直底面的分力；N_n 为倾倒块体底面的正压力。

根据牛顿第三定律可知：

$$F = F' \tag{4.33}$$

下伏岩层受力分析如图 4.34（b），将力投影到底滑动面的法向上，其力学平衡方程如下：

$$N_{12} + F\sin(\theta_r + \beta - \chi) - G_{12N} = 0 \tag{4.34}$$

$$T_{12} - F\cos(\theta_r + \beta - \chi) - G_{12px} = 0 \tag{4.35}$$

斜坡的安全系数为

$$F_s = \frac{N_{12}\tan\varphi + cS_{12}}{T_{12}} \tag{4.36}$$

联立式（4.31）至式（4.36），得到：

$$F_s = \frac{G_{12N}\tan\varphi - G_{npx}\tan(\beta + \theta_r - \chi)\tan\varphi + cS_{12}}{G_{npx} + G_{12px}} \tag{4.37}$$

考虑倾倒岩体块体转动挤压在下伏岩层块体时的下伏岩层块体的强度损失，当岩块 4 倾倒压在下伏岩层上，下伏岩层仍能保持稳定，安全系数 F_s=1.50>1。下伏岩层强度逐渐在岩块 4 挤压作用下强度逐渐降低，当岩块 5 倾倒下压时，下伏岩层安全系数为 0.93，关键块体开始变得不稳定，其安全系数小于 1，表明此时下伏岩层的阻滑力已经不足以支持倾倒岩块所产生的剩余下滑力，下伏岩层发生剪切破坏，从坡脚处往黄岩沟上空滑移剪出，形成崩塌。当岩层 6~9 相继发生倾倒破坏，压在下伏岩层上，加速整个崩塌滑坡的形成过程，推动下伏岩层往下运动（表 4.14）。

表 4.14　下伏岩层安全系数计算表

n	G_{12N}/kN	G_{12px}/kN	G_{npx}/kN	cS_i/kN	F_s
1	7249387.79	4162355.39	2625464.94	12946314.42	1.50
2	7249387.79	4162355.39	6017188.37	12946314.42	0.93

续表

n	G_{12N}/kN	G_{12px}/kN	G_{npx}/kN	cS_i/kN	F_s
3	7249387.79	4162355.39	10173517.76	12946314.42	0.66
4	7249387.79	4162355.39	15026223.49	12946314.42	0.50
5	7249387.79	4162355.39	19410537.75	12946314.42	0.44
6	7249387.79	4162355.39	20872882.14	12946314.42	0.42

倾倒破坏的二维极限平衡分析应用普遍但具有一定偏差，本节提出了在考虑层状岩质斜坡的三维受力状态的基础上，适当简化模型，更符合实际情况。以鸡冠岭滑坡为例阐述了该计算方法，可以看出天然状态下斜坡处于稳定状态，下伏岩层起到"关键块体"作用，其强度指标对斜坡稳定性具有很大的影响。当地下采空出现后，上覆岩层块体失去支撑，为上覆岩层倾倒破坏提供了良好条件。岩层往采空方向转动，发生倾倒破坏，剩余岩层相应地逐层向后倾倒破坏，挤压在下伏岩层上。下伏岩层受到的下滑力逐渐增大，安全系数逐渐减低，直至发生剪切破坏，形成滑坡，从深沟临空面剪出。

4.5　陡倾层状斜坡失稳早期识别特征

通过上述研究，可以将鸡冠岭崩滑灾害演化过程分为以下六个阶段：

（1）弯曲变形：由于山体位于桐麻湾背斜核部区域，陡倾层状岩体往倾向发生缓慢弯曲倾倒变形。上覆灰岩岩层压覆在煤层上，由于煤层力学强度较低，在长期的重力作用下，煤层发生较大的压缩蠕滑变形，上覆岩层则受到弯曲应力作用，顶部位移较大，出现"点头哈腰"的现象，岩体受拉一侧逐渐产生拉裂缝，如图4.35（a）所示。

（2）层间错动：鸡冠岭山体 NE45°山脊处的后缘在拉力作用下形成地表拉裂缝（产状40°∠85°），结构面强度较低，并与层面节理（产状为300°∠40°~80°）组合构成优势的控制性节理，将岩体切割成中薄层状岩体。上覆灰岩在倾倒蠕滑变形过程中，层状岩体会发生层间错动，相互挤压错动，加速微裂隙的形成，如图4.35（b）所示。

（3）采矿加速倾倒变形：随着地下矿层的开采，煤层逐渐形成越来越大的采空面，采矿引起山体进行应力重新调整，上覆岩层失去了部分支撑，应力追踪层状岩体弯折形成的节理面，裂隙逐渐发育。当矿层形成大面积的采空区时，上覆岩层失去了有效支撑，发生"悬臂效应"，倾倒变形加速发展，层状岩体的拉裂缝快速拓展，形成几近贯通的滑动面，发生倾倒破坏，如图4.35（c）所示。

（4）下伏岩体阻滑：倾倒岩体挤压在下伏阻滑岩体上，下伏厚层灰岩通过自重在底滑动面产生的阻滑力保持稳定，山体变形很小，同时，下覆岩层受挤压作用岩体裂隙逐渐拓展，强度逐渐降低，如图4.35（d）所示。

（5）下伏岩体剪切破坏：当上覆倾倒块体逐层挤压在下伏岩体时，剩余下滑力不断增大，下伏阻滑块体强度不足以抵抗下滑力，发生剪切破坏，倾倒块体和剪切破坏块体从黄岩沟和朝向乌江临空方向剪出形成滑动，如图4.35（e）所示。

（6）整体失稳：后续倾倒块体推导前方块体往下高速滑动，部分岩体在碰撞过程中发生偏转，形成碎屑流流入江中造成堵江灾害，如图4.35（f）所示。

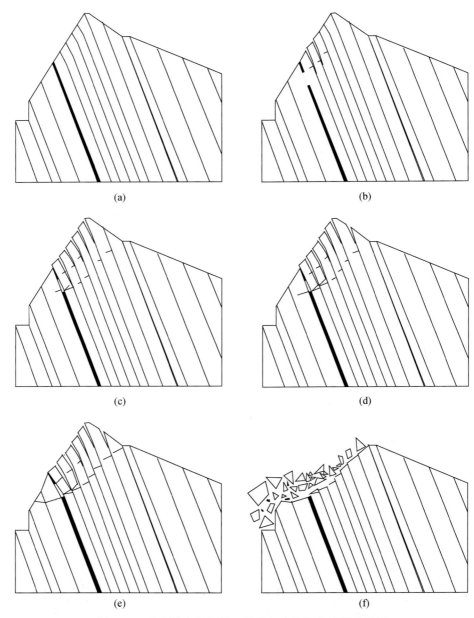

图 4.35　鸡冠岭山体倾倒—滑移—失稳演化过程示意图

实际上，鸡冠岭山体滑动受地形地貌、地层岩性、岩体结构、岩溶发育、采矿活动等因素的控制，是一类倾倒-滑移的失稳模式，其成灾模式具有复合性的特征，即倾倒崩塌-滑移剪切关键块体后转化为侧向滑坡碎屑流（图4.36）。这种山体破坏与成灾模式一般具有以下几个特点：

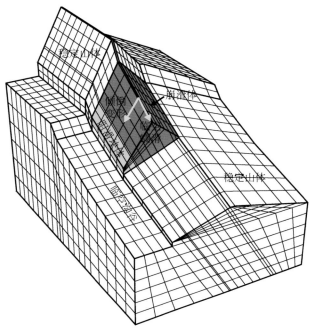

图 4.36　鸡冠岭崩滑灾害三维失稳模式示意图

（1）斜坡为陡倾层状横向结构，在反倾向方向为陡坡，走向方向为切层缓—中陡斜坡，具有两侧临空特点；

（2）在整体失稳破坏之前，反倾向反向出现弯曲倾倒的变形迹象，沿走向形成深大裂缝，斜坡整体失稳后，崩塌体在斜坡上运动方向发生偏转，并形成坡面滑坡–碎屑流；

（3）坚硬的碳酸盐岩或砂岩夹页岩、泥岩的岩性组合，形成"上硬下软"的岩体结构，软岩发生压缩蠕变或塑流，硬岩倾覆产生弯曲变形；

（4）岩层中发育与层面近垂直的节理，岩层弯曲倾倒变形沿节理面拉裂破坏，坡脚被挤压沿节理面发生剪切滑移；

（5）走向与岩层倾向平行的构造节理，在重力和地下水长期作用下，形成拉裂缝，斜坡在两个临空方向的约束减小；

（6）当硬岩中夹有黏土矿层开采时，地下采空会加速岩体强度的衰减与变形，成为诱发山体失稳破坏的主要原因之一。

4.6　小　　结

本章以鸡冠岭崩滑灾害为例，在对崩塌区进行详细的工程地质调查的基础上，结合岩体结构和岩石力学特性的综合研究，分析了陡倾层状横向斜坡倾倒崩滑的成因，开展了自然工况及采空作用下斜坡变形破坏的有限差分数值模拟和离心模型试验，建立了三维极限平衡分析的力学模型，提出了陡倾层状横向斜坡的倾倒破坏稳定性分析方法。通过以上研究，取得了以下结论：

（1）鸡冠岭崩滑灾害的形成受地形地貌、岩层结构、岩性组合、岩溶发育、地下采矿等方面的因素控制。横向斜坡结构为崩滑体剪出提供了两面临空的地形条件；灰岩夹页岩及煤层的"上硬下软"二元结构，有利于覆岩的倾倒弯曲变形，沿层面形成深大裂隙；斜坡后缘岩溶发育强烈，沿构造节理形成岩溶裂缝；地下采空导致加速上部岩体变形，覆岩倾倒坍塌后挤压下部关键块体，最终关键块体失稳剪出后诱发山体整体失稳。鸡冠岭崩滑初始破坏为倾倒–滑移模式，陡倾层状灰岩在重力长期作用下产生弯曲变形，地下采空导致覆岩倾倒破坏，挤压下伏阻滑岩层发生剪切滑移。

（2）离心模型试验表明，地下采空引起层间错动，山体上部岩体倾倒破坏，坡脚岩体剪断，破裂面为追踪节理发育的折线，倾角与原型破坏模式基本一致。离心模型试验反映了鸡冠岭山体在地下采空情况下弯曲倾倒–滑移剪出的失稳模式。

（3）三维有限差分法数值模拟表明，重力长期作用下，上覆层状岩体弯曲变形，后缘逐渐产生拉裂缝。地下矿层开采引起覆岩发生层间错动，顶板应力集中导致裂缝产生并向后缘扩展，引起覆岩倾倒破坏，推挤下伏岩体发生剪切滑移。

（4）陡倾层状岩质斜坡滑坡的三维极限平衡分析表明，地下矿层采空诱发岩质崩塌的主要原因在于采空提供了两个有利的条件，一是为上覆岩层块体的倾倒变形提供了临空面，二是破坏上覆岩层的平衡条件。在天然状态下，斜坡处于稳定状态；地下采空工况下，上覆层状岩体逐层发生倾倒破坏，并挤压在下伏关键岩层上，下伏岩层发生剪切滑移，从临空面剪出，形成崩塌体，后续的倾倒块体推动前方块体往下运动，加速岩体破碎解体的过程。

第5章　岩溶山区崩滑碎屑流动力致灾特征分析

我国西南岩溶山区是大型岩质崩滑灾害的高发区，发生过多起重大灾难性崩滑灾害，给山区居民生命财产与国家重大工程安全带来巨大损失。近年来，由于极端气候与人类工程活动的加剧，重庆、云南、贵州等碳酸盐岩山区的重大崩滑地质灾害仍频繁发生。如：2009 年重庆武隆鸡尾山二叠系灰岩山体，底部软岩蠕变、侧向溶蚀带剪断导致高速滑坡碎屑流，滑体体积约 700 万 m^3，运动距离 1.5km，造成 74 人死亡（许强等，2009）；2010 年暴雨诱发贵州关岭大寨三叠系地层斜坡发生高速滑坡碎屑流，造成 99 人死亡（殷跃平等，2010）；2010 年，受下部采空与侧向溶蚀影响，三峡库区望霞危岩发生 10 万 m^3 崩塌，造成长江航道多次封航（乐琪浪等，2011）；2013 年，受侧向溶蚀带与地下采空影响，贵州凯里龙场镇渔洞村发生二叠系巨厚层灰岩山体崩塌（Feng et al.，2014；董秀军等，2015）。这些大型崩滑灾害不仅体积大，地层结构复杂，地质模型难以概化，早期识别能力差，而且灾害孕育形成与启动力学机制研究不足，后破坏动力过程复杂，导致空间预测难度大，群死群伤灾难不断发生。

鉴于高速远程滑坡滑动距离远、滑动速度大、冲击破坏力强、发生频率高，在我国西南碳酸盐岩山区多发的特点，本章重点开展高速远程滑坡的运动规律、堆积特征和影响范围进行研究，对西南山区地质灾害防灾减灾具有重要意义。

5.1　高速远程滑坡碎屑流动力学分析

高速远程滑坡根据运动的时间和空间，可划分为启动、运输和堆积三个相互联系的阶段。调查发现高速远程滑坡各个运动阶段的运动特征明显不同。启动阶段滑体失稳后高速脱离滑源区，运输阶段以凌空高速飞行或碰撞解体为主，堆积阶段则以高速远程碎屑流运动堆积为主。众多专家学者对高速远程滑坡的三个阶段进行了大量的科学研究，并提出了滑坡运动过程中与周围山体、气体、液体等物质的相关作用与效应。巨大的滑体在高速运动过程中，不仅滑体内部各部分之间发生着剧烈的反应，也与不动体（滑坡床、沟谷两侧山体）都有相互摩擦和碰撞运动（邢爱国，2001）。在高速强烈摩擦时，滑体与周围的空气之间，与滑带中的水和水汽之间都会产生复杂而强烈的流体动力学现象，这些碰撞因素和流体动力学现象是大型滑坡体产生高速、远程滑动的根本原因（程谦恭等，2007，2011；张明等，2010）。

高速远程滑坡动力学机理的研究，主要分为高速启程阶段和运动远程阶段。高速启程理论包括：①Müller（1987a）提出的块体触变理论；②Mencl（1966）和 Haefeli（1967）提出的液化减阻高速启动理论；③Skempton（1966）提出的峰残强降启动理论。上述高速启程理论认为滑坡滑带抗滑力下降或突然下降是高速远程滑坡启程高速的主要原因。运动远程主要理论则包括：①Kent（1966）提出的空气润滑模型；②Bagnold（1968）提出的颗粒流模型；③Eisbacher（1979）和 Davies（Davies 1982；Davies and Mcsaveney，1999；Davies et al.，1999）提出的能量传递模型；④以 Sassa（1989）提出"液化减阻"运动机理为主的底部超孔隙水压力模型等。针对于岩质高速远程滑坡的动力学特征，在很大程度上决定了滑坡的能量大小、运动方式等，进而影响其成灾模式和破坏能力。对该类滑坡运动模式及动力学机理的正确认识，是进行成功的地质灾害预测和评估的基础。因此，岩质高速远程滑坡运动机理和成灾范围的辨识及分类工作成为大型岩质滑坡研究的重点工作。

5.1.1　高速远程滑坡碰撞运动特征

大型岩质滑坡碎屑流是世界很多山区的主要地质灾害类型，其体积大、运动速度快、堆积范围广、破坏性大，经常造成严重的人员和经济损失，是国际滑坡界研究的热点与难点问题。1903 年 4 月 29 日加拿大发生历史上最致命的弗兰克滑坡（Frank slide），体积 3600 万 m³，导致 73 人死亡，弗兰克镇大部分被破坏（图 5.1）。弗兰克坡启动后铲刮老人河（Old Man River）冲洪积层，冲溅出的泥土对房屋和建筑物造成毁灭性的破坏（Cruden and Hungr，1986）。事实证明，滑体快速剪切基底层，造成液化效应，导致底部润滑摩擦阻力降低，碎屑流远程滑动。运动过程中铲刮作用加剧了高速远程滑坡运动过程的破坏力，对基底的扰动、裹挟作用和对运动路径中两岸坡体碰撞破坏，是高速远程滑坡-碎屑流运动过程中的主要模式。

图 5.1　加拿大艾伯塔省弗兰克镇大型高速远程崩滑碎屑流

高速远程滑坡-碎屑流运动规模不是通过滑坡初始体积来决定的。通常初始体积很小的滑坡，在运动过程中沿着路径会铲刮一定方量的地表地层使体积增加，并且造成巨大的破坏力，例如：1990 年香港发生的青山（Tsing Shan）滑坡碎屑流，初始的滑动方量为 400m³，经过运动路径中对其他残坡积层物质材料的铲刮，最终滑动体体积达到了

20000m³，并形成了高速远程的滑动（King，1996）。Okura 等（2000）通过室外物理试验证实高速远程滑坡滑体体积的增加与远程运动的距离成正比，与滑体的重心成反比，也就是说，随体积的增加滑动体的重心运动距离较近，但运动到达的距离较远。滑坡－碎屑流运动过程中的铲刮、裹挟、流动堆积效应不但增加了滑体的体积，而且可促使滑坡高速远程滑动（图 5.2）。铲刮作用主要细分为碰撞铲刮作用和裹挟铲刮作用，其作用方式包括以下三类：①当滑坡运动过程中，滑体下滑后撞击周围山体或地面，巨大的碰撞造成了被撞击体发生了弹塑性变形或弹脆性变形，并产生了一定的侵蚀厚度，该类铲刮作用主要为碰撞铲刮，例如：云南头寨滑坡，汶川地震区映秀牛圈沟滑坡等；②另外一类滑坡由于运动速度高则会对基底松散堆积层产生剪切作用，造成基底土层发生侵蚀，该类铲刮作用主要表现为裹挟铲刮，例如：云南镇雄赵家沟滑坡（殷跃平等，2013），贵州关岭大寨滑坡（殷跃平等，2010），加拿大艾伯塔省弗兰克镇大型崩滑（Cruden and Hungr，1986）。③此外，更多的高速远程滑坡在运动过程中表现为复合型铲刮作用，既有碰撞铲刮，也有裹挟铲刮，例如：汶川地震区牛圈沟滑坡（殷跃平，2009；张远娇等，2012），都江堰三溪村滑坡，重庆武隆鸡尾山滑坡（张龙等，2012；高杨等，2013）等。不同的铲刮类型表现出不同的破坏方式，碰撞铲刮以撞击力的形式作用于被撞击体上，并造成变形破坏；裹挟铲刮以剪切力的形式作用于被铲刮体上，并造成变形破坏，而运动路径中水的作用加强了裹挟作用。上述的铲刮方式都会造成滑动体的体积增加，运动特征发生改变。

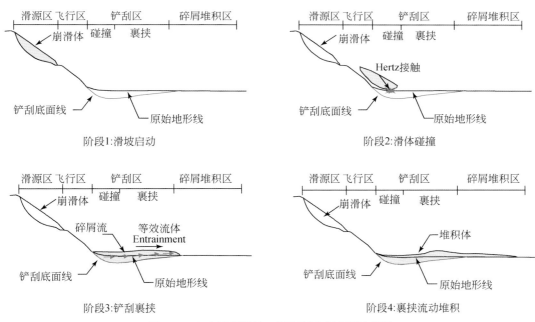

图 5.2　高速远程滑坡－碎屑流运动过程示意图

　　图 5.2 是高速远程滑坡－碎屑流运动过程示意图，由图可以看出滑坡体高速启动失稳下滑后，进入短暂飞行阶段，由于地形因素的影响造成势能与动能的能量转换，滑体速度增加；滑体以较高的速度撞击地面或周围山体，铲刮侵蚀一定体积的山体，这一破坏过程称为碰撞铲刮效应；随着碰撞作用的发生，滑体逐渐解体为碎屑体，并随着侵蚀岩土体体

积融入，形成了以等效流体方式运动的碎屑流，碎屑流以较高速度继续向前运动，会对底部的松散软弱层造成裹挟作用，并侵蚀地表松散体，这一过程称为裹挟铲刮作用；铲刮作用结束后进入碎屑堆积阶段，最终运动停止。

在高速远程滑坡—碎屑流碰撞—铲刮—堆积运动过程中，主要作用力为重力和摩擦阻力，对应的碰撞力、铲刮力、有效应力也主要是通过这两个力来提供。重力为滑体提供了更高的速度，使之与周围山体发生碰撞，并形成变形破坏，是碰撞铲刮的根本动力。例如重庆武隆县鸡尾山滑坡–碎屑流运动过程中（图5.3），由于全程受碰撞、铲刮和摩擦阻力影响，导致滑动体的最终停积。当滑体与滑坡前缘山下山脊和山包发生碰撞时，可以使滑体的能量向前传递给前方的小型山体，并使滑体体积增加，滑坡运动距离更远；当受地面粗糙程度的摩阻力影响时，对碎屑流裹挟铲刮产生了反作用力；碎屑流高速流动时，以裹挟基底松散堆积物为主；碎屑流流速较慢时，以摩擦力阻碍运动为主。

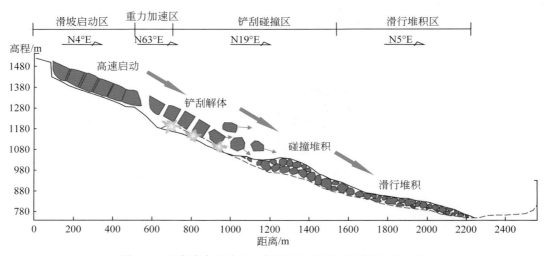

图 5.3　重庆武隆县鸡尾山高速远程滑坡–碎屑流运动过程

（1）碰撞力：滑体滑出剪出口后经过短暂飞行后与地面或者与周围山体相互碰撞，对于撞击体来说，强烈的撞击作用力使之破碎解体；而对于被撞击的稳定山体或地面，则会发生塑性变形或脆性破坏；当撞击能量足够大或被撞击体为孤立山峰时，也可导致被撞击的山体解体或直接铲飞。这一碰撞力对前方山体的铲刮如图5.3所示，其力学分析符合Hertz 理论准静态碰撞理论。

（2）等效流体裹挟力：当滑体撞击过程结束后，滑体更加破碎形成碎屑体，并以流体的运动方式继续向前运动（图5.3）。由于此时碎屑流仍保持着较高的运动速度，往往会对基底软弱残坡积层产生一定的裹挟，卷入了大量的松散物质，使滑动体的体积增加。基底软弱层在有水的情况下，可对其上的碎屑流产生一定的润滑作用，会增强刮铲效应，即液化减阻效应。当基底残坡积层在没有水作用的条件下，基底表层松散堆积物质低密度、低强度的特点也是影响岩石碎屑流最大运移堆积距离的关键因素。这一过程将碎屑流的运动视为等效流体，通过流体力学对高速远程滑坡进行分析。

5.1.2　碰撞理论

5.1.2.1　Hertz 静止弹性接触理论

弹性接触的 Hertz 理论是由 Hertz 在 1881 年首先做出的（Hertz，1881），当时他正在研究两个玻璃透镜之间间隙中的 Newton 光学干涉条纹，注意到由于透镜间的接触压力对透镜表面弹性变形可能造成的影响。Hertz 做出了接触区通常是椭圆这一假定，这一假定无疑是他对干涉条纹的观察。他引入了一种简化：每个物体均可被看成是一个弹性半空间体，载荷作用在平表面的一个小的椭圆区域上。现在把一个法向压载荷施加于两个相互接触的固体，接触点扩展为一个区域。如果两个物体都是旋转体，加载后接触区也将是圆的。两个圆柱体相接触，加载时，接触区为一个窄条。对于一般的曲面外形的接触，在载荷作用下接触面将是椭圆形状（图 5.4）。

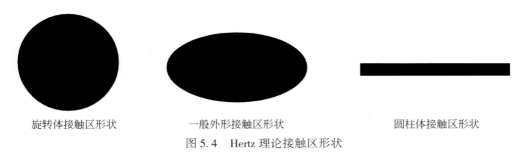

旋转体接触区形状　　　　　　一般外形接触区形状　　　　　　圆柱体接触区形状

图 5.4　Hertz 理论接触区形状

国内外专家学者在 Hertz 理论的基础上，研究了滚石或崩塌块石在冲击荷载下对地面的破坏及影响，为高速远程滑坡–碎屑流的研究提供了力学分析基础。Hertz 弹性接触理论的提出，解决了两个物体接触过程中接触力、接触深度、接触半径的求解方法。在弹塑性或弹脆性理论的引入下，针对于高速远程滑坡动力学研究，可进行崩滑体对地面或周围山体的铲刮范围、铲刮深度的计算分析。Hertz 静止弹性接触力学模型如图 5.5 所示。

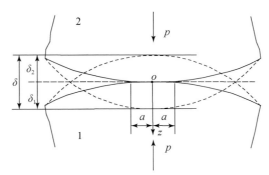

图 5.5　Hertz 接触力分析模型

Hertz 提出的接触应力分布：

$$p_{(r)} = p_{\max}\left[1 - \left(\frac{r}{a}\right)^2\right]^{\frac{1}{2}} \tag{5.1}$$

对接触区分布荷载积分得：

$$p = \int_0^a p_{(r)} 2\pi r \mathrm{d}r = \frac{2}{3} p_{\max} \pi a^2 \tag{5.2}$$

则将公式（5.2）代入（5.1），得出：

$$p_{(r)} = \frac{3p}{2\pi a^2}\left[1 - \left(\frac{r}{a}\right)^2\right]^{\frac{1}{2}} \tag{5.3}$$

最大接触压应力为

$$p_{\max} = \frac{3p}{2\pi a^2} \text{（当 } r = 0 \text{ 时）} \tag{5.4}$$

接触半径为

$$a = \frac{\pi p_{\max} R}{2E} \tag{5.5}$$

中心点处的法向压缩量为

$$\delta = \frac{\pi a p_{\max}}{2E} \tag{5.6}$$

根据公式（5.2）、公式（5.5）、公式（5.6）可得：

（1）接触半径与最大接触深度关系为

$$a^2 = R\delta \tag{5.7}$$

（2）Hertz 接触力为

$$p = \frac{4}{3} E R^{\frac{1}{2}} \delta^{\frac{3}{2}} \tag{5.8}$$

（3）接触面上的任意位置法向压缩量为

$$\delta(r) = \delta - \frac{r^2}{2R} \quad (0 \leqslant r \leqslant a) \tag{5.9}$$

其中，a 为接触半径；r 为接触半径变量（$0 \leqslant r \leqslant a$）；$P$ 为碰撞力；E 为等效弹性模量，定义为 $\frac{1}{E} = \frac{1-v_1^2}{E_1} + \frac{1-v_2^2}{E_2}$，$E_1$、$v_1$、$E_2$、$v_2$ 分别为两个碰撞体各自的弹性模量和泊松比；m 为等效质量，定义为 $\frac{1}{m} = \frac{1}{m_1} + \frac{1}{m_2}$；$R$ 为等效半径，定义为 $\frac{1}{R} = \frac{1}{R_1} + \frac{1}{R_2}$，$R_1$、$R_2$ 则分别为两个撞击体半径；$\delta_{(r)}$ 为接触面上任意位置法向压缩量；δ 为中心点处的法向压缩量，即 $\delta_{\max}$。由以上公式可以得到屈服区域的接触深度 δ_p，接触半径 a_p。

5.1.2.2　Hertz 碰撞接触理论

Love 和 Hunter（刘涌江，2002）运用不同的方法分别证明了当系统的作用时间 T 与作用于系统的力脉冲周期 $2t^*$ 很短时，该条件下碰撞中接触力的变化主要按照准静态方式来进行分析。当撞击速度与碰撞体的弹性波速相比很小时，则可以运用准静态方法来求解弹性撞击过程中的接触问题。这个条件也同样适用于塑性变形的接触分析。相关文献中（Johnson，1987），$T/(2t^*) \approx 0.3(V/c_0)^{3/5}$，其中 V 为撞击速度，c_0 为弹性波速。高速远程滑坡研究中，"高速"主要是针对于滑坡领域而言的，碰撞分析亦可用准静态方法进行研究。

1. 正碰撞情况

当滑坡体与地面发生碰撞后，主要有三种表现形式：滑体反弹飞走（弹性碰撞）、滑体造成地表破坏（弹塑性碰撞或弹脆性碰撞）、滑体嵌入地表土（塑性碰撞）。根据材料性质的不同，碰撞的接触类型主要分为弹性接触、塑性接触、弹塑性接触、弹脆性接触。本节基于 Hertz 准静态接触理论对球体与半无限体正碰撞的弹性和弹塑性接触进行了分析，并为斜碰撞中垂直应力分析提供了力学基础。

在 Hertz 碰撞力计算的过程中，根据牛顿第二定律（$F = ma$）和 Hertz 弹性接触理论（$p = \frac{4}{3}ER^{\frac{1}{2}}\delta^{\frac{3}{2}}$），对于运动中碰撞力进行求解，并运用弹塑性的屈服准则，进而分析被撞击体的弹性、弹塑性变形。

（1）弹性碰撞

根据牛顿第二定律：

$$p = m_1\frac{\mathrm{d}v_1}{\mathrm{d}t} = -m_2\frac{\mathrm{d}v_2}{\mathrm{d}t} \tag{5.10}$$

$$-\frac{m_1 + m_2}{m_1 m_2}p = m_1\frac{\mathrm{d}(v_2 - v_1)}{\mathrm{d}t} = \frac{\mathrm{d}^2\delta}{\mathrm{d}t^2} \tag{5.11}$$

代入 Hertz 接触力公式（5.8），得出：

$$p = m\frac{\mathrm{d}^2\delta}{\mathrm{d}t^2} = \frac{4}{3}ER^{\frac{1}{2}}\delta^{\frac{3}{2}} \tag{5.12}$$

对公式（5.12）进行一次积分：

$$\frac{1}{2}\left[v^2 - \left(\frac{\mathrm{d}\delta}{\mathrm{d}t}\right)^2\right] = \frac{8ER^{\frac{1}{2}}}{15m}\delta^{\frac{5}{2}} \tag{5.13}$$

对公式（5.12）进行二次积分：

$$\delta_{\max} = \left(\frac{15mv^2}{16R^{\frac{1}{2}}E}\right)^{\frac{2}{5}} \tag{5.14}$$

这样，可以得出 Hertz 碰撞力与撞击速度的关系式：

$$P_{\mathrm{e}} = \frac{4}{3}ER^{\frac{1}{2}}\left(\frac{15mv^2}{16R^{\frac{1}{2}}E}\right)^{\frac{3}{5}} \tag{5.15}$$

式中，E 为等效弹性模量，定义为 $\frac{1}{E} = \frac{1-v_1^2}{E_1} + \frac{1-v_2^2}{E_2}$，$E_1$、$v_1$、$E_2$、$v_2$ 分别为两个碰撞体各自的弹性模量和泊松比；m 为等效质量，定义为 $\frac{1}{m} = \frac{1}{m_1} + \frac{1}{m_2}$，假定地面质量为无限大，则等效质量即为滑体质量；$R$ 为等效半径，定义为 $\frac{1}{R} = \frac{1}{R_1} + \frac{1}{R_2}$，则假定地面半径为无限大，则等

效半径即为滑体的半径。

通过以上对 Hertz 弹性碰撞力的分析，在已知速度 V 和两碰撞材料质量 m、等效弹性模量 E 和等效半径 R 的情况下，可以得到撞击体所提供的撞击力。进一步可以结合弹塑性屈服准则，对被撞击体做弹性和弹塑性变形分析。

（2）弹塑性碰撞情况

一般滑坡体与地面或周围稳定岩体的碰撞形式主要以弹塑性或弹脆性方式进行碰撞铲刮，运用 Thornton 理想弹塑性理论对滑坡垂直方向上的碰撞进行分析（图 5.6），Thornton 弹塑性接触模型中（图 5.7），假设材料为理想弹塑性材料，即忽略材料的塑性硬化或塑性软化特性，材料屈服后，塑性区内的接触压应力始终保持为 P_y，可以得到滑体对地面碰撞后的接触范围（以球形接触为典型，a 为接触半径）、接触区塑性范围（a_p 为塑性接触半径）、屈服区接触深度（δ_p）（Thornton，1997）。

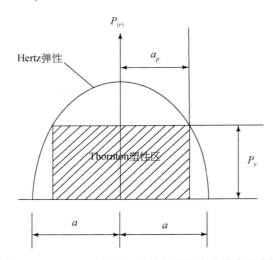

图 5.6　Thornton 理想弹塑性接触截断应力分布示意图

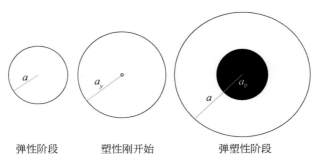

图 5.7　竖向碰撞弹性及弹塑性分析示意图

屈服准则包括：

① P_y 为屈服时刻碰撞体接触面上最大应力，Thornton 没有对此进行深入研究，其后续研究中认为屈服初始时刻 P，为材料屈服强度的 1.6 倍。即

$$P_y = C_v Y \quad (C_v = 1.6) \tag{5.16}$$

式中，Y 为球体的屈服强度。

②Brizmer 等，根据 Hertz 接触理论，假设材料满足 Von Mises 屈服准则条件下，推导了初始屈服接触法向压力的计算公式（5.17），即

$$P_y = C_v Y \quad (C_v = 1.234 + 1.256 v) \tag{5.17}$$

式中，Y 和 v 分别为球体的屈服强度和泊松比。

屈服压应力与初始屈服所对应接触半径之间关系，即当接触半径为 a_y 时，接触区开始发生塑性变形，即

$$p_y = \frac{2 E a_y}{\pi R} \tag{5.18}$$

根据公式（5.19），在碰撞力足够大，能产生塑性变形时，可计算出该碰撞力作用下所产生塑性变形区的半径，即

$$p_y = \frac{3p}{2\pi a^2}\left[1 - \left(\frac{a_p}{a}\right)^2\right]^{\frac{1}{2}} \text{（可求得塑性区半径 } a_p\text{）} \tag{5.19}$$

接触面上任意位置法向压缩量可表达为

$$\delta_{(r)} = \delta - \frac{r^2}{2R} \tag{5.20}$$

屈服区接触深度为

$$\delta_p = \delta - \frac{a_p^2}{2R} \tag{5.21}$$

式中，P 为碰撞力；R 为等效半径；$\delta(r)$ 为接触面上任意位置法向压缩量；δ 为中心点处的法向压缩量，即 $\delta_{\max}$；由以上公式可以得到屈服区域的接触深度 δ_p，接触半径 a_p。

2. 斜碰撞情况

根据前面分析可以知道，当碰撞角度 $\alpha = 0$ 时，为正碰撞；当碰撞角度 $0 < \alpha < \theta$ 时，为微滑；当碰撞角度 $\alpha > \theta$ 时，为斜碰撞，切向克服摩擦力发生滑动。入射角超过了一定角度，切向力超过了基底动摩擦力，从而使块体发生了滑动。当发生正碰撞时，竖向发生 Hertz 接触，竖向地层会发生塑性屈服；切向发生滑动摩擦，产生的摩擦力会对堆积层产生铲刮力，而使地层发生剪切破坏（图 5.8）。因为接触物体形状不同，接触区的形状也不相同，所以通过将接触物体概化为球体，对圆形接触区进行分析。

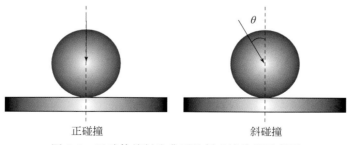

图 5.8　以球体接触为典型的斜碰撞分析示意图

　　因此，对于斜碰撞而言，垂向的力学分析可以根据正碰撞研究中提到的 Hertz 弹性接触理论和 Thornton 理想弹塑性接触理论进行分析。切向方向则可以取单元运用摩尔–库仑准则分析。斜碰撞发生时，斜碰撞入射角超过了临界值 θ，切向动力大于基底反作用撞击体的动摩擦力，即发生了切向滑移，根据牛顿第三定律作用力与反作用力，摩擦阻力又对堆积土层提供了一个主动力 F，称之为铲刮力（图5.9）。

　　此时，碰撞剪切力为

$$F = P\tan\Psi \tag{5.22}$$

松散堆积层土抗剪力为

$$W\cos\beta\tan\varphi \tag{5.23}$$

松散堆积层土正应力为

$$W\cos\beta = Z_b r\cos\beta \tag{5.24}$$

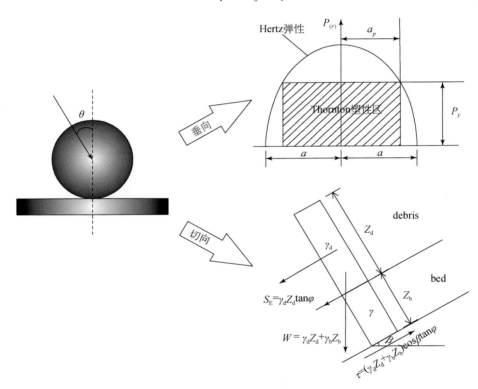

图5.9　球体斜碰撞时垂向和切向力学分析图

　　此时，平衡方程推导得出：

$$P\tan\Psi = W\cos\beta\tan\varphi \tag{5.25}$$

剪切深度为

$$Z_b = \frac{P\tan\Psi}{\gamma\tan\varphi\cos\beta} \tag{5.26}$$

式中，F 为碰撞力所提供主动剪切力；P 为接触面碰撞法向分力；Ψ 为松散堆积表面摩擦角；φ 为松散堆积层土的内摩擦角；γ 为松散堆积层土容重；β 为运动路径坡角；Z_b 为水平剪切对松散堆积土层剪切深度。

在高速远程滑坡的分析中，通过基于 Hertz 理论碰撞接触力解析，可以得出冲击速度对冲击力的影响公式，进而计算撞击力对撞击体的影响，主要是被撞击体的撞击深度及撞击范围。相关计算参数如下：

垂向屈服深度为

$$\delta_p = \delta - \frac{a_p^2}{2R} \tag{5.27}$$

切向剪切深度为

$$Z_b = \frac{p \tan\psi}{\gamma \, \tan\varphi \cos\beta} \tag{5.28}$$

铲刮深度为

$$Z = \delta_p + Z_b \tag{5.29}$$

铲刮接触范围：接触半径 a，屈服半径 a_p。

5.1.3　等效流体理论

高速运动的滑坡-碎屑流由于滑体底部剪切力的快速改变，在滑坡与运动路径基床之间就会发生一定的裹挟铲刮效应。在滑坡-碎屑流运动过程中，前端会对松散堆积层土造成一定的耕犁作用，主滑体对基床松散面进行裹挟，滑体体积不断增长（图 5.10）。软弱的运动基床或含水的液化层，不但使滑动体体积增加，也降低运动摩擦阻力，提供润滑作用，使滑动体保持一定速度远程滑动。

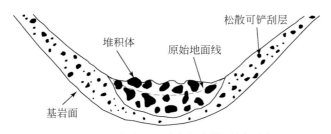

图 5.10　碎屑流运动路径中铲刮剖面图

5.1.3.1　流体阻力模型

滑坡运动堆积过程是一个复杂过程，一般的流体静力学准则、各向同性假设和质量连续假设都不能直接应用于高速远程滑坡-碎屑流的运动分析中，Hungr（1995）提出了"等效流体"理论，假设将复杂的碎屑流体运动等效为一种理想流体物质，这种物质具有简单的内部变形和阻力关系。在流体模型基础上，针对滑坡-碎屑流进行分析，经过经验改进提出了等效流体分析方法。碎屑流与基床之间的主要流动剪切本构模型有：Laminar模型、Turbulent 模型、Plastic 模型、Bingham 模型、Frictional 模型、Voellmy 模型。碎屑流基底阻力对于可铲刮层来讲，也可称之为裹挟铲刮力，大小是由碎屑流厚度和运动速度所决定的（Voellmy，1964）。主要模型介绍如下。

（1）层流模型（Laminar）：当流速很小时，流体分层流动，互不混合，称为层流。层流模型是典型的光滑流线型流动模型，是牛顿流动定律的延伸，雷诺系数相对较小。碎屑流层流运动中剪切力与流速呈正比关系，而与碎屑流的厚度成反比：

$$\tau = \frac{3\mu v}{h} \tag{5.30}$$

式中，μ 为流体动态黏度；v 为碎屑流运动速度；h 为碎屑流体厚度。

（2）湍流模型（Turbulent）：当流速很大时，流线不再清楚可辨，层流被破坏，相邻流层间不但有滑动，还有混合，称为湍流，即紊流。湍流基底剪切阻力与碎屑流流速的平方成比例，可采用曼宁公式计算：

$$\tau = \frac{\rho g n^2 v^2}{h^{\frac{1}{3}}} \tag{5.31}$$

式中，ρ 为碎屑流密度；v 为碎屑流运动速度；h 为碎屑流体厚度；n 为曼宁粗糙系数；g 为重力加速。

（3）塑性模型（Plastic）：适用于塑性剪切模型，塑性行为发生时，基底剪力强度是恒定的：

$$\tau = c \tag{5.32}$$

式中，c 代表一个恒定剪切力，例如，黏土不排水剪切力。

（4）宾汉姆模型（Bingham）：宾汉姆模型是塑性和黏性组合阻力方程，适用于弹性临界屈服强度和黏性强度之间的流体材料。基底阻力通过 3 次方程求得：

$$\tau_{(z=b)}^3 + 3\left(\frac{\tau_{\text{yield}}}{2} + \frac{\mu_{\text{Bingham}} v}{h}\right)\tau_{(z=b)}^2 - \frac{\tau_{\text{yield}}^3}{2} = 0 \tag{5.33}$$

式中，μ 为流体宾汉姆黏度；τ_{yield} 为宾汉姆屈服强度。

（5）摩擦模型（Frictional）：适用于颗粒材料基底摩擦阻力的计算，基底剪切力与碎屑流有效应力是正比关系，孔隙水压力的存在起着关键作用：

$$\tau = (\sigma_z - u)_{(z=b)}\tan\varphi = \sigma'_{z(z=b)}\tan\varphi \tag{5.34}$$

式中，σ_z 为碎屑流正应力；u 为孔隙水压力；z 为碎屑流厚度；σ' 为有效应力。

（6）Voellmy 模型：该模型的运动形式是颗粒摩擦和湍流运动的组合形式。Voellmy 流变模型是 1955 年 Voellmy 提出的，对于一些实例分析中，包括雪崩、岩质崩滑、流动性滑坡、滑坡碎屑流、泥石流等，该流变模型更适用于块体运动的研究分析。

$$\tau = \left(\sigma_{z(z=b)} f + \frac{\rho g v^2}{\xi}\right)_{(z=b)} \tag{5.35}$$

式中，f 为碎屑流与基底的摩擦系数（$f = \tan\varphi$，φ 为摩擦角）；ξ 为碎屑流体的湍流系数，该系数表征流速和表面空气作用的影响；ρ 为碎屑流密度；v 为碎屑流运动速度；σ_z 为碎屑流正应力；g 为重力加速；z 为碎屑流厚度。

Hungr 运用 DAN 软件，选用 23 个滑坡实例对 Frictional、Voellmy、Bingham 三种流变模型进行了详细的对比分析。Voellmy 模型得到的结果与真实滑坡较为一致；Frictional 模型得到的结果与真实滑坡相比，堆积厚度较薄、运动速度较大；Bingham 模型经常高估了滑坡的运动距离和运动速度。针对高速远程滑坡–碎屑流在不同运动阶段的流体特性变化，可以选取不同流变模型来进行分析研究。

5.1.3.2　裹挟铲刮力学分析

滑坡–碎屑流等效流体在基床面上高速运动时，底部剪切裹挟铲刮松散可铲刮层（图5.11）。本节取单元对碎屑流铲刮作用进行力学模型建立，分析碎屑流厚度和运动速度对铲刮深度的影响（Iverson，2012）。

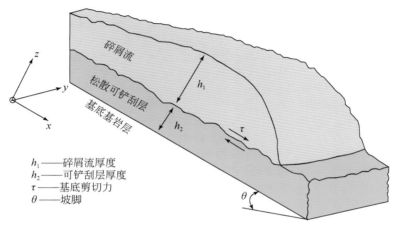

图 5.11　滑坡–碎屑流裹挟铲刮作用模型

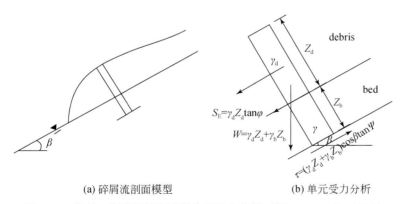

(a) 碎屑流剖面模型　　　　　(b) 单元受力分析

图 5.12　滑坡–碎屑流裹挟铲刮单元受力分析（据 McDougall，2006）

图 5.12 中主要参数说明如下：β 为滑动面与水平面的夹角；γ_d 为碎屑流容重；Z_d 为碎屑流的厚度；Z_b 为被铲刮层的厚度；重力公式：$W = \gamma_d Z_d + \gamma_b Z_b$，$P$ 为 Hertz 碰撞力；Ψ 为堆积土的内摩擦角；φ 为碎屑流与基底的等效摩擦角；u 为孔隙水压力。

碎屑流流动过程中，基床堆积层土会对其上的碎屑流产生摩擦阻力。根据牛顿第三定律作用力与反作用力定律可得，摩阻力也会对堆积层下部产生剪切力，所以该剪切力（以下称为铲刮力）就等于基底面对碎屑的动摩擦力。在不考虑力矩的情况下，可采用流体阻力模型中不同的分析模型，利用铲刮力与堆积层下部的抗剪切力平衡，由此可以求出铲刮的深度。其中滑坡-碎屑流裹挟铲刮单元受力分析如图5.12所示。

1. 含水液化层裹挟铲刮力学分析

当剪切层为饱和含水层时，部分物源由于裹挟铲刮作用被夹带走，同时由于快速剪切运动，孔隙水压力快速升高，剪切层有效应力降低，抗剪强度或摩阻力明显下降，出现液化减阻效应，从而导致碎屑流运动距离增大。本小节选取摩擦模型，推导在排水剪切和不排水剪切情况下，碎屑流的裹挟铲刮深度。

（1）排水剪切

下滑力：$S = W\sin\beta$；

抗剪力（摩尔-库仑准则）：$\tau = \sigma\tan\varphi$，其中，正应力 $\sigma = W\cos\beta$，孔隙水压力 $u = \gamma_w (Z_d + Z) \cos\beta$；

则 $\tau = (\sigma - u) \tan\varphi$。

根据平衡方程：$S = \tau$；

则 $(\sigma - u) \tan\varphi = W\sin\beta$

那么铲刮深度为

$$z = z_d \left[\frac{\dfrac{\gamma_d}{\gamma}\left(1 - \dfrac{\tan\beta}{\tan\varphi}\right) - \dfrac{\gamma_w}{\gamma}}{\dfrac{\gamma_w}{\gamma} - \left(1 - \dfrac{\tan\beta}{\tan\varphi}\right)} \right] \tag{5.36}$$

（2）不排水剪切

下滑力：$S = W\sin\beta$；

抗剪力（摩尔-库仑准则）：$\tau = \sigma\tan\varphi$，其中，正应力 $\sigma = W\cos\beta$，孔隙水压力 $u = (\gamma_d Z_d + \gamma_w Z) \cos\beta$；

则 $\tau = (\sigma - u) \tan\varphi$；

根据平衡方程：$S = \tau$；则 $(\sigma - u) \tan\varphi = W\sin\beta$；

那么铲刮深度为

$$z = z_d \left[\frac{-\dfrac{\gamma_d\tan\beta}{\gamma\tan\varphi}}{\dfrac{\gamma_w}{\gamma} - \left(1 - \dfrac{\tan\beta}{\tan\varphi}\right)} \right] \tag{5.37}$$

上面是选择摩擦模型对饱和表层土的裹挟铲刮作用进行了分析。同时，在碎屑流的运动过程中，根据碎屑流的不同形态，也可以选用 Voellmy 模型、Bingham 模型等其他流变模型进行解析。

2. 干堆积层裹挟铲刮力学分析

当剪切层为干燥堆积层时，液化效应不会出现，运动以单纯的裹挟铲刮为主，这一过程减阻作用是主要特征。本小节选取摩擦模型和 Voellmy 模型推导碎屑流的裹挟铲刮深度。

（1）摩擦模型

下滑力：$S = W\sin\beta$；

碎屑流提供的铲刮力：$F = \mu W_d \cos\beta = W_d \cos\beta \tan\phi$；其中 W_d 为碎屑流重力，μ 为碎屑流与堆积层之间的摩擦系数，ϕ 为摩擦角；

堆积土层抗剪力符合摩尔-库仑准则，$\tau = \sigma \tan\varphi$；其中 φ 为堆积层土内摩擦角；不考虑 c 黏聚力，正应力：$\sigma = W \cos\beta$；

那么，$\tau = \sigma \tan\varphi = W \cos\beta \tan\varphi$；

根据平衡方程 $F = \tau$；得出：$W_d \cos\beta \tan\phi = W \cos\beta \tan\varphi$。

那么铲刮深度为

$$z_b = \frac{\gamma_d z_d (\tan\phi - \tan\varphi)}{\gamma_b \tan\phi} \tag{5.38}$$

分析认为：①$\gamma_d z_d$ 越大（正应力越大）铲刮深度越大；②$\tan\varphi - \tan\psi$ 越大，铲刮深度越大；③z_d 越大，铲刮深度越大；④γ_d 越大，γ_b 越小，铲刮深度越大。

（2）Voellmy 模型

基底阻力模型为：$\tau = \sigma f + \dfrac{\rho g v^2}{\xi}$（铲刮力）；

根据平衡方程：$W_d \cos\beta f + \dfrac{\rho g v^2}{\xi} = W \tan\phi$；

得出：$W_d \cos\beta f + \dfrac{\rho g v^2}{\xi} - \gamma_d z_d \tan\phi = \gamma_b z_b \tan\phi$；

那么铲刮深度为

$$z_b = \frac{\gamma_d z_d f \cos\beta + \dfrac{\gamma_d g v^2}{\xi} - \gamma_d z_d \tan\phi}{\gamma_b \tan\phi} \tag{5.39}$$

分析认为：①$\gamma_d z_d (f \cos\beta - \tan\phi)$ 越大（正应力越大），铲刮深度越大；②$\gamma_b \tan\phi$ 越小，铲刮深度越大，即：碎屑流容重越大，基床松散土层容重和内摩擦角越小，铲刮深度越大；③碎屑流运动速度 v 越大，铲刮深度越大。

5.2　高速远程滑坡碎屑流碰撞铲刮灾害链

鸡冠岭斜坡发生崩塌后，高陡岩体在崩滑阶段积累的能量短时间释放，崩滑体产生较大的剪出速度，并加速了破碎解体过程，崩塌体在运动过程产生碰撞、铲刮效应，形成碎屑流入江后激起涌浪。高陡斜坡、深切沟谷的地貌条件对鸡冠岭岩质崩滑-碎屑流的流态化过程起到了重要作用。

5.2.1　鸡冠岭崩滑碎屑流基本特征

武隆县鸡冠岭陡倾斜坡失稳后，崩滑体的巨大势能转化成动能，获得较大初始速度，此过程伴随着能量损失，并加剧了岩体的破碎。崩滑体在沿深切沟谷顺坡向往下滑动过程中，由于受到基岩和下部凸起地形的阻挡，进一步碰撞解体破碎，形成碎屑流，并一分为二。一股往南东侧发生微小角度偏转，沿着黄岩沟进入乌江，形成边滩堆积体；另一股经由龙冠咀北西侧沿 NE45°方向流动，沿途铲刮裹挟沟谷表层坡积土，冲入乌江，激起高达 30m 的涌浪，并在江心形成碎石堆积坝，堵塞乌江航道超过数月（图 5.13）。

图 5.13 重庆武隆县鸡冠岭崩滑碎屑流滑后全貌

5.2.1.1 碎屑流分区

根据鸡冠岭崩滑碎屑流的运动特征，可将其分为崩滑区和碎屑流堆积区，如图 5.14 所示。

（1）崩滑区：鸡冠岭层状岩体因采空失去有效支撑，在重力作用下产生倾覆弯矩，弹性势能开始累积，倾倒变形不断增大，随着进一步的采空，上覆层状岩体逐层依次破坏，挤压下伏岩体剪出，发生倾倒-滑移式崩滑，滑体累积的能量在短时间内释放，转化为动能，失稳后获得较大的启动速度。

（2）碎屑流区：崩塌体剪出后，沿前缘临空方向向下运动，受到前部山岭龙冠咀的阻挡，发生碰撞。碰撞加速了岩体的破碎解体程度，使之进一步流态化，形成碎石块体；受沟谷地形限制，崩塌体分成两股碎屑流，涌入江中形成堵江坝体。碰撞点高程约 360m，崩滑体前缘高程约 440m，碰撞速度可根据 Scheidegger（1973）提出的公式（5.40）进行估算：

$$v = \sqrt{2g(h - fl)} \tag{5.40}$$

式中，f 为等效摩擦系数。

根据 Hungr（1995）滑坡体积与摩擦角度的统计关系，可知鸡冠岭（400 万 m³）对应的等效摩擦系数 $f=0.48$，代入公式（5.40），计算得出的碰撞点速度为

$$v_{cr} = \sqrt{2 \times 9.8 \times (80 - 0.48 \times 120)} = 20.95 \text{m/s}$$

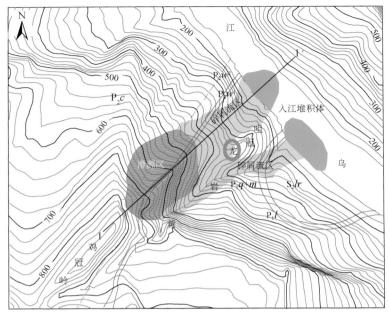

图 5.14　重庆武隆县鸡冠岭崩滑碎屑流空间分区

　　碎屑流区存在明显的铲刮效应。据实地调查，黄岩冲沟侧壁残余有明显的铲刮痕迹，龙冠咀底部以及北东侧地表的表层坡积物和基岩风化层均被铲刮裹挟，与碎屑流体一起冲入乌江，铲刮过后地表露出志留系灰色页岩，如图 5.15 所示。

图 5.15　重庆武隆县鸡冠岭底部基岩铲刮痕迹

5.2.1.2　碎屑流运动特征

　　根据滑前滑后地形图 DEM 比对和工程勘查资料，鸡冠岭崩滑体积约为 400 万 m³，堆积后体积为 450~500 万 m³。崩滑体沿山脊走向纵长约 250 m，宽约 200 m，平均厚度约

80 m。崩塌区南西侧后缘陡崖三角面高程为 780 m，位于黄岩沟一侧的剪出口高程约
450 m，相对高差约 330 m，如图 5.16 所示。

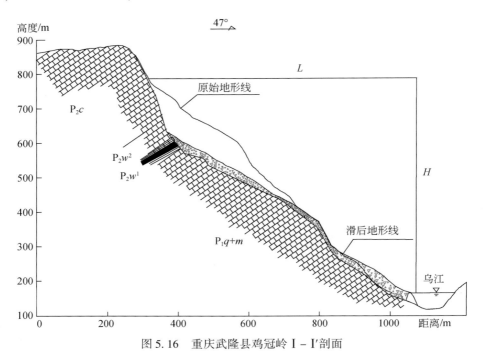

图 5.16　重庆武隆县鸡冠岭 I – I′剖面

鸡冠岭崩滑体剪出后，在运动过程中发生碰撞，并在碰撞处发生分流，一部分在黄岩
沟沟口处形成扇形状堆积体，另一部分则顺着坡向冲入乌江，形成堵江坝体，入江部分达
30 万 m³，坡体后缘至入江部分水平距离约 $L = 800$ m，高差约 $H = 630$ m，运动距离约
980 m。

对于龙冠咀北东侧的碎屑流体，入江口海拔为 160m，碎屑流前缘到江边滑动距离约
470m，其入江速度为

$$v_{j1} = \sqrt{2 \times 9.8 \times ((440 - 160) - 0.48 \times 470)} = 32.65 \text{m/s}$$

对于黄岩沟的碎屑流体，入江口海拔为 160m，碎屑流前缘到江边滑动距离约 520m，
其入江速度为

$$v_{j2} = \sqrt{2 \times 9.8 \times ((440 - 160) - 0.48 \times 520)} = 24.02 \text{m/s}$$

5.2.1.3　碎屑流堆积特征

1994 年 4 月 30 日，鸡冠岭崩滑体失稳后，龙冠咀北西侧入江部分完全堵江，形成第
一道拦江坝，使乌江断航；黄岩沟沟口处堆积体呈半堵江状态，堆积厚度 15～20m，沟中
堆积物厚度最大达 50m。当年 6 月 24 日降雨量 40mm，7 月 2 日降雨量达 70mm，3 日黄岩
沟中部以下约 70 万 m³ 块石发生塌滑，形成边滩堆积体，约 10 万 m³ 崩积物滑入江中，涌
浪高达 10～15m，形成第二道堆积坝，加剧了航道阻塞。历经变化之后的堆积体相互镶嵌

堆积覆盖在基岩面上，基本上达到稳定状态。碎屑流堆积区平面形态大致呈撮箕形，北东向。纵向长度大约 710m，前缘宽度大约 550m，平均分布面积 $2.1 \times 10^5 \mathrm{m}^2$。堆积区总体积为 $4.3 \times 10^6 \mathrm{m}^3$，其中斜坡上为 $3.4 \times 10^6 \mathrm{m}^3$，岸边上 $5 \times 10^5 \mathrm{m}^3$，江中为 $1.4 \times 10^5 \mathrm{m}^3$，如图 5.17 所示。

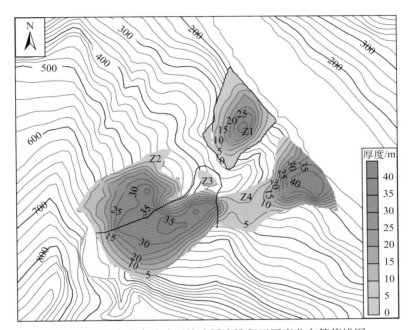

图 5.17　重庆武隆县鸡冠岭碎屑流堆积区厚度分布等值线图

根据堆积体的空间分布规律，可划分四个堆积区：Z1、Z2、Z3、Z4，分区的基本参数如表 5.1 所示。

表 5.1　重庆武隆鸡冠岭崩滑-碎屑流体堆积区分布参数

堆积区	Z 1	Z 2	Z 3	Z 4	总计
面积/$\times 10^4 \mathrm{m}^2$	3.1	6.2	6.3	5.0	20.6
体积/$\times 10^4 \mathrm{m}^3$	84	62	220	65	431
平均坡度/(°)	32	36	36	36	—

Z1 区（图 5.18a）处于龙冠咀与小歇槽之间，平面形态呈"斧"形，走向大致呈 NE33°，长 175～240m，宽 110～190m，平均厚度为 27m。堆积体成分主要为灰岩巨石、碎块灰岩页岩夹褐黄色碎屑黏土。块度按堆积区走向线从上至下变大，上部以褐黄色碎屑黏土夹灰岩页岩碎石、灰岩碎石为主。中下部以灰岩巨石夹 0.5～1.0m 左右的碎石及褐黄色黏土为主。岩块块径 2～4m，最大可达 10～20m，斜坡上堆积体孔隙比约为 30%。

Z2 区（图 5.18b）起于鸡冠岭陡崖三角面脚下止于龙冠咀与小歇槽间 $P_1 q + m$ 的厚层灰岩陡坡平台上。该区轴走向 NE60°，总体呈宽缓的槽脊，长约 280～360m，宽约 170m。堆积岩石碎块以燧石灰岩为主，页岩块体依稀可见。灰岩坡面发现有擦痕。块度由小到大总体上渐变过渡；西侧以小于 1.0m 为主，中部以 1～2m 为主，东侧以大于 3m 大岩块为主，个别块体达 30m×10m×5m。形成以大岩块为主体的堆积体。在大歇槽 520m 标高下至岩崩体前缘的基岩一带岩块以小于 3m 者为主。

Z3 区（图 5.18c）处于鸡冠岭陡崖东侧（当地称垮龙湾）沿黄岩沟至龙冠咀之间。走向 NE61°，长约 370m，宽 90m～190m。其中 Z3 上部处于垮龙湾到标高为 530m 左右的煤灰坡积平台部分，吴家坪组的煤层风化剥落及页岩碎屑在此堆积形成黑色盾形三角锥，下宽 170m，堆积高度达 90 余米，由于煤粉在此剥落堆积充填，地表仅现 3～18m 的巨石。Z3 下部沿黄岩沟往下至于龙冠咀尾部转折处，以黄岩沟西岸出露基岩为界，与 Z2 相邻，该区以巨砾为主，块度大于 3m 的灰岩巨石占 35%，1～2m 的占 55%，巨石间的架空一般为 0.2～0.5m，局部达 1m 以上，此段基本无充填。

Z4 区（图 5.18d）位于乌江边滩处，平面形态上窄下宽呈扇形，朝向乌江富人沱。该区走向 NE68°，堆积体长约 370m 左右，宽 90～330m。堆积体结构松散，架空现象明显。Z4 上部位于陡崖间的锁口地段，沟内地貌为三条支沟夹两条短轴状巨型石垄，石垄脊部为巨石架空堆积体，右翼为 <1m 块石夹巨石，支沟底部及旁侧以小于 0.1m 的碎石为主，夹有 3m 左右的巨石，充填物为褐黄色碎石黏土，堆积体结构松散，稳定性较差。Z4 下部地形总体开阔宽缓，斜坡上段大于 3m 的巨石占 20%，0.5～2.0m 占 40%，小于 0.5m 的碎石及含褐黑色粉煤灰黏土占 40%，巨石呈架空堆积，垂直厚度 5～10m 左右；中部平缓开阔，呈架空状岩块堆积体厚度 1～3m，块度大于 1m 占 85%，其下部为褐黑色粉煤灰碎石土充填在块石灰岩堆积穴间，含量占 40%。

图 5.18　重庆武隆县鸡冠岭碎屑流堆积体分区及物质分布

5.2.2　鸡冠岭崩滑碎屑流动力特性模拟

5.2.2.1　DAN-3D 原理

DAN-W（Dynamic Analysis）是加拿大学者 Hungr 开发的用于模拟崩滑–碎屑流的动力分析软件，其基本思想是将滑体等效为连续介质流体模型，通过不同流变关系，设定滑坡的滑动路径及参数，模拟运动速度、时间、路程以及堆积体等特征。DAN 是高速滑坡后处理分析工具，国际上取得较多成果，如 Hungr、Evans 等对多个滑坡进行模拟，并给出 DAN 的模型参数建议范围，Panya（2008）再现了 Mount Steele 雪崩引起的碎屑流运动过程，Maria 指出 DAN 能准确地模拟滑体速度以及滑程。DAN-3D 是在 DAN-W 基础上考虑地形因素的三维动力分析模拟软件，能够较为准确的反映地表形态对滑坡碎屑流运动的影响，用于对已发生的高速远程滑坡实例进行反演分析，也可对潜在滑坡的影响范围进行预测分析（Hungr，2010）。

（1）分析方法

滑坡体是由多种多样的复杂的材料构成，现在把它假设为具有简单流变性质的运动模型，一般只涉及两个可以容易被确定的阻力参数（摩擦系数 φ 和湍流系数 ξ）。流变模型及其参数是利用试算法对滑坡运动的整个过程进行模拟，而后将模拟得到的运动距离、堆积厚度和运动速度同现实中滑坡进行比较选择，得到的校准参数被认为是和真实滑坡是等效的，但并不是实际滑坡的材料参数。该软件程序减少对实验室获取材料参数和本构关系的依赖性，并可以对已建立的流变模型和未来可能提出的流变模型进行比较。随着各种滑坡事件校准，模型能够为滑坡危险性评价进行预测。通过对大量高速远程滑坡–碎屑流运动模拟分析，总结相同的类型滑坡参数取值范围，进而对一些潜在未发生的滑坡进行评估。

（2）控制方程

该模拟方法是基于流体的圣维南方程拉格朗日解，适用于表面层流、湍流、一般土体流动及碎屑流等。根据右手准则，在笛卡尔坐标系中（x，y，z），进行单元分析，z 为滑动基床法线方向。在流动体基础上取材料单元进行应力状态分析，如图 5.19 所示。

表面层流典型控制方程假设，源于 Chow（1959）提出，认为：①流体深度是逐渐变化的，且与滑坡面积相比是很小的（流动方向大致与滑动机床平行）；②流动材料是不能被压缩的；③流动体为自由表面。由于 τ_{xz} 和 τ_{xz} 与基床面垂直和正应力方向一致，对于 z 方向的动量守恒可忽略 τ_{xz} 和 τ_{xz}。通常法向方向作为静水压力来分析。材料流体经过三维地形时，由于流动路径的曲率，向心加速度 a_z 为

$$a_z = v^2 k_z \tag{5.41}$$

式中，v 是等效流体流动方向的速度；k_z 为流动路径曲率。

基床正应力 σ_z 为

$$\sigma_z = \rho h (g\cos\alpha + a_z) \tag{5.42}$$

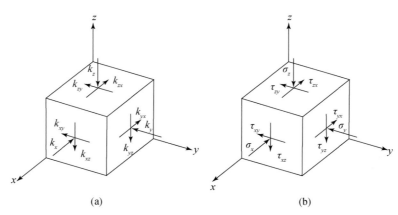

图 5.19　单元块体应力分析（据 Hungr，2010）

式中，ρ 为等效流体密度；h 为流体深度；α 为流体基床坡角；a_z 向心加速度。

该模拟方法对滑坡计算的控制方程主要有两个，即质量守恒定理和动量守恒定理。

质量守恒定理单元分析方程（假设被铲刮体和流动体是同种材料，密度相同）为

$$\frac{\partial h}{\partial t} + h\left(\frac{\partial v_x}{\partial x} + \frac{\partial v_y}{\partial y}\right) = \frac{\partial b}{\partial t} \tag{5.43}$$

式中，b 为流动体对基底的铲刮深度；v_x 和 v_y 分别为流体 x、y 方向的速度；t 为时间；

动量守恒定理单元分析方程如下：

X 方向：

$$\rho h\,\frac{\partial v_x}{\partial t} = \rho h g_x + k_x\sigma_z\left(-\frac{\partial h}{\partial x}\right) + k_{yx}\sigma_z\left(-\frac{\partial h}{\partial y}\right) + \tau_{zx} - \rho v_x\,\frac{\partial b}{\partial t} \tag{5.44}$$

Y 方向：

$$\rho h\,\frac{\partial v_y}{\partial t} = \rho h g_y + k_y\sigma_z\left(-\frac{\partial h}{\partial y}\right) + k_{xy}\sigma_z\left(-\frac{\partial h}{\partial x}\right) + \tau_{zy} - \rho v_y\,\frac{\partial b}{\partial t} \tag{5.45}$$

式中，ρ 为等效流体密度；h 为流体深度；v_x 和 v_y 分别为流体 x、y 方向的速度；b 为流动体对基底的铲刮深度；τ_{zx} 和 τ_{zy} 分别为流体基底剪切力（可选用不同的流变阻力模型）；g 为重力加速度；k_x、k_y、k_{xy} 和 k_{yx} 为切应力系数；σ_z 为等效流体对流动基床的正应力。

（3）模拟方法

光滑粒子流体动力学方法（Smoothed Particle Hydrodynamics，SPH）是近 20 多年来逐步发展起来的一种无网格方法，该方法的基本思想是将连续的流体（或固体）用相互作用的质点组来描述，各个物质点上承载各种物理量，包括质量、速度等，通过求解质点组的动力学方程和跟踪每个质点的运动轨道，求得整个系统的力学行为。这类似于物理学中的粒子云（particle-in-cell）模拟，从原理上说，只要质点的数目足够多，就能精确地描述力学过程。虽然在 SPH 方法中，解的精度也依赖于质点的排列，但它对点阵排列的要求远远低于网格的要求。由于质点之间不存在网格关系，因此，它可避免极度大变形时网格扭曲而造成的精度破坏等问题，并且也能较为方便地处理不同介质的交界面。SPH 的优点还在于它是一种纯 Lagrange 方法，能避免 Euler 描述中欧拉网格与材料的界面问题，因此特别

适合于求解高速碰撞等动态大变形问题（McDougall，2006）。SPH 示意图如图 5.20 所示。

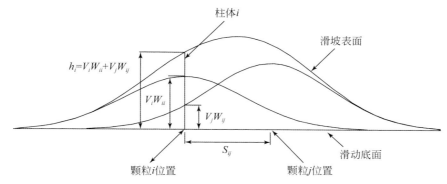

图 5.20 SPH 自由插值法概化示意图（据 McDougall，2006）

DAN-3D 软件的运用中，将滑坡体总体积分多个粒子，每个粒子都有一个有限的体积，材料的密度被认为是一致的，滑坡的铲刮作用可能会使体积增加。流体单元柱体的厚度和该区域的体积是正比的，并且是相邻颗粒深度相加所得，所以流动体单元柱体的深度可用插值总和计算得到，即公式（5.46）。

$$h_i = \sum_{j=1}^{N} V_j W_{ij} \tag{5.46}$$

流体厚度梯度为

$$\nabla h_i = \sum_{j=1}^{N} V_j \nabla W_{ij} \tag{5.47}$$

式中，V 为每个颗粒的体积，W 为差之内核，i 和 j 为颗粒编号。

i、j 两颗粒之间的直线距离为

$$s_{ij} = (x_{ij}^2 + y_{ij}^2 + z_{ij}^2)^{\frac{1}{2}} \tag{5.48}$$

由公式（5.47）、公式（5.48）可求得，X 和 Y 分量方程为

$$\left(\frac{\partial h}{\partial x}\right)_i = \sum_{j=1}^{n} V_j \left|\frac{\partial W}{\partial s}\right|_{ij} \frac{x_{ij}}{\sqrt{x_{ij}^2 + y_{ij}^2}} \tag{5.49}$$

$$\left(\frac{\partial h}{\partial y}\right)_i = \sum_{j=1}^{n} V_j \left|\frac{\partial W}{\partial s}\right|_{ij} \frac{y_{ij}}{\sqrt{x_{ij}^2 + y_{ij}^2}} \tag{5.50}$$

根据 Monaghan（1992）建议，目前的模型采用高斯插值内核为

$$W_{ij} = \frac{1}{\pi \ell^2} \exp\left[-\left(\frac{s_{ij}}{\ell}\right)^2\right] \tag{5.51}$$

ℓ 为光滑长度（所有粒子的 ℓ 相等），这是一个衡量内核宽度的值，即确定每个粒子的影响半径（Benz，1990）。

$$\ell = \frac{B}{\sqrt{\dfrac{\sum_{i=1}^{N} \dfrac{h_i}{V_i}}{N}}} \tag{5.52}$$

式中，N 为总粒子的数量，B 为光滑系数无量纲量。

综上所述，SPH 方法对于给定的每个颗粒体积和给定时间条件下，厚度和厚度梯度可以通过参考柱体区域计算出，并满足连续性，根据动态方程在下个时步继续计算，可用于高速远程滑坡–碎屑流运动过程中堆积特征的动态分析（McDougall and Hungr，2004）。

（4）流体基底阻力模型

等效流体基底阻力模型主要包括层流模型（Laminar）、湍流模型（Turbulent）、塑性模型（Plastic）、宾汉姆模型（Bingham）、摩擦模型（Frictional）、Voellmy 模型。选用合适的流体基底阻力模型，得到相应的 τ_{zx} 和 τ_{zy} 进行计算分析。

（5）基底阻力模型

在 DAN 分析中，基底阻力是由滑坡物质的流变特性得到，因此流变关系的选择极为重要，它在很大程度上影响着模拟的滑坡运动能否表现出与真实滑坡一致的行为。该软件采用的主要流变模型有：Frictional 模型、Voellmy 模型、Plastic 模型、Newtonian 模型、Bingham 模型。许多模拟实例表明：Frictional、Voellmy 两种流变模型能够较好的反应出滑坡的运动行为，其流变关系式如下所述（Hungr and McDougall，2009）。

Frictional 模型，假设阻力 T 仅为作用在基底上的有效正应力的函数，表达式如下：

$$\tau = A\gamma H\left(\cos\alpha + \frac{a_c}{g}\right)(1 - r_u)\tan\phi \tag{5.53}$$

式中，τ 为基底阻力，γ 为单位重度，H 为滑坡体深度，α 为坡角，$a_c = v^2/R$ 为离心加速度，它的值取决于路径的曲率，r_u 为孔隙水压力系数，ϕ 为摩擦角。

Voellmy 模型与 Frictional 模型相比增加了湍流项，表达式如下：

$$\tau = A\left[\gamma H\left(\cos\alpha + \frac{a_c}{g}\right)\tan\phi + \gamma\frac{v^2}{\xi}\right] \tag{5.54}$$

式中，湍流系数 ξ 与速度的 2 次方成比例，其参数与公式（5.53）一致。

5.2.2.2　崩滑碎屑流全过程模型

根据崩塌发生前后的地形图生成鸡冠岭崩滑区 DEM 模型（图 5.21）。

DAN-3D 软件中，Frictional、Voellmy 两种流变模型经常运用于高速运动流体动力学模拟。在模拟的过程中，不同的阶段可以选取相同的流变模型，例如 FFF 模型、VVV 模型；考虑在碎屑流滑行过程中各阶段流变性质的不同，也可采用不同的复合流变模型，例如 FVV 模型、FVF 模型。根据试算结果对比选择参数，并考虑实际情况，给出的最佳模拟参数及相应模型如表 5.2 所示。F 表示 Frictional，摩擦流动模型。数值模型共设置两个铲刮区，铲刮区位置如图 5.13 所示。铲刮区 I 对应材料 3，铲刮区 II 对应材料 2，其中，对于崩塌源区主体（材料 1）而言，根据估算的等效摩擦系数 0.48 可知，对应的角度为25.6°，近似值取 25°。铲刮区的存在无疑会使等效摩擦系数局部上有所提高，因此，取铲刮区 I 的摩擦角为 28°，铲刮区 II 摩擦角为 30°。对于干燥的岩石碎块，内摩擦角一般设为 35°。

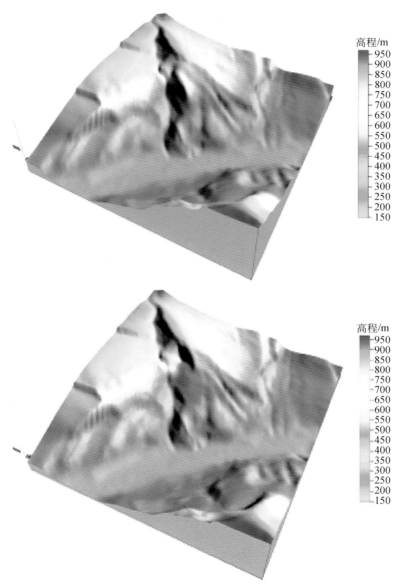

图 5.21　重庆武隆县鸡冠岭碎屑流三位数字高程模型

表 5.2　鸡冠岭计算模型参数取值表

材料编号	模型	容重/(kN/m³)	摩擦角/(°)	内摩擦角/(°)	最大铲刮深度/m
1：滑源区	F	24	25	35	0
2：铲刮区 II	F	20	30	20	10
3：铲刮区 I	F	24	28	35	5

　　采用 DAN-3D 模型计算得到鸡冠岭崩塌-碎屑流运动全过程如图 5.22 所示。

　　0～10s 阶段，鸡冠岭崩滑体自滑源区启动之后，沿前缘临空方向向下运动，破碎解体

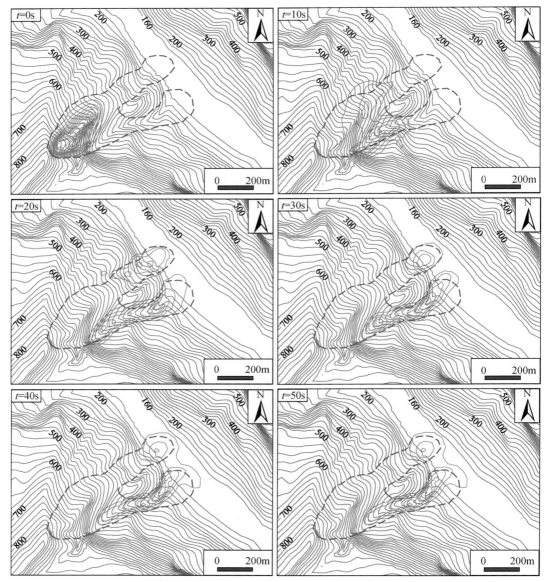

图 5.22　重庆武隆县鸡冠岭崩滑碎屑流运动模拟过程（厚度等值线为 10m 间隔）

为碎块体，同时岩体的巨大势能转化成动能，崩积体获得较大的速度，由于受到凸起地形的阻挡作用，崩塌体与龙冠咀发生碰撞，进一步破碎解体，并在此处分流，化成两股碎屑流（$t=10s$），一股往南东侧发生偏转，沿着黄岩沟往乌江流动，另一股则由龙冠咀北西侧往 NE45°方向顺坡流动。

　　10～20s 阶段，对于黄岩沟侧的碎屑流，由于黄岩沟沟口小，碎屑流流经的通道截面变小，碎屑流的厚度在龙冠咀处明显变大，最大厚度约 40m（$t=20s$）；碎屑流前缘冲入乌江，在黄岩沟沟口处形成扇形状堆积体，形成堵江坝体，后部的碎屑流沿途进行堆积。另一股碎屑流体受到较小的基地摩擦作用，迅速往下流动，沿途铲刮挟带山体表层坡积土及表层风化基岩，冲入乌江，形成拦江坝。

20~40s 阶段，黄岩沟一侧的碎屑流入江后，堆积体仍然往两侧散开，并与另一股碎屑流的散开部分连通，形成"8"字形堆积体，模拟结果的堆积形态和实际比较相符。

40s 之后，堆积体基本上保持一致，不再发生变化，说明碎屑流运动已停止，碎屑流的完成时间约40s。

从运动过程来看，DAN-3D 能够体现滑坡的各个过程，包括碰撞、铲刮以及爬高等。从运动效果来看，堆积体的运动基本上在碎屑流轮廓之内运动，说明模拟效果还是比较理想的。

5.2.2.3　堆积体分布特征对比

鸡冠岭崩滑碎屑流的滑后堆积形态如图 5.23 所示。对于黄岩沟一侧的碎屑流区而言，堆积体的特征和实际相比显然还是比较一致的，堆积体充填了整个黄岩沟，往两侧地形散开的体积较少，沟中的最大堆积厚度达到60m；沟口下方由于地形变阔，堆积体往两边散开，在江中堆成簸箕状的堆积体，最大堆积厚度约40m，显然堆积体的分布面积比实际的略大。对于龙冠咀北侧的碎屑流体，碎屑流体在岸边残留较少，大部分均在江中分布，最大堆积厚度约30m。模拟的堆积体分布面积大于实际分布面积。

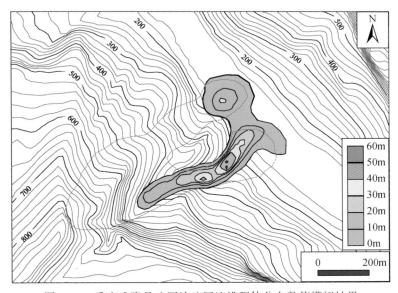

图 5.23　重庆武隆县鸡冠岭碎屑流堆积体分布数值模拟结果

DAN-3D 模拟中，是把滑坡体等效为流体，对于土质滑坡和破碎岩体滑坡来说，在模拟的时候会比较符合实际情况，但是对于大块体岩质滑坡来说，模拟的堆积分布特征和实际会有差距，比如本次模拟中，崩塌源区基本没有堆积体分布，和实际情况存在一定的误差。另外，由于河流在地形表示中默认是和最低地形的高程是一致的，在模拟中无疑会使河流段的堆积体运动范围变大，因此，模拟的堆积体面积大于滑坡轮廓是不可避免的。

5.2.2.4 速度特征

碎屑流体在整个运动过程中的最大速度分布如图 5.24 所示，其中崩滑启动区最大速度范围为 15～20m/s，碰撞区的速度是 20～25m/s，碎屑流区的速度为 10～40m/s，入江处碎屑流速度范围为 15～35m/s。图 5.24 中设置的监测点 1 表示碰撞点，点 2、3 表示两股碎屑流的入江点。

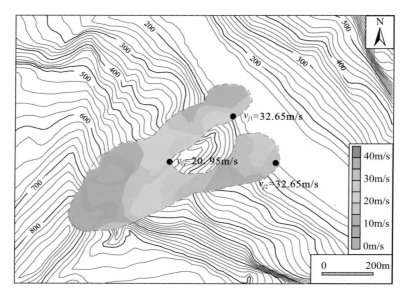

图 5.24 重庆武隆县鸡冠岭碎屑流最大速度分布图

点 1 的速度估算值为 20.95m/s，模拟碰撞区的速度范围是 20～25m/s，两者非常吻合。点 2 速度值为 32.65m/s，模拟的速度范围为 15～25m/s，显然，入江速度的估计值误差相对较大。主要误差原因是等效摩擦系数是根据统计结果得出的，并不能很好的适应每一个滑坡；另一方面，由于龙冠咀北侧的碎屑流在入江前铲刮挟带小歇槽以下的基岩表面风化层及坡积物，碎屑流体的速度下降幅度会大，因此，对于此段碎屑流速度的计算，可以通过适当提高等效摩擦系数的数值修正误差。

点 3 的速度值为 24.02m/s，模拟的速度范围为 30～35m/s，此处误差可能在于模型计算黄岩沟中下段设置了铲刮区，由于软件模型的固有模式限制，铲刮区并不能很好地表现深切冲沟的摩阻作用，因此，模拟的速度偏大。

从速度变化规律来看，崩塌体启动之后一直到碰撞区，速度不断变大，碰撞发生后，黄岩沟一侧的碎屑流体速度随着沟的截面变小速度反而增大，原因可能在于碰撞之后形成的碎块石具有更大的速度，另一方面，在碎屑流通道区由宽变窄过程中，假设单位时间内碎屑流体流量不变，那么截面小处的流体速度就大。同理，碎屑流体在泻出沟口后速度逐渐降低。

5.3　高速远程滑坡碎屑流液化效应

大型岩质高速滑坡往往发生在高陡山区，滑坡在向下滑动过程中会经历较长的河谷地段或较缓斜坡，当滑动路径上具备了部分饱水或完全饱水的堆积层时，滑体底边界与堆积层表面之间会发生边界层效应，从而导致液化–流滑现象出现，这对于滑坡最终发展为高速远程滑坡–碎屑流具有重要意义。例如，2010 年乌江上游贵州关岭县岗乌滑坡（Xing et al.，2014）和云南镇雄县赵家沟滑坡（Yin et al.，2016）就是这一类型。

5.3.1　贵州关岭岗乌高速远程滑坡–碎屑流

5.3.1.1　基本特征

2010 年 6 月 28 日下午 14 时，贵州省关岭县岗乌镇因强降雨触发高速远程滑坡–碎屑流灾害，造成大寨村 2 个村民组 99 人遇难。滑坡发生时，体积约 123 万 m³ 的崩滑体沿 NE 向高速滑动约 500 m，撞击铲刮对面小山坡，造成永窝村民组 21 户村民遇难，偏转 90° 后继续以高速碎屑流形式流动 1000 m，裹挟大寨村民组一带的表层堆积体，造成大寨村民组 16 户村民遇难（图 5.25）。极端强降雨是触发该起高速远程滑坡–碎屑流灾害的主要原因，2010 年 6 月 27 日至 28 日，累计降雨量达 310mm，其中，27 日晚 8 时至 28 日 11 时约 15h 内（滑坡临滑前 3h），累计降雨量即达到 237 mm，超过了当地近 60a 来的气象记录（图 5.26）。

图 5.25　贵州关岭滑坡–碎屑流滑后遥感影像（S 表示取样位置）

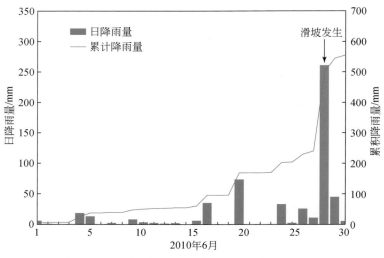

图5.26   贵州关岭滑坡–碎屑流发生当月降雨量

根据现场调查和遥感影像分析，将关岭滑坡–碎屑流分为崩滑区和碎屑流区（图5.27）。

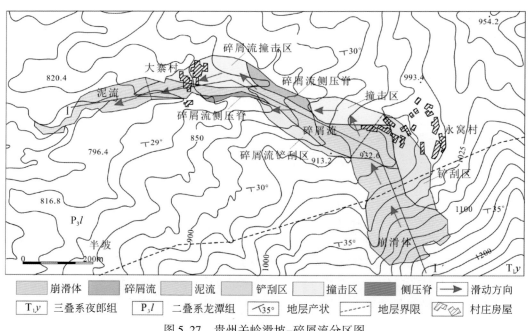

图5.27   贵州关岭滑坡–碎屑流分区图

（1）滑源区特征：崩滑体后缘高程1180m，前缘高程约950m，前后缘高差230m。滑坡长220m，宽150m，面积约$4 \times 10^4 m^2$，平均厚度30m。崩滑体失稳后沿325°方向高速滑动，撞击沟谷右岸，爬高约30m，摧毁永窝村组21户民居。崩滑源区初始斜坡主要由三叠系下统夜郎组泥质粉砂岩组成，岩体节理裂隙发育，主要发育有20°∠70°、50°～60°

∠63°~85°、295°~315°∠64°~85°三组节理，将岩体切割成块状，局部节理面有溶孔，节理面被钙质、泥质胶结物充填，其中295°~315°∠64°~85°节理与崩滑面大致平行，崩滑面产状325°∠75°，因此，结构面性质及其组合特征是滑坡形成的主控因素之一。

（2）碎屑流区特征：堆积体积约130万m^3，总体流动方向N64°W，坡度约25°，流动距离650m，撞击沟谷右侧壁，并摧毁大寨村16户民居后，偏转为S80°W，流动距离150m，覆盖于泥流值上。碎屑流具有如下特征：

——铲刮特征。崩滑体撞击位于沟谷右侧壁，并爬高摧毁永窝村后，发生偏转，其中，一部分碎屑流体向西流动，撞击了沟谷左侧壁，并爬升了约20~30m，铲刮了较软的龙潭组页岩地层及表层残坡积土层，铲刮长度约250m长。从堆积物结构上看，上部主要为碎石，形成干的碎屑流，块径一般为数十厘米，最大小于1m，但是，在堆积体下部，黏土含量逐渐增加，可达50%，夹块径达1m以上的大块石，说明了由于碎屑流的铲刮效应形成了下部以残坡积土和老崩滑体物源的堆积特点。

——侧压特征。由于边界层摩阻力的影响，位于沟谷边缘的碎屑流体与位于中部的碎屑流体剪切差逐渐加大，速度将会减慢。由于侧向压力加大，导致边缘部分逐渐停积，并且堆积高度明显高于中部堆积体，形成了典型的碎屑流运动过程中的侧向堆积特征，即侧压脊。

——叠加堆积特征。碎屑流在原有崩滑体的惯性作用下向下运动，由于地形起伏效应，导致碎屑流将由整体流向漏斗流向管道流转化，这样，流动速度将明显递减，导致出现明显的叠加分层结构特征。

——撞击特征。碎屑流在沟谷中流动600m后，仍具有较高速度。由于沟谷在大寨村一带发生偏转，并且断面由原宽达150m缩窄为约80m，碎屑流在位于凹状沟壁地带汇集，导致大寨村被摧毁。

（3）泥流区特征：堆积体积约10万m^3。厚度约5m，宽100m，长约200m。沿沟谷中间表层被厚达1m左右的碎屑流超覆，两侧仍为黏土。碎屑流的堆积具有磨圆特征，并且块度与碎屑流堆积区的明显不同，说明崩滑体失稳后，在早期的运移中，具有泥石流特征。

5.3.1.2　高速环剪试验

为了研究饱和地表对高速远程滑坡–碎屑流的远程机理和特性的影响，合理确定用于数值模拟的流变模型和参数，在关岭滑坡沿途路径取土样，取样位置见图5.25。利用京都大学防灾研究所的第五代高速环形剪切试验仪（DPRI-5）分析土样的剪切特性。该环剪设备剪切盒内径120 mm，外径180 mm，高度115 mm，最大剪切速度10cm/s（Sassa et al.，2004）。

试验时，首先将土样分层倒入剪切盒（Ishihara，1993），然后通过CO_2和去气水饱和确保高的饱和度，饱和土样在给定的法向应力下固结，然后利用剪切速度控制剪切到残余状态。通过一系列不排水试验去了解土样的不排水剪切特性，在给定的法向应力（100，200，300，400kPa）下固结完成之后，试验土样在0.1 mm/s剪切速率下分别剪切至残余状态。此外，还进行了部分排水试验了解不同剪切速率下土样残余强度的速率效应。首先，在法向应力 200kPa 和 0.01m/s 剪切速率下剪切土样到残余强度，逐级增加剪切速率到 10 mm/s，测定每个速率下的残余强度。此后，再将剪切速率逐级减小到 0.01mm/s，检验试验的可重复性。

　　试验结果与分析：不同法向应力下饱和土样的不排水试验结果如图 5.28 所示。图 5.28 (a) 给出了法向应力为 200kPa 时，孔隙水压力、剪应力和剪切位移随时间的变化，图 5.28 (b) 给出了不同法向应力下的有效应力路径。由图 5.28 (a) 可见，试样在到达峰值强度之前，孔隙水压力已产生。土样剪切破坏之后，随着剪切位移的增加，孔隙水压力进一步增加，导致剪切强度减小。随着剪切位移的进一步增大，孔隙水压力逐渐稳定，最终土样达到残余状态。通过拟合不同初始孔隙比的稳态点绘出残余破坏线（R.F.L.），残余破坏线的倾角 37.6°，截距 10kPa。值得注意的是应力路径的峰值点（图 5.28b）也近似在一条直线上，倾角 24.1°，截距 10kPa。由图 5.28 (b) 可见，初始孔隙比对破坏线影响不大。破坏线并未通过原点，有一个 10kPa 的截距，这是由于土样具有较高的黏土含量。

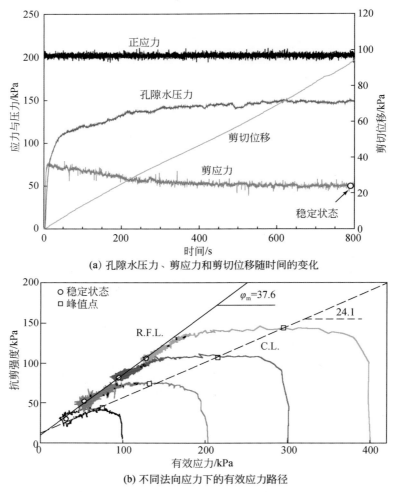

(a) 孔隙水压力、剪应力和剪切位移随时间的变化

(b) 不同法向应力下的有效应力路径

图 5.28　贵州关岭滑坡–碎屑流滑体试验土样不排水剪切试验结果

图 5.29 给出了峰值和残余强度包络线，峰值和残余内摩擦角分别为 18.4°和 14.4°，残余黏聚力为 4kPa。图 5.30 给出了不同剪切速率下的残余强度，尽管不同剪切速率下的残余强度有所波动，但是剪切速率对残余强度的影响很小。因此，可认为试验土样的残余强度不受剪切速率影响。

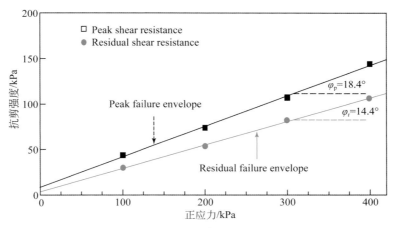

图 5.29　饱和土样不排水条件峰、残强度包络线

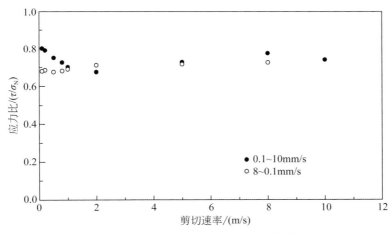

图 5.30　饱和土样残余强度速率效应

在以上环剪实验所得到结果的基础上，为了研究强降雨触发的高速远程滑坡-碎屑流的动力学特性，提供针对于相同类型潜在滑坡预测的参数，下面基于 DAN-W（Hungr，1995）数值模拟了贵州关岭滑坡-碎屑流动力学特性。

5.3.1.3　高速远程运动模拟

Sassa（1988）提出可利用高速环剪试验测定高速远程滑坡-碎屑流沿途路径的有效摩擦角。因此，根据高速环剪试验结果采用摩擦模型［公式（5.34）］和不排水试验结果分析关岭滑坡的动力特性。

　　根据滑坡前、后地形得到滑体初始体积为98.5万 m³。根据 Hungr 和 Evans（2004a，b），建议滑体膨胀系数为25%，则实际滑移材料的体积为123万 m³。由于沿途铲刮，根据现场调查估计铲刮体积约47万 m³，铲刮深度10 m。根据遥感影像设置了沿途路径的宽度变化。基于不排水环剪试验结果，土样的动摩擦角取14.4°。

　　DAN 数值模拟结果如图5.31所示。模拟结果表明计算的滑距和堆积物分布与现场调查吻合较好。图5.31（a）显示滑坡–碎屑流历时60 s，平均速度23 m/s；图5.31（b）显示滑坡前锋最大速度可达27.4 m/s；图5.31（c）可见，在水平距离820 m 处，堆积物最大厚度达24 m，与野外调查基本一致。模拟的滑距1349 m 与实际滑距差5%。

　　由此得出以下结论：①高速环剪切试验表明试验土样具有较低的动摩擦角，土样残余强度不受剪切速率的影响；②试验所得到的等效摩擦角运用到 DAN 等高速远程滑坡的动力学分析软件上，可以较好的反映出运动规律及动力学特征，为高速远程滑坡的预测及危险性区划提供了较好的技术理论支持。

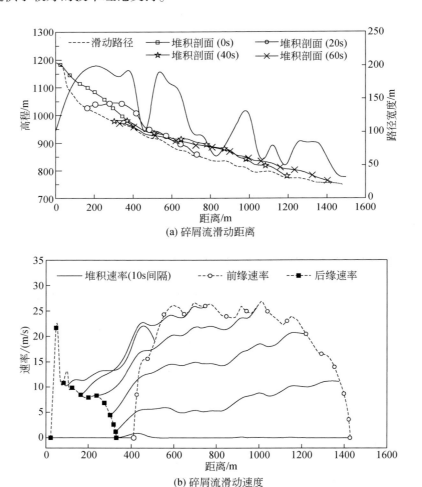

(a) 碎屑流滑动距离

(b) 碎屑流滑动速度

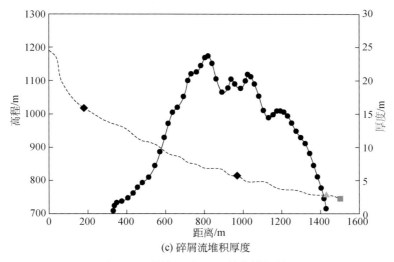

(c) 碎屑流堆积厚度

图 5.31　关岭滑坡 DAN 数值模拟结果

5.3.2　云南镇雄赵家沟高速远程滑坡–碎屑流

5.3.2.1　基本特征

2013 年 1 月 11 日，云南镇雄县赵家沟因长时间低强度降雨作用，突发高速远程滑坡（N27°33′5″，E104°59′15″），造成了 46 人死亡，赵家沟村北摧毁，60 户民房被掩埋（图 5.32）。赵家沟滑坡区域上位于云贵高原东北缘和扬子江中上游峡谷山地的缓冲地带，周缘属于构造作用和侵蚀作用形成的中山地貌，海拔 1000～2000m。区域上有两级河流阶地，现代河水位约 300m，阶地高程分别为 1460～1580m、1700～1760m。构造上，赵家沟滑坡位于扬子准台地娄山弧形箱型褶皱带，该区域地质构造由一组大中型褶皱、扭性断裂和与其近直交相交的张性断裂组成。褶皱轴部走向 NE40°～60°，组成一系列的雁行褶皱带，向斜宽缓背斜紧闭。褶皱轴面一般倾向西北，两翼不对称，西北翼地层产状较东南翼陡峻。赵家沟滑坡位于大耀魁向斜的西北翼。

镇雄赵家沟滑坡区出露地层年代从早二叠纪到第四纪，滑坡体主要由三叠系泥岩、砂岩，以及地表第四系松散坡积物组成。滑床地层倾向西南，倾角为 10°到 25°。赵家沟滑坡原始地形为单面山反倾斜坡，上部较陡，坡角约 30°，下部平缓，坡脚约 5°。

根据地下水赋存情况，可将赵家沟滑坡区的地下水分为三类：岩溶水、基岩裂隙水和第四系松散坡积物的孔隙水。岩溶水主要赋存于滑坡后缘外围山顶三叠系关岭组和永宁镇组灰石、白云岩地层中，形成管道流，在永宁镇组和飞仙关组接触带以泉的形式排泄。泉水流量主要受降雨补给影响，雨季水量较大。基岩裂隙水主要赋存于飞仙关组灰岩与峨眉山组玄武岩的岩体节理以及风化裂隙中，以泉水形式排泄，在坡面形成很多小溪流，多数泉水在干旱时期干涸，仅少数溪流流量稳定。孔隙水主要存在于冲沟两侧的松散残坡积物中，斜坡台地或洼地等土层较厚处有部分季节性泉点出露，流量小，动态变化大。滑坡外缘外围的山顶为宽缓的夷平面，汇水面积大，灰岩、白云岩的入渗条件好，加上持续降水，对赵家沟滑坡的发生起重要触发作用。

镇雄县属于亚热带季风气候，年平均气温是 11.3°C。年降雨量 688.9～1427.7mm，平均 923.6mm，47%～76% 的降水发生在雨季（6 月～8 月），平均降雨天数 130 天。气象数据显示，2012 年 7 月 1 日至 2013 年 1 月 10 日滑坡前，镇雄县降水天数达到 147 天。其中 2012 年 12 月 1 日至 2013 年 1 月 10 日，地区平均降水量为 15.8mm，然而距离滑坡以西约 20km 的大水溪雨量站测量到 66.4mm 的降水（图 5.33），远远大于地区最大月均降雨量（1970 年 12 月，38.9mm）。根据滑坡堆积物饱水特征和周边雨雪较多的情况，推断自 2012 年 12 月至 2013 年 1 月 11 日赵家沟滑坡前，久雨和局地降雨可能导致持续 1 个月之久的地下水入渗补给。

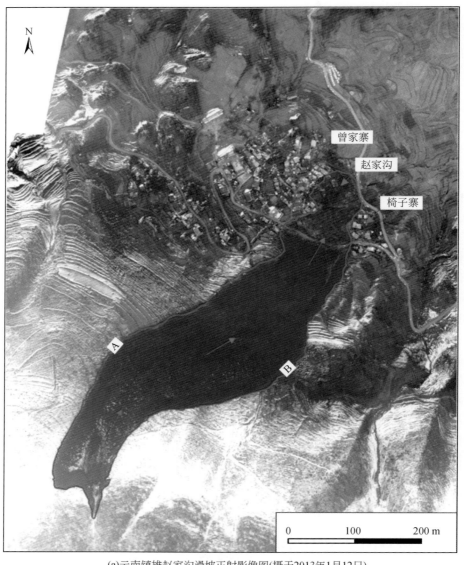

(a)云南镇雄赵家沟滑坡正射影像图(摄于2013年1月12日)

(b)镇雄赵家沟滑坡侧视图(摄于2013年2月3日)

图 5.32　云南镇雄赵家沟高速远程滑坡–碎屑流灾害

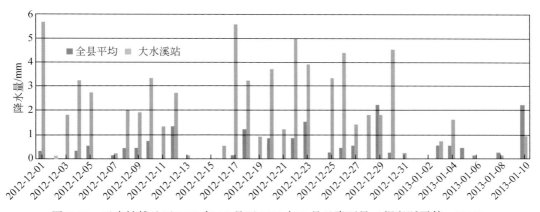

图 5.33　云南镇雄地区 2012 年 12 月至 2013 年 1 月日降雨量（据殷跃平等，2013）

通过详细的地质调查和航拍照片分析，得出镇雄滑坡的等高线地形图（图 5.34）和纵向剖面图（图 5.35）。滑坡启动以后向 N31°E 方向滑动，由于前方冲沟发生转向，滑体冲击北北东方向凸起山包（图 5.32a 所示 A 点），发生 30°偏转朝 N61°E 方向继续运动。由于在滑动路径中裹挟大量浅表层饱和土体，滑坡转化为碎屑流，在前缘撞击冲沟右侧凸地（图 5.32a 所示 B 点）再次发生偏转，向 N27°E 村庄方向流动，造成赵家沟村的重大群死群伤灾难。赵家沟滑坡–碎屑流运动水平距离为 800m，垂直下降 300m（图 5.35）。

赵家沟滑坡滑源区位于镇雄县果珠乡高坡村赵家沟组后山，地形陡峻，坡度为 30°到50°（图 5.36）。滑坡后缘高程 1800m，剪出口高程 1660m。滑坡发生后，后缘形成高约40m、坡度 70°~80°的陡壁。滑源区纵长 200m，横宽 90~160m（图 5.34）。滑体由厚度为 5~30m 的第四系松散残破积物组成，体积约 20 万 m³，滑源区中下部的残留堆积体约 10 万 m³。对碎屑流堆积体进行取样分析发现，粒径大于 40mm 的颗粒占 25.1%，粒径 10~40cm 的颗粒占 12.4%，粒径 2~10mm 的颗粒占 42.6%，粒径 0.5~2mm 的颗粒占 13.8%，粒径小于 0.5mm 的颗粒占 6.1%。

赵家沟滑坡堆积体主要分布在高程 1520~1660m 范围内。根据滑坡运动方向与堆体特征，可以将赵家沟滑坡-碎屑流分为流动铲刮和滑覆堆积两个区域（图 5.34）。流动铲刮（Ⅰ区）位于滑坡剪出口与二次转向的陡崖之间，高程 1560~1660m（图 5.37a）。该区域的长度为 300m，宽度为 200m，纵向坡度为 15°到 25°。滑体体积随着滑动路径中不断裹挟铲刮作用而增加，铲刮量约 30 万 m³，平均铲刮厚度为 5m。铲刮区前缘残留大量的土丘，地表有显著的流线型滑槽（图 5.37b）。土丘由松散、级配差的碎石土组成，平均长度 6.1m，宽度 2.4m，厚度 1.3m。滑槽宽度为 1~3m，最大长度达 50m。滑覆堆积区（Ⅱ区）以二次转向的陡崖开始，高程为 1520~1540m，长度为 200m，宽度为 100m，面积为 0.02km²。碎屑堆积平均厚度为 3m，体积约 10 万 m³，将赵家沟村民小组覆盖。

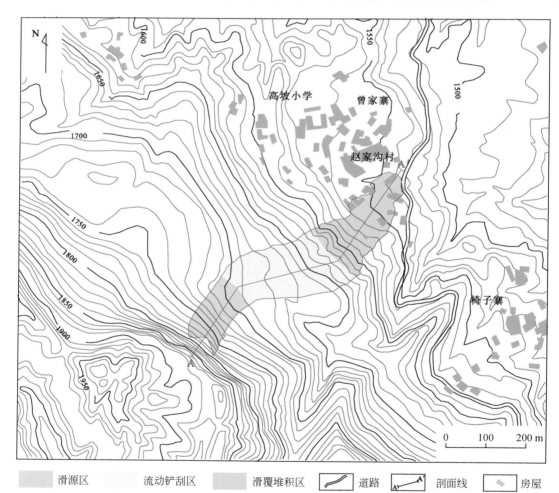

图 5.34　云南镇雄赵家沟滑坡原始地形图

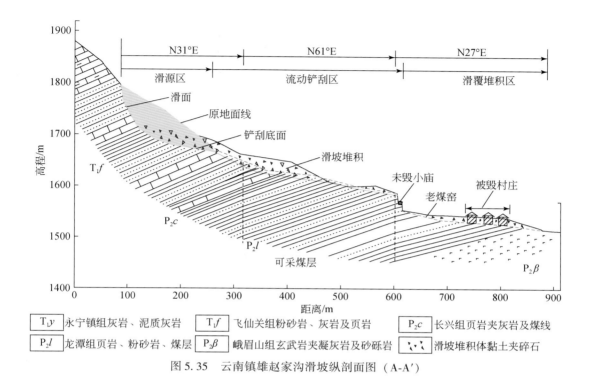

图 5.35　云南镇雄赵家沟滑坡纵剖面图（A-A′）

图 5.36　云南镇雄赵家沟滑坡滑源区（S1：试样 S1 取样位置）

(a)表面松散堆积体　　　　　　　　　　　　(b)滑槽与滑痕

图 5.37　流动铲刮区（S2：试样 S2 取样位置）

5.3.2.2　高速环剪试验

在赵家沟滑坡滑源区（图 5.36，样品编号 S1）和流动铲刮区（图 5.37，样品编号 S2）进行取样，首先开展了常规物理性质测试（表 5.3），结果显示，两种土样的孔隙率、含水率均比较高，饱和条件下易产生液化。图 5.38 为土样的颗分试验结果。受环形剪切试验盒的尺寸限制，粒径超过 2mm 的颗粒在试验之前被筛除。被筛除的颗粒分别占土样 S1 和 S2 的 12.6% 和 27.4%。当砂石含量少于 40% 时，环剪试验的土体特性主要与胶凝材料有关，所以被筛分的颗粒对实验结果的影响较小（Kuenza et al.，2004）。

表 5.3　云南镇雄赵家沟滑坡滑体试样物理性质

试样编号	密度/(g/cm^3)	含水量/%	孔隙率/%	液限/%	塑限/%	黏粒含量/%	液性指数
S1：滑源区	2.71	58.7	62.0	55.8	44.2	41	1.25
S2：远程滑移区	2.68	45.4	51.3	42.5	38.6	23	1.74

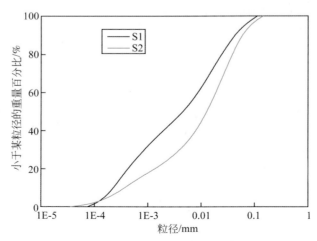

图 5.38　云南镇雄滑坡试样颗分曲线（剔除粒径>2mm）

　　对试样采用扭矩控制法进行不排水环剪试验，固结应力为 200kPa，剪切速率 0.1mm/s。首先，对土样 S1 和 S2 施加 200kPa 的正应力，剪切过程中以 0.1kPa/s 的速率对正应力进行卸荷，从而测得试样的残余强度。其次，为了研究残余强度与剪切速率的关系，进行了不同剪切速率下的部分排水环剪试验：将土样在 200kPa 的正应力作用下以 0.01mm/s 的速率进行剪切，到达残余强度后，逐级提高剪切速率使之达到环剪仪的最大剪切速率（50mm/s），测量每个速率作用下的残余强度；然后逐级将剪切速率降至 0.1mm/s，来检验土样 S1 的试验重复性。多级剪切试验得出的结果与前人的研究成果较为吻合（Bromhead，1992；Tika et al.，1996；Tiwari and Marui 2004；Wang et al.，2010）。

　　图 5.39 所示为饱和试样的不排水环剪试验结果。试验表明，峰值剪切强度之前，试样内部产生孔隙水压力。当试样破坏降至残余强度后，孔隙水压力随剪切位移的增加继续

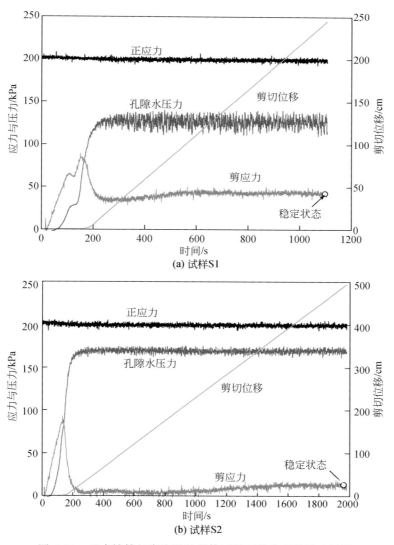

图 5.39　云南镇雄赵家沟滑坡滑体试样不排水环剪试验结果

增大，导致抗剪强度减小。随着剪切位移持续增加，孔隙水压力增加至正应力值的65%（S1）和85%（S2）并保持不变，相应地，土样的抗剪强度到达一个较小值45kPa（S1）和10kPa（S2）并保持稳定，此时试样S1和S2的剪切位移分别为100cm和300cm。前人研究揭示，松散砂性材料的不排水剪切试验中，破坏之前的亚稳态结构是孔隙水压力产生的主要原因（Vaid et al.，1990；Ishihara，1993；Sladen et al.，1985）。

图5.40为部分排水条件下的环剪残余强度包络线。试样S1和S2的残余内摩擦角分别为33.0°和34.7°，残余黏聚力分别为7.9kPa和13.9 kPa。

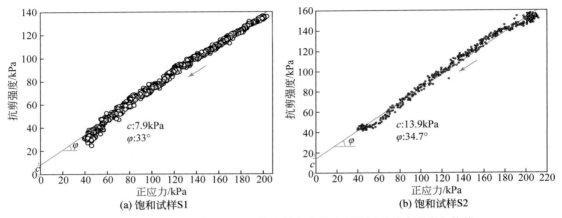

图5.40 云南镇雄赵家沟滑坡滑体试样部分排水环剪试验残余强度包络线

剪切速率0.1 mm/s，红色箭头表示垂向应力逐渐减小

图5.41为残余强度随剪切率的变化关系曲线。图中实心圆为每一级剪切速率下的残余强度值，空心圆为重复试验测得残余强度。图5.41（a）显示，残余抗剪强度值小幅波动、基本不变，可认为与剪切速率无关。同一剪切速率下，实心圆与空心圆所代表的残余强度值差较小，说明剪切应力值对抗剪强度的影响可忽略不计。因此认为，剪切速率对滑源区土体的抗剪强度无影响。图5.41（b）显示，试样残余强度随剪切率降低而减小（负速率效应）。当剪切率小于10mm/s时，土样S2的残余强度大于160kPa，当剪切率大于

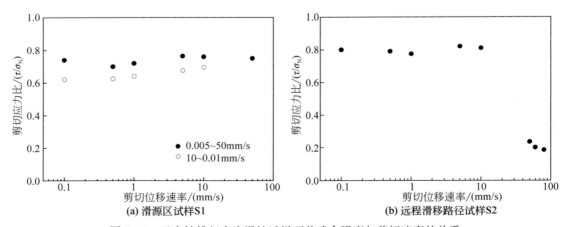

图5.41 云南镇雄赵家沟滑坡试样环剪残余强度与剪切速率的关系

10mm/s 时，其残余强度小于 50kPa。试样 S2 的残余强度与剪切速率的关系，与古土壤相似（Wang et al.，2014）。许多研究人员都对土体残余强度的负速率效应进行了研究。Tika 等（1996）认为，剪切带土体水含量随剪切速率的增大而增加，导致抗剪强度减小。Saito 等（2007）认为，剪切带土体结构随剪切速率发生变化，在低速率下主要受砂粒相互作用的控制，而高剪切速率下主要受黏土颗粒的影响。

5.3.2.3　高速远程运动模拟

利用 DAN-W 软件开展镇雄滑坡后破坏过程的二维数值模拟。图 5.34 和图 5.35 分别为滑坡原始地形和运动路径典型剖面。通过滑前与滑后的地形图对比，可以识别主要的滑坡范围及滑体厚度，以及估算滑面的高程。数值模拟的基底模型根据基于环剪试验的结果进行选取，滑源区采用摩擦模型，流动铲刮区则采用 Voellmy 模型。摩擦模型和 Voellmy 模型以高程 1660m 为界，摩擦模型的基底摩擦角为 12.8°、孔隙压力比 0.65，Voellmy 模型的摩擦系数为 0.10、湍流系数 500 m/s² （表 5.4）。滑体的内摩擦角为 14.5°（Savage and Hutter，1989），孔隙压力比恒定为 0.65。模拟后，将得到的速度与超高法进行比较，超高法的速度计算方法如下（Evans et al.，2001）：

$$V_{\min} = (gdr/b)^{0.5} \qquad (5.55)$$

式中，$V_{\min}$ 是最低速度；g 是重力系数；d 是弯道超高；r 是弯道的曲率半径；b 是路径宽度。

表 5.4　云南镇雄赵家沟滑坡数值模拟流变模型及流变参数

试样编号	流变模型	内摩擦角/(°)	孔隙压力比	摩擦系数	湍流系数/(m/s²)
S1：滑源区	Frictional	33.0	0.65	–	–
S2：远程滑移区	Voellmy	34.7	0.85	0.1	500

镇雄赵家沟滑坡-碎屑流的 DAN-W 模拟结果见图 5.42。图 5.42（a）显示模拟不同计算时步滑坡纵剖面的变化。模拟结果显示，滑体运动时间 48s，平均速度为 16.7m/s，计算的滑动距离和堆积体分布与现场调查数据基本一致。图 5.42（b）为速度随着运动距离的变化曲线，显示滑坡前缘最大速度 28m/s 发生在 605m 的位置。DAN 模拟结果显示，滑体在滑动路径的第一个弯道 A 点（图 5.33）的运动速度为 17m/s，第二个弯道 B 点的速度为 14.8m/s。利用公式（5.55）计算，在 A 点 d = 25 m，r= 120 m，b= 120m，滑体速度为 15.5m/s，在 B 点 d = 15 m，r= 150 m，b= 160m，滑体速度为 11.9m/s。不同的方法得到的速度有差异，但是仍然可以看出，基于环剪试验的 DAN-W 模拟较为准确地反演了镇雄赵家沟滑坡-碎屑流的远程滑动特性。数值模拟得到最终堆积最大厚度为 11 m，位于 450 m 处(图 5.42c)，这与利用 1∶10000 地形图（图 5.34）构建的 DEM 所估算的数据相同。模拟结果给出了最终滑动距离为 785m，比现场调查的实际滑动距离小 2%（图 5.42c）。

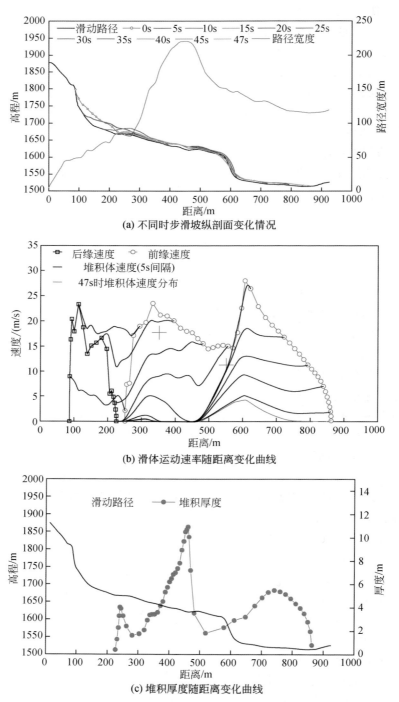

(a) 不同时步滑坡纵剖面变化情况

(b) 滑体运动速率随距离变化曲线

(c) 堆积厚度随距离变化曲线

图 5.42　云南镇雄赵家沟滑坡数值模拟结果

　　研究人员利用 DAN 软件对北美地区大量的高速远程滑坡进行了案例分析，建立了具有重要参考价值的数据库，可供其他地区进行参数校核。Evans 等（2001）就曾借助

DAN-W 软件模拟了 1984 年加拿大的 Mount Cayley 岩质高速远程滑坡。通过历史滑坡反演分析，Crosta 等（2003）用类比法对斜坡元素进行了危险等级划分，预测了潜在失稳的运动模式和特征。Chen 和 Lee 于 2003 年采用拉格朗日有限元方法（LFEM），建立 1993 年香港大屿山降雨型滑坡的准三维模型，重现了其后破坏的运动学过程。Pirulli 和 Mangeney（2008）利用校准的流变参数，采用 RASH3D 软件对大量滑坡事件进行反演分析，研究了运动路径对滑体运动特性的影响。之后的研究人员参考上述研究成果，对许多的高速远程滑坡进行了研究与评估预测，但仍需要进行反复的试算来获取参数。不排水环剪试验能够直接测得滑体的似流变参数（Sassa et al.，2004），结合 DAN 软件，可以较好地重现高速远程滑坡的后破坏过程与运动学特征，不需要进行不断地反算，从而实现高速远程滑坡的快速评估与预测。

5.4　小　　结

我国西部高山峡谷区是高速远程滑坡的多发区。峡谷区的高速远程滑坡运动形式具有多样性（滑动、飞行、碰撞、滑流、流动等），是一个包括多种功能转换过程的复杂多旋回体系，在高速运动过程中，滑体内部各部分之间以及与不动体（滑坡床、沟谷两侧山体）间相互摩擦和碰撞运动。目前有关高速远程滑坡边界层效应方面的详细、系统研究仍处于起步阶段，研究成果不多，对高速远程滑坡危险区的划分仍处于滞后状态。本章针对碳酸盐岩山区高速远程滑坡的特点，从高速远程滑坡动力学特征、数值分析方法、不同类型的案例分析入手，研究了高速远程滑坡−碎屑流的运动、堆积特性，力求在高速远程滑坡致灾风险预测方面取得进展，为高速远程滑坡的空间预测提供科学依据。

（1）大型碳酸盐岩山体高速远程滑坡会经历短暂飞行—碰撞碎裂—裹挟铲刮—流动堆积四个阶段。滑体高位滑动后，随势能与动能的相互转换，会与周围山体或地面发生强烈的高速碰撞铲刮效应，这一效应一方面将高速远程滑坡从块体离散为散体、碎屑体，另一方面被撞击体会被碰撞铲刮而发生滑动。随后散体的碎屑流裹挟铲刮表层土质、松散堆积层运动，出现摩擦阻滑效应，但当地表松散层含水时，则出现液化减阻效应，滑动距离更远。最后松散碎屑流逐渐进入流动堆积阶段直至停止。

（2）通过动力学分析揭示了高速远程滑坡远程滑动的根本原因。基于 Hertz 接触理论和基于等效流体理论，分别对滑坡碰撞铲刮和基底裹挟铲刮进行了单元力学分析，提出了求解铲刮范围、铲刮深度的求解方程，总结了高速远程滑坡运动的铲刮过程。通过力学推导证明了高速碰撞增强了滑体的碰撞力，加剧了铲刮破坏；碎屑流滑动速度和可铲刮层材料的物理性质是影响滑坡碎屑流运移堆积距离远的关键因素。为大型岩质滑坡发生后的成灾范围和危险性区划提供了理论支持。

（3）采用高速环剪试验与运动全过程模拟，对贵州关岭滑坡和云南镇雄赵家沟滑坡的高速远程运动特性进行了分析，表明滑动的碎屑流体与地表面之间发生边界层效应，受液化作用影响，边界层具有较低的动摩擦角，碎屑流滑动路径出现润滑作用，为远程滑动提供了条件。环剪试验与 DAN3D 数值模拟相结合的方法，可以实现高速远程滑坡的快速评估与预测。

第6章　岩溶山区城镇地质灾害危险区划

本章在岩溶山区特大地质灾害成灾机理研究分析的基础上，以乌江下游重庆武隆羊角场镇为例，开展了山区城镇地质灾害机载激光雷达快速扫描技术调查应用，结合地面调查完成了羊角场镇地质灾害特征的分析，并利用数值模拟方法分析了羊角场镇地质灾害危险区划，进一步提高了山区城镇地质灾害危险区划的技术水平。

6.1　羊角场镇高精度机载激光雷达调查

机载三维激光雷达技术是一种主动式遥感系统，可以快速完成大区域的地表三维坐标信息采集，高程绝对精度通常可达到 15 cm，平面绝对精度随航高不同可达到 10 cm 到 1 m，系统还集成高分辨率数码相机，用于同时获取目标影像，并具有部分穿透植被和云层的特点。近年来，美国、意大利和日本等国家，利用机载激光雷达提取的精细地形地貌信息进行滑坡识别和调查，取得了一定的进展（Chen et al.，2006；Willis，2006；Ventura et al.，2011；Jaboyedoff et al.，2012；Brideau et al.，2012；刘圣伟等，2012）。

重庆市武隆县羊角场镇位于乌江下游左岸，属三峡库区回水段，其常年库水位为 169.58m，三峡水库 175m 蓄水后，羊角回水位为 184.6m。羊角城镇属灰岩中低山峡谷区，整体地势东南高、西北低，最高点位于后山山坡尖顶，最低点位于前缘乌江岸边，相对高差约 1200m。后山陡崖总体走向 SE150°~165°，呈带状延伸约 5.1km。该区地质结构以二叠系吴家坪组底部软弱层形成的缓坡为界线，上部陡崖大致分为两级，一级陡崖主要由茅口组、栖霞组岩层组成，二级陡崖由吴家坪组灰岩构成；陡崖下部为志留系韩家店组页岩，表层覆盖大面积崩滑堆积体，地形较平缓，坡度在 10° 和 30° 之间，多为农业用地。受地质环境和人类工程活动影响，羊角场镇是地质灾害高发区，历史上发生过许多次崩滑灾害。本次机载激光雷达调查，以羊角场镇为中心，开展机载激光雷达技术在西南复杂山区的应用研究，构建灰岩山区植被茂密的城镇三维地形，在地质灾害调查与排查中应用。

6.1.1　调查方案

在对羊角场镇及其附近区域野外实地踏勘工作基础上，采用手持 GPS 进行导航布点，选取适宜飞机起飞、飞行扫描、降落的场地，确定扫描范围边界。由于测区落差较大，无法一次飞行完成。根据高差情况，并结合实际场地，选择分区飞行方式，结合飞机的航程和地形因素，在扫描过程中将整个调查区设计成两个测区：测区 1 和测区 2，如图 6.1 所示。

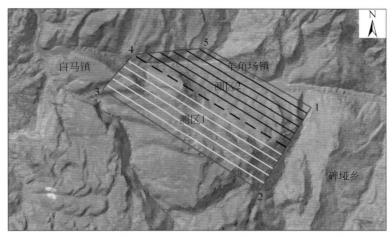

图 6.1 重庆武隆羊角场镇地质灾害机载激光雷达调查测区分布图

6.1.2 数据处理与分析

按照航线设计规划，对测区进行数据采集，其中获取数据主要包括激光 IMP 文件 32 个，POS 数据 2 套，3FR 格式影像 473 个，数据处理后获得的工作成果见表 6.1。

表 6.1 重庆武隆羊角场镇激光扫描数据成果表

工作内容	完成情况
数据采集	踏勘、测区分块、航线设计等过程，完成数据采集，获取影像数据 473 张，IMP 文件 32 个，POS 数据 2 套
激光点云	测区激光点云数据分块之后 las 文件 27 个
DTM、DEM	完成数据高程、地形文件生成
影像数据	获取整个测区影像数据，生成正射影像
等高线	完成等高线 DWG 数据生成
三维可量测模型	生成一套三维漫游工程数据
基站测量数据	提供两个测区基站点坐标

6.1.2.1 激光点云

机载 LiDAR 系统采集得到的原始数据包括：①原始激光数据，由激光扫描仪扫描采集得到；②原始数码影像数据，由哈苏相机拍摄得到；③惯性导航数据；④移动站 GPS 数据；⑤地面基站 GPS 数据。

导航文件与激光点云数据融合实际上就是完成坐标系转换的过程。将激光雷达数据与 POS 数据融合之后，点云显示如下图 6.2 所示，其中每条航线都用不同颜色表示，提取的激光点云数据为通用格式 las 格式，最终提取出每个点的 RGB 信息如图 6.3 所示。

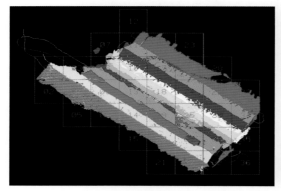

图 6.2　重庆武隆羊角场镇测区航带

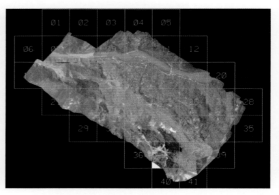

图 6.3　重庆武隆羊角场镇 RGB 色彩信息激光点云图

6.1.2.2　DEM 及等高线生成

数字地形模型是地形表面形态属性信息的数字表达，是带有空间位置特征和地形属性特征的数字描述。数字地形模型中地形属性为高程时称为数字高程模型（Digital Elevation Model，DEM），高程是地理空间中的第三维坐标，DEM 模型数据如图 6.4 所示。

数字高程模型成果的精度用格网点的高程中误差表示，高程中误差的两倍为采样点数据最大误差。机载 LiDAR 获得的 1∶1000DEM 的高程中误差为 0.7m，满足规范《基础地理信息数字成果 1∶500、1∶1000、1∶2000 数字高程模型》中比例尺 1∶1000 对山地的精度要求，其等高线如图 6.5 所示。

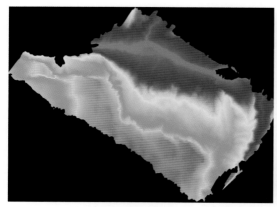

图 6.4　重庆武隆羊角场镇高精度 DEM 模型

图 6.5　重庆武隆羊角场镇高精度等高线数据

6.1.2.3　数字正射影像图（DOM）生成

机载激光雷达数据处理之后，得到影像数据、激光数据、POS 数据。激光雷达数据与影像数据联合标定和高精度解算系统实现 LiDAR、光学相机、POS 和地面基准的软集成，以充分发挥轻小航空遥感系统的硬件设施能力，达到高精度测定的目的。数据处理流程如图 6.6 所示，羊角场镇数字 0.2m 分辨率正摄影像图如图 6.7 所示。

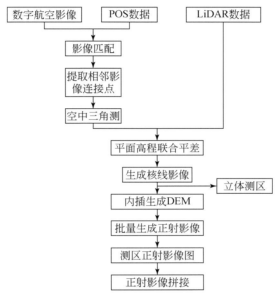

图 6.6　机载激光雷达扫描数据处理流程图

图 6.7　重庆武隆羊角场镇数字 0.2m 分辨率正摄影像图

6.1.2.4　三维模型生成

三维模型的生成，使得空间数据以立体的方式直观表达，实现了地形地物、图形图像数据的三维叠置与可视化。其三维环境中的地物表面纹理来源于数码相机在实地拍摄的地物表面的图像，可以真实的再现实地场景。并且，三维模型中任意空间点都具有真实的空间三维坐标，可量测性增强，可为地质灾害的调查与排查工作，尤其是高山峡谷等人为难以涉足的危险区域，提供详实可靠的基础依据。羊角场镇 0.2m 分辨率影像三维效果示意图如图 6.8 所示。

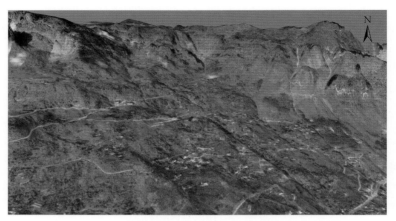

图 6.8　　重庆武隆羊角场镇数字三维漫游效果图

6.2　　羊角场镇地质灾害发育特征

在高精度遥感调查的基础上，开展了羊角场镇地质灾害的解译与地面调查，发现地质灾害类型主要包括危岩体和滑坡两种灾害类型（图 6.9）。危岩体群分布于羊角场镇南侧斜坡顶端，大巷—庆丰—庆口—观音洞一带陡崖带上共发育有大型危岩体 11 处，体积约

图 6.9　　重庆武隆县羊角场镇地貌形态与地质灾害分布图（镜向：SW）

1280 万 m³。羊角滑坡群由羊角滑坡和秦家院子滑坡 2 个滑坡组成，为厚层崩塌堆积体形成的特大型滑坡。地质灾害威胁对象包括 G319 国道涪武路、羊角场镇居民、化工厂、水泥厂等 21 家厂矿企事业单位，涉及人口超过 8000 人。由于缺少或防灾减灾措施和土地规划不够合理，使当地的地质环境易损性条件更为脆弱。因此开展羊角场镇的地质灾害调查与研究对防灾减灾具有重要的指导意义。

6.2.1　羊角场镇地质灾害基本类型

羊角场镇后山斜坡岩层由上部二叠系灰岩地层和下部志留系韩家店组页岩地层组成。组成后山陡崖的地层主要为二叠系灰岩地层，灰岩中夹有多组软弱层，从新到老依次为吴家坪组中厚层灰岩，吴家坪组底部页岩、煤层和泥岩软层（厚约 12m），茅口组薄至中厚层灰岩，栖霞组顶部泥质微晶灰岩与泥质条带不等厚互层的岩层（厚 4～10m），栖霞组薄至中厚层灰岩和梁山组黏土岩、页岩（厚约 11m，含铝土矿和煤层）。调查发现，羊角场镇后山陡崖带采矿活动极为强烈，分布有石合煤矿、庆峰煤矿和武隆县硫铁矿 3 个矿区，陡崖中间缓坡位置还存在有大量无序开采的小煤窑，大巷危岩和庆口危岩底部陡崖一级平台位置尤为密集，矿区开采历史达数百年，目前均已关闭。开采矿层主要为吴家坪组底部煤层和梁山组顶部硫铁矿及煤层。陡崖山体底部长期大面积的采空，造成上方坡体发育多条宽大裂缝，并发生过多次崩塌（重庆市高新工程勘察设计院有限公司，2012）。

目前，武隆县羊角场镇主要发育危岩体和滑坡两种地质灾害，羊角场镇后山为陡崖崩滑带，分布有大型危岩体 11 处，陡崖下方为 2 处特大型堆积层滑坡（图 6.9、图 6.10）。羊角场镇属于西南岩溶中山地貌，构造上位于羊角背斜西翼近核部。从山体结构上看（图 6.11），上部为二叠系数百米厚的灰岩，下部为志留系粉砂质页岩，灰岩中夹 4～6 层薄层状碳质或泥质页岩，具有典型的上硬下软、上陡下缓的"二元结构"特征，临空条件好，河谷深切。二叠系厚层灰岩中存在着多套含煤、铁或铝土矿地层，数百年来一直沿江和沟谷两岸开采，形成大量采空区，加速了地表的沉陷与岩体开裂。此类山体失稳后，有较大的势能向动能的转化，极易形成高速远程碎屑流，造成严重的损失。

6.2.2　羊角场镇滑坡发育特征

羊角场镇滑坡群由秦家院子滑坡和羊角滑坡两个大型滑坡组成，两个滑坡的坡体结构和组成物质基本相同，均为由二叠系灰岩崩坡积物及志留系表层强风化砂页岩残坡积物构成的堆积层滑坡（图 6.11、图 6.12）。

羊角滑坡平面上呈"舌型"，前缘可达乌江岸边，最低高程约 160m。羊角滑坡东西两侧均以冲沟为边界，主滑方向 14°。滑坡后缘位于火石寺堆积体后侧基岩陡壁下方，后缘拉裂槽明显，高程约 570m，平均坡度 16°。滑坡南北纵长 1880m，东西横宽 1180m，平均厚度约 50m，总体积约 7200 万 m³。羊角滑坡滑体主要由第四系崩坡积碎块石土组成，块石成分以灰岩和页岩为主（图 6.12）。钻孔揭示滑带土主要为粉质黏土夹碎石，厚约 0.5～2.5m，滑面为堆积体与基岩接触面，滑带中前部的摩擦镜面及碎石擦痕较多，说明

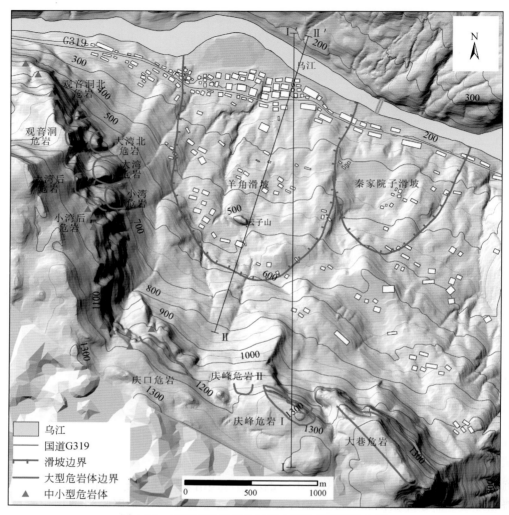

图 6.10　重庆武隆县羊角场镇主要地质灾害分布图

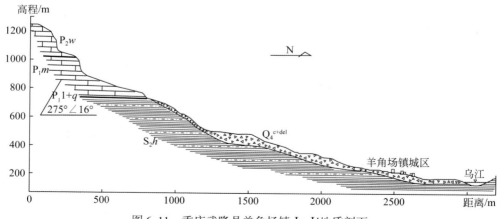

图 6.11　重庆武隆县羊角场镇 I - I′地质剖面

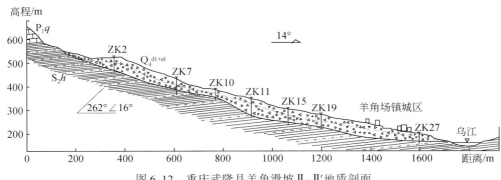

图 6.12　重庆武隆县羊角滑坡 Ⅱ-Ⅱ′地质剖面

滑坡经过了多期的变形活动。基岩为志留系韩家店组页岩、粉砂质页岩，透水性较差。坡体地表水系比较发育，冲沟众多且多深切，滑坡区内几条较大冲沟均具有延伸长、切割深、坡降大且常年流水的特点。地下水类型为松散岩类孔隙水，主要由大气降雨和后部二叠系灰岩山体排泄的岩溶水补给，经由堆积体向下排泄至乌江。滑坡区有多处泉点出露，分布杂乱，而滑坡中部出露相对较多，常年流水泉点多出露于切割较深的沟旁、滑坡前缘，且降雨后，泉点的流量均有不同程度的增加。

秦家院子滑坡总体形态也呈"舌型"，滑坡西侧边界紧邻羊角滑坡，东侧以冲沟为边界，后缘南至老房子，主滑方向 13°。秦家院子滑坡地貌因地表长期改造，圈椅状地形不太明显，后部分布有明显的多级平台。滑坡区内发育多条深切冲沟，从后缘到前缘主要表现为上下较陡、中间稍缓的坡体地形，前缘偶有基岩零星出露。滑坡后缘高程 510m，纵长 1050m，横宽 900m，平均厚度 54.6m，总体积约 3490 万 m³。滑坡滑体与羊角滑坡一致，基岩为志留系韩家店组页岩、粉砂质页岩。

两处滑坡近期无明显的整体变形破坏迹象，仅局部存在小规模的浅表变形。滑坡范围内因存在地表排水不畅而产生的规模不一的小型浅层滑坡，以及支沟内在雨季存在小规模的滑塌现象。需要注意的是，受极端气候影响，特大暴雨将会是影响滑坡稳定性的主要因素。

6.2.3　羊角场镇危岩崩塌发育特征

羊角场镇后山 5.1km 长的危岩带一直是崩滑灾害的高发区。1985～1986 年武隆县硫铁矿（大湾煤矿）顶部发现 234m 长的地表裂缝，同时伴随了小规模崩塌；1993 年在硫铁矿西侧发生崩塌，方量约数千方；1995～2002 年，庆口陡崖顶部裂缝逐渐增大，最大宽度约 3.5m，裂缝长度 496m；2013 年，庆峰和庆口危岩东侧均发生崩塌。近年来，大巷、庆口、大湾、小湾和观音洞陡崖位置时常发生小规模崩塌灾害，表明目前羊角后山危岩带在自然环境与采空区影响下，仍处于变形阶段，需要加强监测。

羊角后山危岩带呈带状连续分布，走向由东南部 NW 向，向西转为近 N 向，进而转为 NNW 向，平面上呈"镰刀形"。陡崖带上 11 处大型危岩体总体积约 1280 万 m³。根据危岩体几何形态、主控结构面特征和变形破坏迹象，羊角后山大型危岩体主要破坏类型可以分为斜倾滑移式、压裂溃屈式、倾倒式和落石滚石等四种（图6.9、图6.10、表6.2）。

表 6.2　重庆武隆羊角场镇大型危岩体特征表

危岩名称	危岩编号	地层岩性	形态	体积/10^4m³	主要破坏类型
大巷危岩	W-1		长条形	390	斜倾滑移式
庆峰危岩 I	W-2		长条形	286	斜倾滑移式
庆峰危岩 II	W-3	吴家坪组中厚层灰岩	柱状	21	压裂–溃屈式
庆口危岩	W-4	（P_2w）	长条形	187	斜倾滑移式
小湾后危岩	W-5		柱状	25	压裂–溃屈式
大湾后危岩	W-6		柱状	32	倾倒–拉裂式
观音洞危岩	W-7		不规则形	36	落石滚石式
小湾危岩	W-8		柱状	85	压裂–溃屈式
大湾危岩	W-9	茅口组灰岩	柱状	138	压裂–溃屈式
大湾北危岩	W-10	（P_1m）	锥状	69	压裂–溃屈式
观音洞北危岩	W-11		柱状	10	压裂–溃屈式

羊角后山危岩带主要分布在东南和西北陡崖两部分，东南段陡崖由大巷、庆峰和庆口3段陡崖组成，总长约2.7km，走向约125°，岩层倾向与斜坡坡向夹角为45°~55°，为斜倾结构，两级陡崖高度270~400m，陡崖下方存在大范围的煤层采空区。目前一级陡崖的大巷危岩、庆峰危岩和庆口危岩3处均为特大型危岩体，前缘局部岩体处于蠕动变形状态。危岩体岩性为吴家坪组灰岩，底部软弱基座主要为吴家坪组页岩、泥岩和煤系软层，软弱基座在上覆岩体重力作用下产生变形，岩体会出现沿软弱层面发生斜倾滑移滑动的可能。

羊角后山危岩带西北段分布有大型危岩体7处，总体积约398万m³。该段陡崖总长约2.4km，两级高差185~270m，岩层倾向与斜坡坡向夹角约185°~205°，岩层倾向坡内，为逆向结构。目前，一级陡崖上发育的三个危岩体有局部变形迹象，危岩体岩性为吴家坪组灰岩，底部基座为吴家坪组软层或碳质软弱夹层。陡崖下方分布有大范围的煤矿和硫铁矿采空区。二级陡崖上发育危岩体4个，体积最大者为大湾危岩，约139万m³，危岩体岩性主要为茅口组灰岩，底部基座为栖霞组顶部破碎灰岩，变形最大处在大湾北危岩，危岩体竖向裂隙发育，最宽可达1.1m，前部局部块体偶尔发生崩塌。

1. 斜倾滑移式滑坡

斜倾滑移式崩塌体形态呈长条形板状，体积方量较大，斜坡视倾向和岩层真倾向方向都具有临空面，岩层倾向与斜坡临空面夹角一般大于30°。坡体由软弱基座和2组节理裂隙切割成块体，坡体前缘块体沿软弱地层发生斜倾蠕动变形。危岩带的庆口、庆峰及大巷危岩带均是这类变形模式。

庆口危岩体积约187万m³，软弱基座为厚约12m的吴家坪组底部页岩、煤层和含铝质泥岩（图6.13），强度低，在上部岩体长期重力作用下，前缘发生蠕滑变形。尤其是在煤层采空区形成后，变形更为强烈，局部位置出现压裂现象，采空区上方形成的卸荷裂隙最宽处达 3.5m，裂隙贯通至两侧陡崖形成危岩体南侧边界；危岩体前缘临空面基座局部压裂形成凹腔，受滑移、挤压作用，凹腔内部岩体挤压呈碎块状（图 6.14）。该类危岩体由于剪出口较高，临空条件好，一旦整体视向失稳后，会产生高速滑动，危险区域较大。

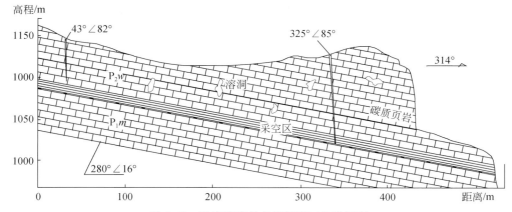

图 6.13 重庆武隆羊角场镇庆口危岩剖面

(a) 庆口危岩内侧宽大贯通拉张裂隙　　(b) 坡体前缘底部挤压破碎的页岩

图 6.14 重庆武隆羊角场镇庆口危岩变形特征

2. 压裂−溃屈式崩塌

压裂−溃屈式危岩体受控于陡倾裂隙或软弱层面，结构面倾角相对较缓，形态多呈柱状或锥状，依靠底部压裂带强度和未贯通部分的岩石及结构面抗剪能力依附于母岩上，裂隙面锁固部位进一步贯通或底部压裂带强度降低，危岩体就会发生平行于破坏面的压裂−溃屈破坏。破裂面的剪出部位出现在陡崖面或基座岩土体中。羊角陡崖带上压裂−溃屈式危岩体有 6 处，主要分布于陡崖带西北段。小湾后危岩体积约 26 万 m³（图 6.15），坡体内部发育多条竖向裂隙，多被黏土充填，危岩体依附在内侧稳定岩体上。受下部采空区影响，软岩基座进一步破坏后将诱发上部岩体压裂−溃屈失稳破坏。

3. 倾倒−拉裂式崩塌

倾倒−拉裂式危岩体呈柱状形态，受控于一组或两组近直立的陡倾结构面，危岩体底

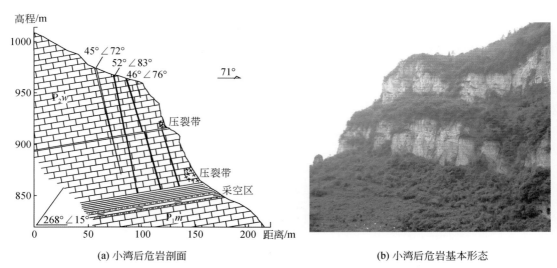

(a) 小湾后危岩剖面　　　　　　　　　　　　　　　(b) 小湾后危岩基本形态

图 6.15　重庆武隆羊角场镇小湾后危岩压裂-溃屈破坏

部局部支撑，危岩体重心多数情况下出现在基座临空支点外侧，危岩体以支点为轴向临空方向倾倒破坏，破坏时顶部先脱离母岩，如大湾后危岩等（图 6.16）。

大湾后危岩体积约 33 万 m^3，危岩体东侧临空，由吴家坪组灰岩组成，危岩体后缘裂缝产状 65°∠76°，该裂隙在陡崖两侧出露较好，直至软弱基座。目前受上覆岩体重力作用，基座岩体较为破碎，进一步破坏后，危岩体易发生倾倒破坏。

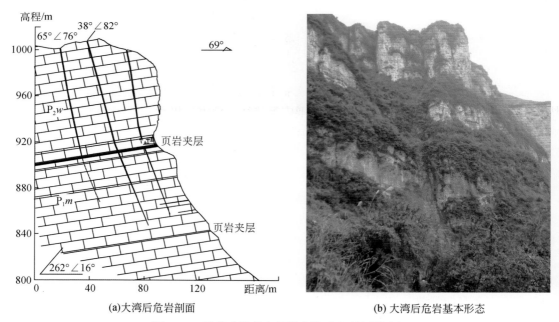

(a) 大湾后危岩剖面　　　　　　　　　　　　　　　(b) 大湾后危岩基本形态

图 6.16　重庆武隆羊角场镇大湾后危岩倾倒破坏

4. 落石崩塌

落石是指个别孤立块石从陡峭斜坡体表面分离出来后，经过下落、回弹、跳跃、滚动或滑动等方式沿着坡面向下快速运动，最后在较平缓的地带或障碍物附近静止下来的一个动力学过程，一般具有失稳突发、运动快速、破坏性强的特点。羊角西北侧观音洞危岩的破坏方式为落石崩塌（图6.17）。观音洞危岩裂缝发育，裂缝宽度 0.5 ~ 3.0m，切割深度最深约35m，从而形成大量危岩体。在降雨、风化及采矿不均匀沉降作用下常会发生失稳坠落，沿着坡面滚落至下方羊角场镇居民区，威胁居民生命和财产安全。

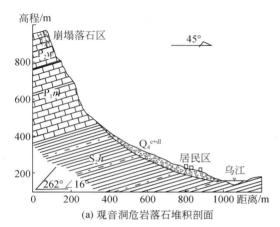

(a) 观音洞危岩落石堆积剖面　　　　　　(b) 观音洞坡体顶部崩塌落石区

图 6.17　重庆武隆羊角场镇观音洞危岩落石崩塌破坏

6.3　羊角场镇地质灾害危险区划

上述分析发现，羊角场镇后山危岩具有高位滑动的特征，斜坡失稳后具有启动速度快，运动距离远，冲击破坏力强，覆盖范围广等特征，危害性极大。本节以羊角场镇后部大巷危岩为例，采用 DAN3D 软件模拟危岩体失稳后形成高速远程滑坡–碎屑流的运动过程，分析危岩失稳模式和失稳后运移特征，对碎屑流运动速度、铲刮区分布和堆积体分布特征等结果进行详细分析讨论。

6.3.1　大巷危岩失稳运动过程分析

通过现场调查和资料收集发现，大巷危岩和鸡尾山山体具有相似的山体结构和地质条件。根据危岩体几何形态、主控结构面特征和变形破坏迹象，大巷危岩的潜在失稳模式为类似于鸡尾山式的视向滑动式，最终可能形成高速远程滑坡–碎屑流。大巷危岩体目前处于蠕动变形状态，软弱夹层强度从峰值强度逐渐趋向残余值，危岩体可能整体发生失稳。危岩初始蠕动沿岩层真倾向，沿着底部软层面向 NNW 方向滑动（图6.18）。启动后的危岩体受西南侧大溶沟阻挡，向 NE 侧发生偏转运动，从陡崖上高位抛出，下落过程中获得较大的动能。危岩体下落后与厚层堆积体斜坡发生碰撞铲刮作用，将地表堆积层带走，滑坡体经碰撞解体后，在运动过程中逐渐形成碎屑流。随着能量的耗散，大块石在铲刮区下方逐渐停积，而粒径相对较小的滑体物质在强大的惯性力作用下继续顺沟谷向前运动，随着运动速度下降而逐渐堆积。碎屑流可能穿过羊角场镇城区，抵达乌江，并可能引起涌浪灾害。

图 6.18　重庆武隆羊角场镇大巷危岩视向滑动失稳模式示意图

1. 模型建立

DAN3D 运动分析模型时，计算模型使用地形数据生成的数字高程模型（DEM），分别输入 3 个地形数据文件（.grd 格式），包括滑动路径、滑坡体厚度和铲刮区范围（Hungr，2010）。铲刮区范围根据野外调查和工程地质分析确定（图 6.19）。

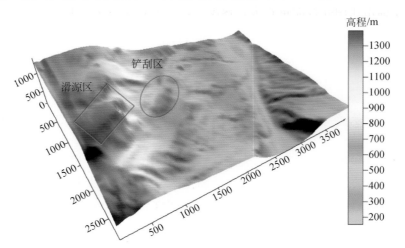

图 6.19　重庆武隆羊角场镇大巷危岩滑前三维地形图

2. 计算模型与参数选取

计算过程中使用摩擦模型和 Voellmy 模型结合，其中，使用摩擦流变模型来模拟滑体的近程和远程阶段的运动特性，使用 Voellmy 流变模型来模拟具有铲刮碰撞作用的中间段的运动情况，较好地反映了碎屑流的运动堆积过程，数值模拟中采用碎屑流动力学反演分析的流变模型和参数，碎屑流体模拟参数和软件计算参数见表 6.3。铲刮率取值为 0.006。

表 6.3　大巷危岩模拟采用的模型计算参数

材料编号	流变模型	摩擦角/(°)	摩擦系数	湍流系数/(m/s²)
1	Frictional	20	—	—
2	Voellmy	—	0.20	200
3	Frictional	19	—	—

3. 模拟结果分析

（1）运动过程分析

通过 DAN3D 模型计算，得到大巷危岩失稳后沿真实三维沟谷地形运动的全过程，大巷危岩滑坡-碎屑流的滑动距离约为 2500m，运动时间为 220s（图 6.20）。大巷危岩失稳后形成的滑坡-碎屑流主要运动过程分时间段对地表堆积体进行铲刮，并与滑前的地形进行对比，得到滑坡碎屑流运动后的地形剖面，如图 6.21 所示。大巷危岩失稳后的运动过程大致分为滑坡启动—偏转抛出—碰撞铲刮—远程堆积 4 个阶段：①启动阶段：发生在海拔 1150m 陡崖上，滑坡开始启动，沿着软层面向西滑动，滑体整体脱离山体后，速度逐渐加快，直至滑体前缘左侧与西侧稳定山体发生碰撞。②偏转抛出阶段：受稳定山体的侧向阻挡作用，滑体前部沿视倾角方向发生偏移，向 NE 向发生偏转运动，从高差约 250m 的陡崖上整体抛出。③碰撞铲刮阶段：从陡崖抛出后，滑体获取较大的动能，与剪出口下方范围较大的厚层堆积体山包发生碰撞铲刮。被铲刮掉的堆积体与碎屑体一起向前运动，并具备较高的速度。在碰撞铲刮作用下，滑体解体破碎，碎屑物质散开，向斜坡下方运动。部分碎屑由于撞击作用导致能量丧失，速度变缓，向铲刮区下方和北东侧平台周围散开，

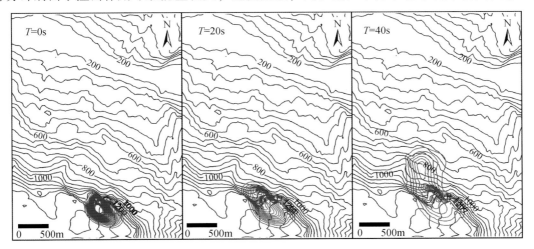

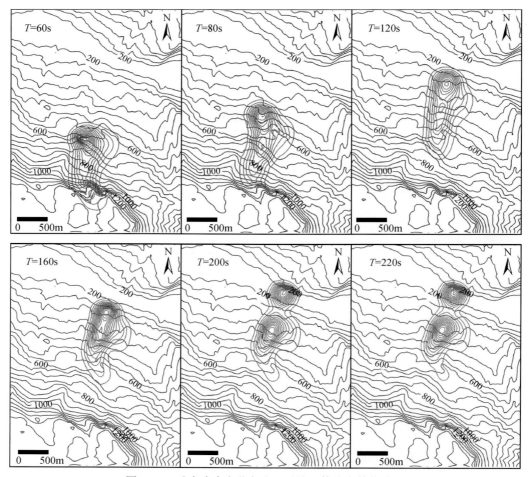

图 6.20　重庆武隆大巷危岩运动堆积体分布等值线图

并逐渐堆积。④远程堆积阶段：经过铲刮碰撞作用后，碎屑流分为两部分。一部分碎屑物质由于撞击获得了一定的速度，向铲刮区北东侧地势较洼的地方运动，并逐渐堆积；另一部分碎屑物质向地形汇聚的 1 号沟继续高速向前运动，经与 1 号沟谷两岸发生多次撞击后，在沟谷中大量堆积。碎屑物运动至 1 号沟沟口平台处速度逐渐变小，部分碎屑物质继续向前运动，随着坡度变陡而速度逐渐加快，穿过羊角场镇城区，直至抵达乌江。碎屑流运动 200s 后，堆积体分布范围已经基本稳定，仅在堆积厚度分布上略有变化。

（2）运动铲刮分析

经过铲刮阶段后，碎屑流形成的铲刮区等值线如图 6.22 所示，可以看出铲刮区的分布主要是沿着碎屑流的运动方向。铲刮山体的体积约为 $110 \times 10^4 m^3$，铲刮区的平均铲刮深度约为 2.5m。从图中可以看，铲刮深度最大值约为 8m，发生在铲刮区近于中心位置。

（3）堆积体分布特征

堆积体分布特征如图 6.23 所示，碎屑流最大运动距离为 2500m，到达羊角场镇城区的堆积体方量 $530 \times 10^4 m^3$，滑后总堆积体方量 $790 \times 10^4 m^3$。堆积体主要分布于 1 号沟中和

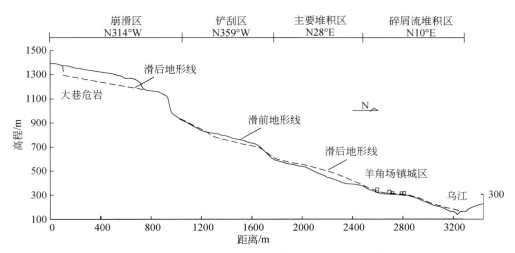

图 6.21　重庆武隆羊角场镇大巷崩滑体模拟失稳运动后剖面对比图

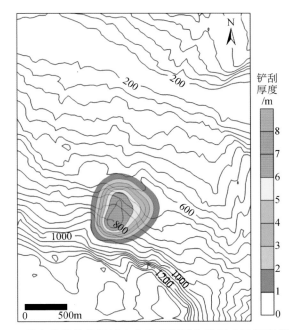

图 6.22　重庆武隆羊角场镇大巷危岩模拟失稳运动后铲刮等值线图

铲刮区下方平台周围，其余分布于羊角场镇城区下方和乌江库岸附近。堆积体水平长度约
1680m，平均厚度为 6m，最大厚度为 32m，位于 1 号沟中。运动过程中滑体厚度始终在中心
线附近最大，与实际"V"型沟谷相符。1 号沟的堆积体分布为沿滑体运动方向逐渐增大。

（4）堆积过程速度变化分析

大巷危岩从陡崖上整体下滑后，由于滑体的解体扩散，平均堆积厚度逐渐减小，但前
缘山体的阻挡以及滑体对前缘山体的铲刮作用，导致滑坡运动到 40s 时，滑体体积和平均
堆积厚度开始显著增加。

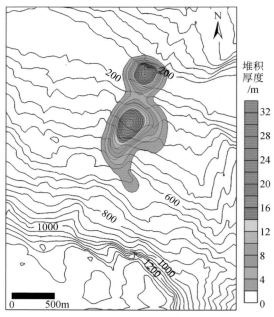

图 6.23　重庆武隆羊角场镇大巷危岩模拟失稳运动后堆积体厚度分布图

　　图 6.24 显示了大巷危岩滑坡−碎屑流运动过程中最大速度的分布情况。滑体启动后，经过高差约 250m 陡坎的势动能转换阶段使速度不断增加，滑坡运动达到最大速度 60m/s，发生在铲刮区中部下方附近。滑体通过铲刮区时，受基底阻力的影响速度迅速下降，但仍具有较高的速度，在 1 号沟区经过多次撞击后，碎屑流运动速度减速明显，在 1 号沟沟口

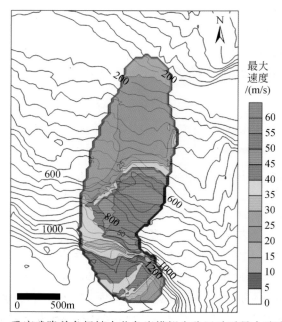

图 6.24　重庆武隆羊角场镇大巷危岩模拟失稳运动后最大速度分布图

平台处速度逐渐变慢，随着平台下方斜坡变陡，速度又逐渐加快，最终抵达乌江处全部停滞堆积。由于乌江地形设置为和最低点高程 160m 一致的水平面，模拟中无疑会使碎屑流在河流段的运动堆积范围变大，碎屑流抵达乌江时最大速度可达 15m/s。

6.3.2　基于 DAN 动态数值模拟技术的羊角场镇危险区划

本节在危岩体的运动机理和影响范围分析的基础上，根据地质灾害的影响范围和发生频率对羊角场镇区域进行地质灾害危险性等级的划分，得到了羊角场镇地质灾害危险性分区。

6.3.2.1　羊角场镇地质灾害发生频率分析

根据美国地质调查局（USGS）建议，可采用三种形式表达滑坡的发生概率：①在研究区给定时间段内（一般指每年），具有某些特征滑坡的累积数量，适用于大区域；②在给定时间段内，特定边坡的滑动概率；③根据特定量级的触发因素，例如临界孔隙水压力（或临界地震动峰值加速度）的年超越概率来确定滑坡的发生概率。地质灾害的发生主要受暴雨、地震等影响因素的周期性变化而变化。通常情况下，这些诱发因素具有一定的周期性，特别是暴雨的周期性最为典型。滑坡的发生概率通常通过相同量级滑坡事件的重现周期确定，可以通过滑坡与触发事件的相关性分析来得到。降雨和地震是最为常见的滑坡触发因素，如果能够确定区域内诱发特定滑坡的临界降雨量或者地震能量量级，即可以假设滑坡发生与其诱发事件的重现周期一致。

地质灾害的发生是多种影响因子共同作用下的结果，因此很难对地质灾害的发生时间做出估计，对高速远程滑坡的重现周期就更难估计了。根据历史资料分析，羊角场镇地质灾害的发生和降雨因素息息相关，且在强降雨条件下发生的高速远程滑坡–碎屑流灾害具有更明显的铲刮效应。因此，采用降雨诱发因素的重现周期来代表羊角场镇地质灾害发的频率。n 年内羊角场镇地质灾害的暴发频率可以用下式表示：

$$P_n = 1 - \left(1 - \frac{1}{T}\right)^n \tag{6.1}$$

式中，P_n 表示 n 年内研究区地质灾害发生的频率（当 n 为 1 时表示一年内的频率），T 为重现的周期。

羊角场镇存在潜在失稳类型为高速远程滑坡的地质灾害，因此在进行危险性评价时，需要考虑高速远程滑坡的发生周期。通常情况下，由于高速远程滑坡发生的重现期一般在数十年甚至上百年，没有明显的规律性，加之发生在山区，对其暴发历史的记载资料较少，因此，目前国内外还没有确定包含高速远程滑坡的可行办法。常用的方法是通过历史灾害资料的分析来确定高速远程滑坡发生的周期。但这样得到的结果时间跨度较大，只能给出一个大概的年限，如 10 年一遇、50 年一遇、100 年一遇等。

本节分析选用重现周期为 10 年、100 年、200 年作为评价周期，认为地质灾害发生频率越高，其危险性级别越高。分别对 3 种重现周期下区域内地质灾害的暴发情况进行了模拟，得到研究区在不同频率下的地质灾害扩展影响范围等级（表 6.4），然后结合地质灾害发生频率进行区域内地质灾害危险等级的划分，得到羊角场镇地质灾害危险性区划图。

表 6.4　羊角场镇地质灾害发生频率

地质灾害发生几率	高	中	低	极低
重现周期/年	10	100	200	≥200
发生概率/%	10	1	0.5	≤0.5

6.3.2.2　羊角场镇地质灾害危险性区划

根据对武隆羊角场镇不同类型危岩体运动机理和影响范围的分析，结合地质灾害发生频率分析的基础上，综合危岩体破坏后主要运动路径、堆积体厚度等参数特征，对羊角场镇地质灾害进行危险性区划。根据以上分区原则，将羊角场镇区域划分为地质灾害高危险区、中等危险区、低危险区三级分区。如图 6.25 所示为在自然条件下的羊角场镇地质灾害危险性分区图。

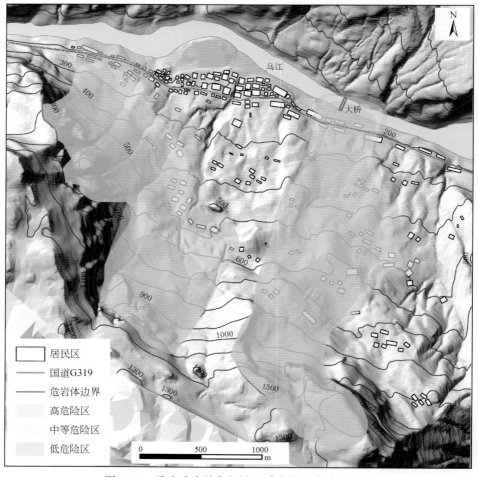

图 6.25　重庆武隆羊角场镇地质灾害危险性区划图

（1）高危险区：该区主要是根据危岩体的运动机理的分析，划定位于危岩体失稳破坏后的主要运动方向上，越靠近运动路径的中心，其危险性就越高。

（2）中等危险区：该区域主要位于高危险区的外侧，和高危险区域比较，灾害体到达的时空概率相对较小，形成的碎屑物的堆积厚度也相对较薄，但位于该区域的碎屑体仍具有较强的破坏性。

（3）低危险区：该区主要位于危岩体扩展影响范围的边缘部分，灾害体到达该区域的时空概率相对最小，形成的碎屑物的堆积体厚度较薄，碎屑体的运动速度较小，其冲击破坏力相对较小。

6.4　小　　结

本章通过运用机载激光雷达技术对武隆羊角场镇地质灾害进行了基础调查测量、DEM模型、等高线生成等数据处理工作，探讨了机载激光雷达技术在复杂地质环境条件下地质灾害早期调查、排查与识别工作中的适用性。同时，结合现场调查，开展了羊角场镇地质灾害的解译与地面调查，确定了地质灾害类型、基本发育特征和破坏模式。以大巷危岩为例，分析其失稳模式和可能形成的高速远程滑坡-碎屑流的运动过程，对其碎屑流运动速度、铲刮区分布和堆积体分布特征进行了探讨，并以此为基础，进行了羊角场镇后山危岩的危险性定量评价。

第 7 章　岩溶山区地质灾害 InSAR 调查与识别

岩溶山区地质灾害具有隐蔽性、突发性、灾难性等特点，地质灾害早期识别难度大。为了进行大范围潜在滑坡、危岩体的探查，特别是在岩溶山区特殊气候和植被环境下，光学影像严重受到云覆盖的影响，采用 InSAR 高相干点技术，充分消除时间去相干、基线去相干以及大气误差的影响，探索了岩溶山区地质灾害遥感调查与早期识别的技术方法。

7.1　基于遥感技术的地质灾害调查

滑坡体在地形数据、SAR 数据和光学遥感数据中均有不同的表现特征，利用该三类数据进行滑坡识别的主要理论基础是该监测对象具有一定的空间范围，满足一定的地形条件（坡度、坡向），在时间尺度上具有一定的形变特征。因此，可以基于滑坡体在地形数据、SAR 数据和光学遥感数据中所体现的形态特征，以及在 InSAR 所得形变图中体现的形变特征，再通过设置形变和坡度等阈值来判定是否为一个潜在滑坡体。图 7.1 为融合光学遥

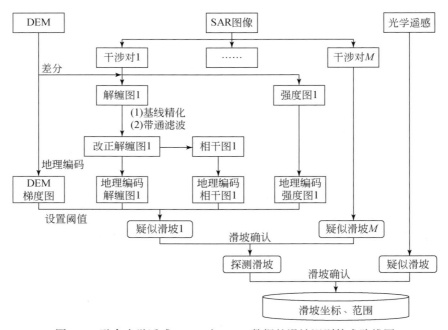

图 7.1　融合光学遥感、SAR 与 DEM 数据的滑坡识别技术路线图

感、SAR 与 DEM 数据的滑坡识别技术路线图。

随着遥感技术的飞速发展和遥感数据的大量积累，近些年来遥感技术在地质灾害研究方面得到了广泛应用。与传统的地质灾害识别技术相比遥感技术节省了大量的人力物力和财力，并且可以对人员难以到达区域和危险区域进行大范围地质灾害的识别（谢谟文等，2012）。光学高分遥感图像以其形态、色调、纹理结构等影像特征宏观、真实地显示了灾害体的地貌特征，通过对不同时相的光学遥感进行变化检测，结合周围的地物形态分割和空间分析，对地质灾害进行判识。利用高分遥感数据进行地质灾害识别的技术流程如图7.2 所示。

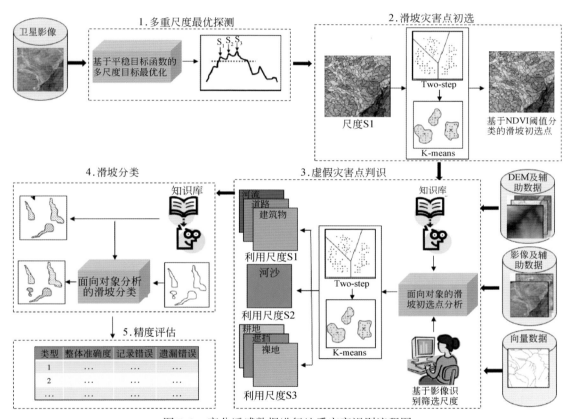

图 7.2 高分遥感数据进行地质灾害识别流程图

InSAR 技术作为一种新型空间对地观测技术，通过对一定周期内的重访的 SAR 影像数据进行干涉处理，可实现数千至上万平方千米内地表变化信息的探测。由于 InSAR 技术可以实现毫米级的地表形变监测，因此通过 InSAR 获取的时间序列形变信息分析，可有效实现大范围内不稳定地质体的识别和探测，进而实现地质灾害大范围调查（Bulmer et al.，2006；Cascini et al.，2010；朱建军等，2011；Zhao et al.，2012）。在常规 D-InSAR 解算的基础上，为克服地形误差、植被失相干误差以及大气误差等，进一步试验了高相干点InSAR 技术（TCP-InSAR）和短基线集 InSAR 技术（SBAS-InSAR）。

DEM 数据在地质灾害识别中，不仅可以提取重要的地形条件，同时在 InSAR 数据处理和光学遥感影像分析中起着关键的作用，因此要求 DEM 的精度、分辨率和现势性要与 SAR 和光学遥感数据有很好的匹配。

融合高分光学、SAR 以及 DEM 数据将在已发生滑坡以及潜在滑坡识别、调查以及编目中发挥重要作用。

7.1.1　高相干点 InSAR 滑坡识别技术

西南山区特殊气候和植被环境下，光学影像往往会受到云覆盖的影响，通常用于对已发生滑坡的识别。对于潜在的、未知的滑坡体，可以采用基于地表形变特征的识别方法，InSAR 技术具有大范围覆盖和面域监测以及时间序列监测等特点，在地质灾害监测中得到越来越重要的研究。与常规 InSAR 技术不同，高相干点 InSAR 技术，能充分消除时间去相干、基线去相干以及大气误差的影响，是近年应用的热点（葛大庆等，2007；敖萌，2015）。

高相干点 InSAR 技术是针对相干性高的点进行求解的，由于这些高相干点空间上不均匀分布，需要通过建立不规则三角网进行连接。对于第 m 个干涉图中空间上任意两相干点 (i, j) 和 (k, l)，其去除平地相位和地形相位的相位差 $\Delta\varphi^m_{(i, j)(k, l)}$ 可表示为

$$\Delta\varphi^m_{(i, j)(k, l)} = -2\Delta k^m_{(i, j)(k, l)}\pi - \frac{4\pi}{\lambda}\Delta d^m_{(i, j)(k, l)} + \Delta\varphi^m_{\text{resi}, (i, j)(k, l)} \tag{7.1}$$

式中，$\Delta d^m_{(i, j)(k, l)}$ 为形变差分；$\Delta\varphi^m_{\text{resi}, (i, j)(k, l)}$ 为相位残差，包括 DEM 误差，轨道误差，大气残差以及热噪声误差等；$\Delta k^m_{(i, j)(k, l)}$ 为相位整周数差，可以通过相位解缠来确定。这样式（7.2）变为

$$\Delta\varphi^m_{(i, j)(k, l)} = -\frac{4\pi}{\lambda}\Delta d^m_{(i, j)(k, l)} + \Delta\varphi^m_{\text{resi}, (i, j)(k, l)} \tag{7.2}$$

当存在 $N + 1$ 景 SAR 影像时，其获取时刻分别为 $[t_1 \quad t_2 \quad \cdots \quad t_{N+1}]$，两两之间的时间间隔为 $t = [t_2 - t_1 \quad t_3 - t_2 \quad \cdots \quad t_i - t_{i-1} \quad t_{i+1} - t_i \quad \cdots \quad t_{N+1} - t_N]^T$，两两之间的形变差可以表示为

$$\Delta d_{(i, j)(k, l)} = [\Delta d^1_{(i, j)(k, l)} \cdots \Delta d^N_{(i, j)(k, l)}]^T \tag{7.3}$$

则第 m 个干涉图对应的形变可以表示为

$$\Delta d^m_{(i, j)(k, l)} = \sum_{P=m}^{s-1} \Delta d^P_{(i, j)(k, l)} \tag{7.4}$$

所有 m 个干涉图可以组成以下方程：

$$\Delta\phi_{(i, j)(k, l)} = -\frac{4\pi}{\lambda} \times R \times \Delta d_{(i, j)(k, l)} + \Delta\varphi_{\text{resi}, (i, j)(k, l)} \tag{7.5}$$

其中 R 为设计矩阵，对上式通过最小二乘或者奇异值分解可以获得每一个 SAR 影像获取时刻对应的形变时间序列结果。基于高相干点 InSAR 数据处理技术流程图如图 7.3 所示，其中包括以下主要步骤：①SAR 影像的配准；②相干目标点的识别与 Delaunay 网的构建；③基于高相干点的差分相位生成；④相位解缠；⑤形变速率与 DEM 误差解算；⑥形变平均速率和累计时间序列结果输出。

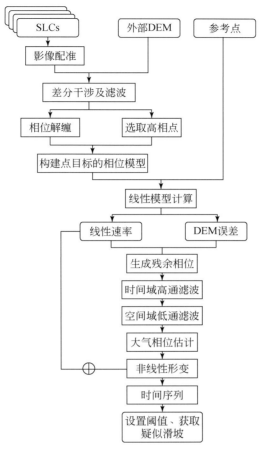

图 7.3　高相干点 InSAR 技术用于滑坡识别的流程图

结合岩溶山区地质灾害形变特点，综合设置地形、坡度、坡向和形变阈值，通过人机交互获取潜在的崩滑灾害点分布信息，更新调查区域地质灾害编目图。对于给定的单一滑坡体，该技术也可分析滑坡的动态变形特征。

7.1.2　超短基线集 InSAR 时间序列监测技术

超短基线集 InSAR 技术（即 SBAS 技术）是为保证干涉图的质量，尽量选取时间和空间基线较短的干涉对，在生成差分干涉图后，通过多视来减弱干涉噪音的影响（Berardino 等，2002）。干涉图需要进行相位解缠和定标（Chen 和 Zebker，2002；Biggs 等，2007）。当同一区域获取 N 幅 SAR 影像，根据基线干涉组合条件，生成 M 幅干涉图，有 $N/2 \leqslant M \leqslant [N(N-1)]/2$，去除平地相位和地形相位后得到差分干涉图。假设第 j 幅干涉图是由 t_A、t_B 两个时间获得的 SAR 影像干涉生成，且 $t_B > t_A$，则像元 x 的差分干涉相位表示为

$$\Delta\varphi_j(x) = \phi(t_B, x) - \phi(t_A, x) = \frac{4\pi}{\lambda}[d(t_B, x) - d(t_A, x)] \tag{7.6}$$

式中，$d(t_A, x)$ 和 $d(t_B, x)$ 为相对于 t_0 的雷达视线方向累计形变量，假设 $d(t_0, x)$ $= 0$；$\phi(t_A, x)$ 和 $\phi(t_B, x)$ 分别为 $d(t_A, x)$ 和 $d(t_B, x)$ 所引起的形变相位；λ 为波长。M 幅干涉图可表示为如下矩阵形式：

$$A\phi = \Delta\phi \tag{7.7}$$

式中，ϕ 为 N 幅 SAR 影像上的待求形变相位构成的矩阵；$\Delta\phi$ 为 M 幅干涉图上的差分干涉相位组成的矩阵；$A[M \times N]$ 为系数矩阵，每行对应一幅干涉图，每列对应一个 SAR 影像，主影像所在列为+1，从影像所在列为−1，其余列全为0。当 $M \geqslant N$ 时，且 A 矩阵的秩为 N，则利用 LS 法可以求得形变相位：

$$\phi = A^{\#} \cdot \Delta\phi, \ A^{\#} = (A^{\mathrm{T}}A)^{-1}A^{\mathrm{T}} \tag{7.8}$$

该方法没有考虑轨道相位误差、DEM 误差和大气延迟相位，这是在理想情况下得到的最优解。为得到平滑的形变速率解，将相位转化为平均相位速度，即

$$v^{\mathrm{T}} = \left[v_1 = \frac{\phi_2}{t_2 - t_1}, \ \cdots, \ v_{N-1} = \frac{\phi_N - \phi_{N-1}}{t_N - t_{N-1}} \right] \tag{7.9}$$

则有：

$$\sum (t_{k+1} - t_k)v_k = \Delta\varphi_j, \ j = 1, \ \cdots, \ M \tag{7.10}$$

得到了一个新的方程：

$$Dv = \Delta\phi \tag{7.11}$$

式中，D 是一个 $M \times (N-1)$ 的矩阵，主从影像获取时刻之间的列为 $D(j, k) = t_k - t_{k-1}$，其余 $D(j, k) = 0$。若要考虑高程误差 ξ 相位则可建立方程组：

$$Dv + C \cdot \xi = \Delta\phi \tag{7.12}$$

式中，$C[M \times 1]$ 是与垂直基线分量相关的系数矩阵，由此可以计算高程误差。在线性模型的基础上，根据噪声的时空相关特性，通过对残余相位进行适当滤波就能分离出大气延迟相位和非线性形变相位（Ferretti et al., 2001）。SBAS-InSAR 数据处理流程图如图 7.4 所示，主要步骤如下：

①对 N 幅 SAR 影像数据按一定时空基线条件进行干涉组合处理形成 M 幅干涉图，利用已有 DEM 作为外部高程数据，进行差分处理生成差分干涉图，以去除地形及平地效应影响；

②对差分干涉图进行自适应滤波处理以去除相位噪声影响，对滤波后的差分干涉图进行相位解缠，生成解缠相位图；

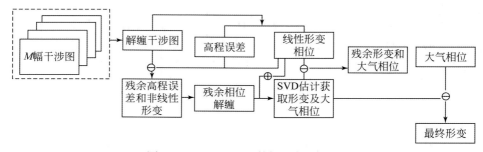

图 7.4　SBAS-InSAR 数据处理流程图

③根据基线条件和干涉相位信息估算高程误差及线性形变相位，在原始干涉相位中减去

估算的线性形变相位得到残余相位，此时的残余相位中主要包括非线性形变及大气相位；

④解缠此残余相位，并补偿线性形变相位部分得到完整的形变相位，此时相位中还包含有大气相位的影响；

⑤对去除线性形变的残余相位进行空域低通和时域高通滤波处理以分离出大气相位；

⑥在形变相位中减去大气相位影响，得到形变相位值；

⑦基于 SVD 的形变求解；

⑧对形变进行地理编码，获取 WGS84 坐标系下的形变成果图，形成最终形变成果。

7.2　区域地质灾害动态调查与识别

根据地质灾害发育演化特点，在整体剧烈失稳之前，会经历蠕变或缓慢变形。由于 InSAR 技术对于地表缓慢形变较为敏感，使用 InSAR 技术探测滑坡即通过监测加速失稳之前的形变来定位灾害体。地质灾害判断时，首先获取质量可靠的 InSAR 形变速率，从而圈定形变区域，然后根据 DEM 数据分析地形坡度及地貌条件，当异常形变区符合滑坡发生的地形地貌条件时，再进一步分析异常形变的时间序列特征，当异常形变呈持续活动时则判断该形变区为滑坡疑似区，最后进行现场调查以确定滑坡。

下面以乌江下游重庆武隆和南川两个区县为例，综合采用 SBAS-InSAR 和高相干 InSAR 技术，对表 7.1 和表 7.2 所示的 Envisat/ASAR 和 ALOS-1/PALSAR 两类数据进行处理，获取 SAR 数据覆盖时间段的地表形变信息，结合区域地形信息，如坡度、坡向等，最终探测出 40 余个疑似滑坡变形点，部分灾害点的坐标、灾害类型和所属行政区域如表 7.3 所示。

表 7.1　Envisat 数据列表

编号	SAR 获取日期	Track 号	编号	SAR 获取日期	Track 号
1	20070310	161	16	20100925	161
2	20070728	161	17	20080922	197
3	20070901	161	18	20081201	197
4	20071110	161	19	20090105	197
5	20090207	161	20	20090316	197
6	20090314	161	21	20090629	197
7	20090418	161	22	20090803	197
8	20090801	161	23	20110323	377
9	20090905	161	24	20110422	377
10	20100123	161	25	20070222	433
11	20100403	161	26	20071129	433
12	20100508	161	27	20090716	433
13	20100612	161	28	20100211	433
14	20100717	161	29	20100527	433
15	20100821	161			

表 7.2　ALOS 数据列表

序号	获取日期	Track 号	序号	获取日期	Track 号
1	20070610	570	11	20090615	570
2	20070726	570	12	20090731	570
3	20070910	570	13	20090915	570
4	20071026	570	14	20091216	570
5	20071112	570	15	20100131	570
6	20080126	570	16	20100618	570
7	20080427	570	17	20100803	570
8	20080612	570	18	20100918	570
9	20081213	570	19	20101219	570
10	20090128	570			

表 7.3　重庆武隆–南川地区地质灾害识别点基本信息

序号	点名	所属县乡	经度/(°)	纬度/(°)	灾害类型
1	碑垭村	武隆县碑垭乡	107.64806	29.36498	滑坡
2	五龙村	武隆县土坎镇	107.66606	29.39806	滑坡
3	艳山红村	武隆县羊角场镇	107.60043	29.42109	滑坡
4	朝阳村	武隆县羊角场镇	107.60833	29.37806	崩塌、滑坡
5	木瓜树（龙山村）	南川区金山镇	107.13504	28.98591	滑坡
6	田元村（大笋子湾）	南川区头渡镇	107.18333	28.97278	崩塌
7	梨子坪	贵州与重庆交界	107.60833	29.37806	滑坡
8	墨子岩	武隆县铁矿乡	107.40889	29.22366	塌陷
9	鸡尾山	武隆县铁矿乡	107.435	29.23209	滑坡
10	坨里（努力村）	武隆县东山乡	107.46076	29.27355	滑坡
11	水井沟（温塘村）	万盛区南桐镇	103.86806	28.95583	滑坡
12	东林煤矿（新华村）	万盛区万东镇	103.93806	28.94889	矸石山垮塌引起滑坡（煤矿开采）
13	大淌	奉节县羊市镇	103.8925	28.92306	滑坡
14	韭菜堂	武隆县和顺镇	107.42944	29.40694	崩塌
15	煤炭沟	永川区石龙湾	107.41139	29.39611	崩塌
16	后沟	南川区南平镇	107.02306	29.06417	崩塌

续表

序号	点名	所属县乡	经度/(°)	纬度/(°)	灾害类型
17	门前塘（庙坪）	巫山县双庙乡	103.96639	28.96053	滑坡
18	一碗水村（跃进村）	大渡口区	103.96778	29.1	滑坡
19	跃进村	大渡口区	103.97806	28.93167	滑坡
20	新田角	南川区头渡镇	107.18655	28.92426	滑坡

由于受到 SAR 数据覆盖范围的限制，部分区域没有 SAR 数据，因此识别的灾害点数量相对较少。此外，受到数据量和研究区域地质环境的限制，部分滑坡难以被 InSAR 监测到。

选取覆盖武隆县羊角场镇 200km² 和大佛岩 240km² 范围内识别的滑坡点进行分析，形变结果为 ALOS 数据采用高相干点 InSAR 技术监测获取的，要求形变速率大于 5mm/a，地形坡度 10° 至 30°，方位–50° 至 100°（顺时针方向），且在空间上具有一定的分布范围，结果如图 7.5 所示，其中正值表示沿雷达视线上升的方向，负值为雷达视线下降的方向。

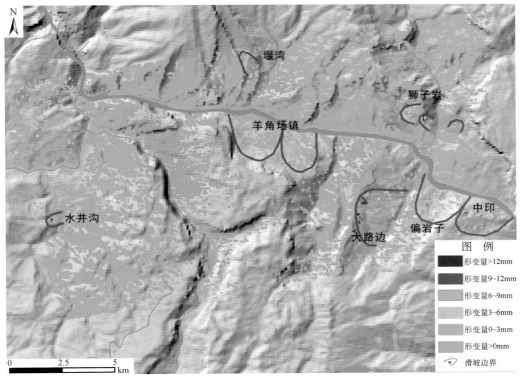

图 7.5　重庆武隆羊角场镇及周边区域地质灾害变形识别分布图

该区域共识别出 13 处面积较大的滑坡区，如羊角场镇秦家院子滑坡、艳山红村滑坡、碑垭乡大路边滑坡、土坎镇五龙村滑坡、铁矿乡墨子岩滑坡等（表 7.4）。进一步结合区域地形信息,可以圈出滑坡的范围并判识出滑坡方向。但对于空间影响范围很小的危岩体,尽管在 InSAR 形变图上仍有形变信息,但由于其可靠性不高,此次识别没有将其列出。

表 7.4 重庆武隆羊角场镇及周边区域识别的地质灾害信息列表

序号	灾害点名称	管辖范围	经度/(°)	纬度/(°)	灾害类型
1	青春村秦家院子	武隆县羊角场镇	107.61639	29.38472	滑坡
2	庆峰	武隆县羊角场镇	107.61241	29.37563	危岩体
3	朝阳村羊角滩	武隆县羊角场镇	107.60534	29.39002	滑坡
4	观音洞	武隆县羊角场镇	107.59182	29.39202	危岩
5	艳山红村堰湾	武隆县羊角场镇	107.60110	29.42190	滑坡
6	朱家嘴	武隆县羊角场镇	107.67210	29.36222	滑坡
7	碑垭村大路边	武隆县碑垭乡	107.6514	29.3565	滑坡
8	狮子电站西	武隆县土坎镇	107.6653	29.3975	滑坡
9	狮子岩	武隆县土坎镇	107.6736	29.3972	崩塌
10	新明村	武隆县土坎镇	107.6753	29.3964	滑坡
11	老蛇窝	武隆县土坎镇	107.6854	29.3957	崩石
12	灰河村、墨子岩	武隆县铁矿乡	107.40889	29.22366	塌陷(铝土采矿)
13	努力村	武隆县东山乡	107.46076	29.27355	滑坡

7.2.1 羊角场镇秦家院子滑坡

武隆县羊角场镇形变区域高程变化范围为 400~1300m,后缘为近垂直的危岩体。该区域是羊角场镇,分布有羊角滩滑坡、秦家院子滑坡、大巷危岩、庆峰危岩、观音洞危岩等多处特大地质灾害,目前有变形迹象的灾害坐标如表 7.5 所示。图 7.6 为 InSAR 形变图,最大年形变速率为-8mm/a,图中黄线圈定的区域为滑坡和危岩体形变区。

表 7.5 羊角场镇滑坡、危岩体列表

序号	灾害点名称	管辖范围	经度/(°)	纬度/(°)	灾害类型
1	秦家院子	武隆县青春村	107.61639	29.38472	滑坡
2	庆峰危岩体	武隆县羊角场镇	107.61241	29.37563	危岩体
3	羊角滩滑坡	武隆县朝阳村	107.60534	29.39002	滑坡
4	观音洞	武隆县羊角场镇	107.59182	29.39202	危岩体

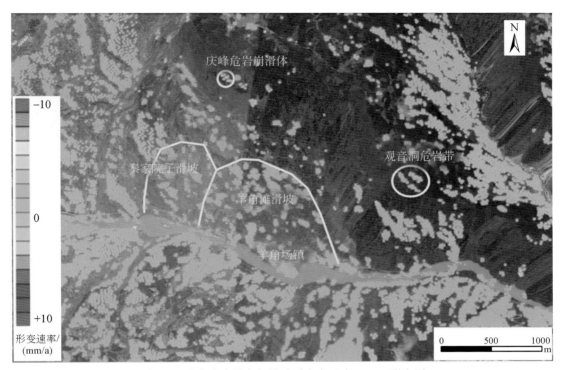

图 7.6　重庆武隆羊角场镇地质灾害地表 InSAR 形变图

　　秦家院子滑坡的形变时间序列如图 7.7 所示，表明该滑坡后部堆积体局部一直处于小规模表层的变形活动状态，自 2007 年 2 月 21 日至 2011 年 1 月 17 日累计形变量达到 100mm，图中现场调查照片也显示了该滑坡局部房屋和地面出现裂缝。

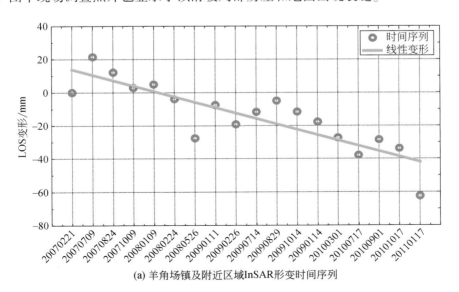

(a) 羊角场镇及附近区域InSAR形变时间序列

(b) 滑坡野外调查现场照片

图 7.7　羊角场镇秦家院子滑坡 InSAR 形变时间序列以及现场照片

7.2.2　碑垭乡大路边滑坡

该滑坡区域高程变化范围为 200～1000m，平均坡度约为 19°，前缘为沟谷临空。图 7.8 为碑垭乡大路边滑坡 InSAR 形变图，图中红线为滑坡范围，箭头表示滑坡方向，大路边滑坡 InSAR 形变时间序列图参见图 7.7（a），由图可见最大年形变速率为-15mm/a，自 2007 年 2 月 21 日至 2011 年 1 月 17 日累计形变量达到 60mm，沿滑坡方向形变四年累计为 80mm。该形变中心位置为（29.3565°N，107.6514°E，560m），滑坡范围为 1700m×2500m，主滑方向为 110°。

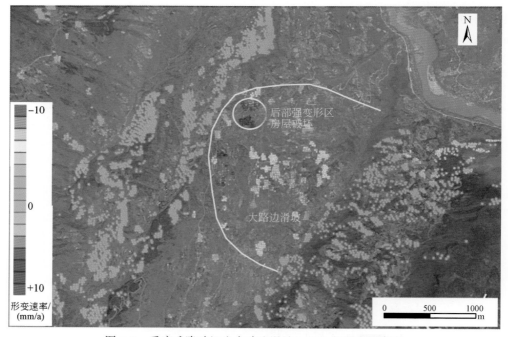

图 7.8　重庆武隆碑垭乡大路边滑坡 InSAR 年形变速率图

7.2.3　土坎镇五龙村滑坡

重庆武隆土坎镇五龙村识别出四个崩塌滑坡区，如表 7.6 所示，包括狮子岩电站西滑坡、狮子岩崩塌、新明滑坡和老蛇窝崩石四个地质灾害点。该区域高程变化范围为 200～700m，狮子岩电站西滑坡平均坡度约为 13°，平均方位约为 149°，即近似东南方向；狮子岩崩塌-新明滑坡平均坡度约为 25°，平均方位约 134°，即近似东南方向；老蛇窝崩石平均坡度约为 22°，平均方位约 270°，即近似正西方向。

表 7.6　土坎镇五龙村四个考察点坐标

序号	点名	经度/(°)	纬度/(°)	高程/m
1	狮子电站西滑坡（B1）	107.6653	29.3975	404
2	狮子岩崩塌（B2）	107.6736	29.3972	430
3	新明滑坡（B2）	107.6753	29.3964	400
4	老蛇窝崩石（B3）	107.6854	29.3957	512

图 7.9 为土坎镇五龙村崩塌滑坡区 InSAR 形变图。其中狮子岩电站西滑坡最大形变速率约为-10mm/a，形变范围小，时间序列波动小；狮子岩崩塌-新明滑坡最大形变速率约为-12mm/a，形变范围也较小，时间序列波动明显；老蛇窝崩石最大形变速率约为 8mm/a，方向向西，时间序列波动明显。

图 7.9　重庆武隆土坎镇五龙村区域滑坡 InSAR 形变图

图 7.10 为狮子岩电站西滑坡形变图和滑坡照片，滑坡区域位于土坎镇狮子岩电站西

800m 左右，坐标为（107.6653°E，29.3975°N，404m），滑动范围为 210m×280m。历史上曾经滑动过，居民已搬离，主要是堆积层沿基岩界面发生的滑动变形。

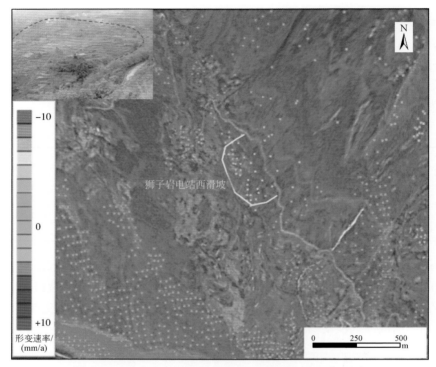

图 7.10　重庆武隆狮子岩电站西滑坡形变图与现场照片

　　图 7.11 为狮子岩崩塌-新明滑坡形变图和现场考察照片，位于狮子岩电站，InSAR 探测的形变范围为 180m×200m。新明滑坡中心坐标为（107.67472°E，29.39639°N，402m），形变范围为 247m×349m。狮子岩崩塌-新明滑坡地质调查范围为 600m×100m，目前已被列为滑坡灾害防治点，并安装了相关仪器进行长期监测。

　　野外调查发现土坎镇狮子岩一带主要为志留系地层出露，地表堆积层较厚，暴雨季节容易出现滑坡变形。这些地质灾害在近年来的灾害排查工作中均已发现，表明了 InSAR 识别结果的正确性。

7.2.4　羊角艳山红村堰湾滑坡

　　艳山红村形变区高程范围为 200 ~ 1000m，平均坡度约为 16°，平均方位约 138°，即近似东南方向，前缘临空。图 7.12 为艳山红村堰湾滑坡 InSAR 形变图，其中白色虚线圈定的区域为主要形变区，范围为 340m×890m，最大年形变速率为 -8mm/a，红色区域为前期地质调查圈定区域，范围为 250m×340m。可见本次 InSAR 调查的滑坡范围比前期现场调查的范围要大。该区域沿着坡向一直处于下滑状态，自 2007 年 2 月 21 日至 2011 年 1 月 17 日累计下滑量达到 55mm，沿滑坡方向形变为 103mm。

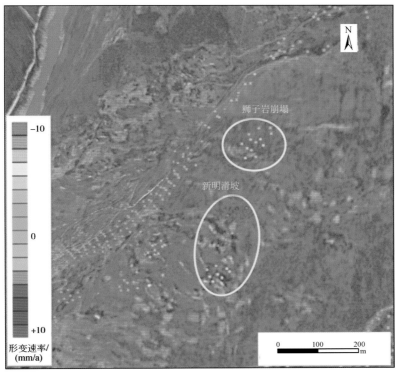

图 7.11 重庆武隆狮子岩崩塌-新明滑坡形变图和现场照片

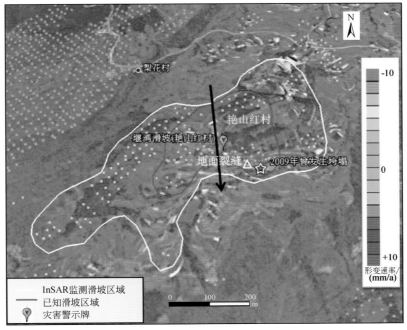

图 7.12 重庆武隆羊角场镇艳山红村堰湾滑坡 InSAR 形变图

7.3　小　　结

　　本章针对岩溶山区地质灾害 InSAR 识别与监测，开展了技术方法研究与试验验证分析，介绍了大范围灾害的调查识别和监测的技术路线与方法。以重庆武隆、南川为例，展示了高相干点 InSAR 技术在区域地质灾害识别方面的应用，通过综合分析 ALOS 和 Envisat 两类数据，识别出 40 多个地质灾害点。选取武隆县 13 处典型的灾害点进行了现场调查验证，进一步确认了地质灾害的位置与性质。

　　尽管基于高相干点 InSAR 的调查中，由于区域地形、植被和灾害体的空间尺度等因素，还存在大量地质灾害点没有被识别，而且高相干点 InSAR 用于滑坡和危岩体的识别和调查从技术上还不完全成熟，但是本次大规模的数据处理与验证已充分证明了该技术方法的可行性和巨大潜力。

第8章　岩溶山区典型地质灾害监测示范

相对于地面沉降和地裂缝等缓变形地质灾害而言，岩溶山区特大滑坡崩塌等地质灾害的失稳破坏具有突发性和不可预见性，且变形速度快、响应时间短、危害性大，有必要对其变形及发展情况及时准确地做出判断，及早提出预防和防治措施。因此，对于岩溶山区特大崩滑灾害的变形监测而言，时效性是最重要的指标。而 GPS 快速动态定位技术的出现，为岩溶山区典型地质灾害的变形监测提供了一种有效的解决方案（张勤、李家权，2005；赵超英等，2005；王仁波，2012；Shimizu 等，2014；王利，2014）。

本章重点研究了岩溶山区典型地质灾害 GPS 实时变形监测系统的构建与实现，并对该滑坡和危岩体的 GPS 监测结果进行了处理和分析，研究了 GPS 监测技术方法用于岩溶山区典型地质灾害监测的精度、适用性和可靠性等问题。

8.1　重庆武隆羊角场镇地质灾害监测预警示范

重庆武隆羊角场镇滑坡与危岩对临近村镇、319 国道、水泥厂等 20 多家厂矿企事业单位构成了巨大威胁，为了全方位监测滑坡和危岩体的变形情况，利用 GPS 和 InSAR 技术，开展该区域地质灾害的活动性监测，为城镇规划和灾害防治服务。

8.1.1　危岩体 GPS 高精度监测技术路线

在对羊角场镇滑坡危岩体变形历史与现状调查深入分析的基础上，在危岩体和滑坡体的顶部及主次裂隙两侧布设若干变形监测点，在部分关键变形特征点上安装 GPS 接收机和天线，用 GPS 实时动态监测技术对这些变形特征点进行常年连续自动监测，在其余的变形监测点上采用常规的 GPS 静态相对定位技术进行定期监测。在获得 GPS 静态观测数据并将 GPS 动态监测数据通过无线网络传输到数据处理中心之后，通过对 GPS 静态和动态监测数据的处理与分析，即可获得这些危岩体和滑坡体的三维变形特征，经变形分析后获得危岩体和滑坡体的长期和短期变形特征，最终实现对危岩和滑坡等地质灾害进行预测和预警的目标。羊角场镇滑坡危岩体高精度 GPS 监测技术路线如图 8.1 所示。

GPS 监测方案中设置了连续监测系统和周期性监测点，部分 GPS 点附近还安装有人工角反射器（CR）。连续观测的 GPS 实时动态监测系统能够为 InSAR 监测技术提供重要的 GPS 气象资料，为 InSAR 技术进行大气效应的消除和改正提供了基础技术资料；GPS 静态相对定位定期监测可为 CR-InSAR 解算提供高精度的位置和形变信息，保证了 InSAR 监测

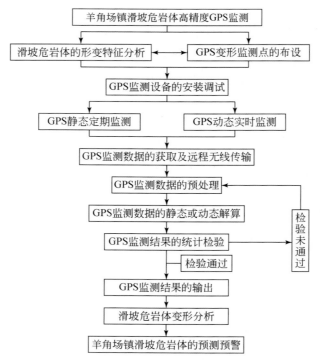

图 8.1　羊角场镇滑坡危岩体高精度 GPS 监测技术路线图

结果的可靠性和准确性；此外，GPS 和 InSAR 这两种技术的监测成果可以相互检验，从而提高了危岩体形变监测结果的准确性和可靠性（Yin et al.，2010；张勤等，2009；邢学敏等，2011；Zhu et al.，2014）。

8.1.2　危岩体 GPS 和 InSAR 监测网的布设

羊角场镇地质灾害监测系统采用了面加点的理念进行设计，根据技术设计要求和现场的实际情况，在羊角场镇后山主要大型危岩体和滑坡上布设了 InSAR 人工角反射器（CR）和 GPS 监测网。初始监测网由 23 个监测点组成，InSAR 监测网由 9 个人工角反射器监测点组成，其中，YJ02、YJ04、YJ06、YJ14 点位于庆峰危岩，YJ08、YJ10 及 YJ16 点位于庆口危岩，YJ12 和 YJ18 分别位于茶园和河对岸两个比较稳定的地点作为基准点；GPS 监测网共由 14 个 GPS 点构成，其中，YJ01、YJ07、YJ11、YJ17 为位于远离滑坡危岩体影响范围稳定区域内的 4 个基准点，YJ03、YJ05、YJ09、YJ13、YJ15、YJ19 是位于羊角危岩体顶部的 6 个监测点，DB21、DB25、WL29、WL34 是位于羊角滑坡体后缘的 4 个监测点（系原有羊角滑坡监测点，于 2013 年 10 月首次纳入本 GPS 监测网），基准点和监测点共同构成羊角滑坡危岩体的三维位移 GPS 监测网。

2014 年度，为加强区域内危岩的监测，在羊角滑坡危岩体的重点监测区域（大巷危岩体）增设了 6 个 InSAR 和 GPS 监测点。其中，3 个人工角反射器（CR）监测点（DX02、DX04、DX06），3 个 GPS 监测点（DX01、DX03、DX05）。至此，组建成了由 29

个监测点组成的羊角滑坡危岩体 InSAR 与 GPS 监测网，各监测点布置如图 8.2 所示。

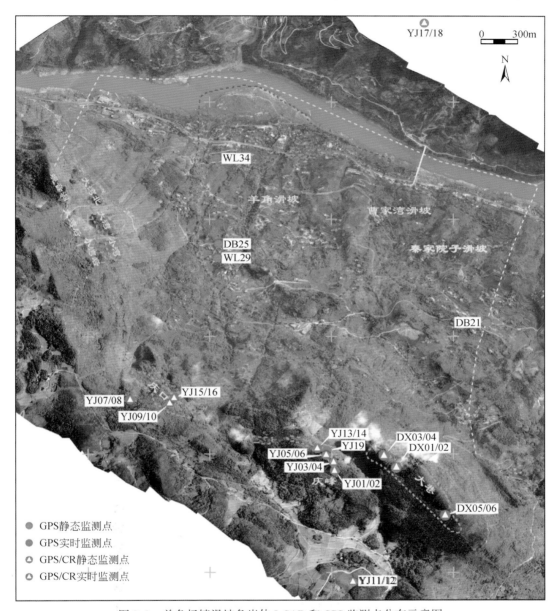

图 8.2 羊角场镇滑坡危岩体 InSAR 和 GPS 监测点分布示意图

8.1.3 羊角场镇滑坡危岩体 GPS 静态监测结果及分析

1. 监测工作

GPS 静态监测作业采用国家 GPS 测量规范中 B 级网的精度进行，图 8.3 为羊角滑坡危岩体 GPS 监测网网图（2015 年 10 月）。

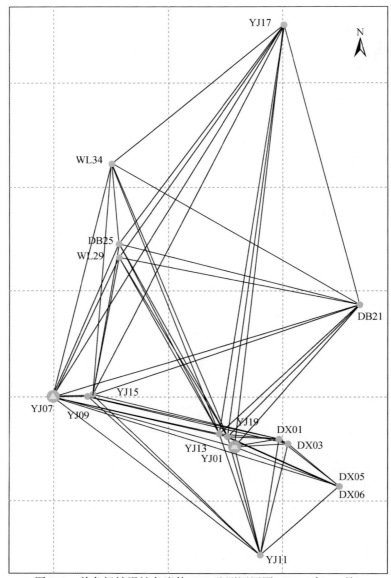

图 8.3　羊角场镇滑坡危岩体 GPS 监测网网图（2015 年 10 月）

2. 数据处理及结果分析

内业采用美国 Ashtech 公司的商用软件 Ashtech Solution2.60 进行 GPS 结果解算，三维坐标成果采用 WGS-84 坐标系，二维坐标成果采用测区独立坐标系。图 8.4 和图 8.5 分别是各 GPS 监测点的垂直和水平位移场示意图。

YJ03、YJ05、YJ09 三个监测点的垂直位移和水平位移成果分别见表 8.1 和表 8.2（2012 年 11 月至 2015 年 10 月），YJ13、YJ15、YJ19、DB21、DB25、WL29、WL34 七个监测点于 2013 年 10 月进行首次观测，其年度监测成果见表 8.3 和表 8.4（2013 年 10 月至 2015 年 10 月），DX01、DX03 和 DX05 于 2014 年 10 月首次观测，其年度监测成果见表 8.5 和表 8.6（2014 年 10 月至 2015 年 10 月）。

图 8.4　羊角场镇滑坡危岩体各 GPS 监测点垂直位移场示意图（监测时间 2012 年 11 月至 2015 年 10 月）

图 8.5　羊角场镇滑坡危岩体各 GPS 监测点水平位移场示意图（监测时间 2012 年 11 月至 2015 年 10 月）

表 8.1 羊角滑坡危岩体各 GPS 监测点垂直位移量统计（2012 年 11 月至 2015 年 10 月）

（单位：mm）

监测点	垂直位移量	备注
YJ03	−16	庆峰危岩上
YJ05	−16	庆峰危岩上
YJ09	−11	庆口危岩上

表 8.2 羊角滑坡危岩体各 GPS 监测点水平位移量统计（2012 年 11 月至 2015 年 10 月）

（单位：mm）

监测点	N	E	水平位移量	备注
YJ03	−1	−3	3.2	庆峰危岩上
YJ05	−8	−1	8.1	庆峰危岩上
YJ09	−46	12	47.5	庆口危岩上

表 8.3 羊角滑坡危岩体各 GPS 监测点垂直位移量统计（2012 年 11 月至 2015 年 10 月）

（单位：mm）

监测点	垂直位移量	备注
YJ13	−29	庆峰危岩上
YJ15	−36	庆口危岩上
YJ19	−5	庆峰危岩上
DB21	−49	羊角滑坡体后缘
DB25	−56	羊角滑坡体后缘
WL29	−59	羊角滑坡体后缘
WL34	−51	羊角滑坡体后缘

表 8.4 羊角滑坡危岩体各 GPS 监测点水平位移量统计（2013 年 10 月至 2015 年 10 月）

（单位：mm）

监测点	N	E	水平位移量	备注
YJ13	5	−5	7.1	庆峰危岩上
YJ15	−3	4	5.0	庆口危岩上
YJ19	5	−11	12.1	庆峰危岩上
DB21	25	−4	25.3	羊角滑坡体后缘
DB25	0	1	1.0	羊角滑坡体后缘
WL29	−3	1	3.2	羊角滑坡体后缘
WL34	0	−9	9.0	羊角滑坡体后缘

表 8.5 羊角滑坡危岩体各 GPS 监测点垂直位移量统计（2014 年 10 月至 2015 年 10 月）

（单位：mm）

监测点	垂直位移量	备注
DX01	10	大巷危岩体
DX03	−1	大巷危岩体
DX05	24	大巷危岩体
YJ01	0	参考基准
YJ07	0	参考基准
YJ11	0	参考基准
YJ17	0	参考基准

表 8.6 羊角滑坡危岩体各 GPS 监测点水平位移量统计（2014 年 10 月至 2015 年 10 月）

（单位：mm）

监测点	N	E	水平位移量	备注
DX01	−2	−2	2.8	大巷危岩体
DX03	−1	3	3.2	大巷危岩体
DX05	−7	0	7.0	大巷危岩体
YJ01	0	0	0	参考基准
YJ07	0	0	0	参考基准
YJ11	0	0	0	参考基准
YJ17	0	0	0	参考基准

为了更清楚地反映庆峰和庆口两处危岩体的形变，将获取的 GPS 在水平方向上的形变量投影到与地裂缝垂直（X）和平行（Y）的两个方向上，以清晰地了解监测点在垂直于裂缝方向和平行于裂缝方向的位移。具体投影如表 8.7 至表 8.9 所示。

表 8.7 羊角滑坡危岩体各 GPS 监测点投影位移量统计（2012 年 11 月至 2015 年 10 月）

（单位：mm）

监测点	X	Y	稳定性	备注
YJ03	−1.5	−2.8	基本稳定	庆峰危岩上
YJ05	−8.1	0.4	不稳定	庆峰危岩上
YJ09	−43.2	19.8	不稳定	庆口危岩上

表 8.8 羊角滑坡危岩体各 GPS 监测点投影位移量统计（2013 年 10 月至 2015 年 10 月）

（单位：mm）

监测点	X	Y	稳定性	备注
YJ13	4.1	−5.8	不稳定	庆峰危岩上
YJ15	−2.3	4.5	不稳定	庆口危岩上
YJ19	3.0	−11.7	不稳定	庆峰危岩上

表 8.9　羊角滑坡危岩体各 GPS 监测点投影位移量统计（2014 年 10 月至 2015 年 10 月）

（单位：mm）

监测点	X	Y	稳定性	备注
DX01	−2.3	−1.6	基本稳定	大巷危岩体
DX03	−0.5	3.1	基本稳定	大巷危岩体
DX05	−6.9	1.2	不稳定	大巷危岩体
YJ01	0	0	稳定	参考基准
YJ07	0	0	稳定	参考基准
YJ11	0	0	稳定	参考基准
YJ17	0	0	稳定	参考基准

由上述图表可知，监测点 YJ03 和 YJ05 位于庆峰危岩体上，均在持续向其西南方向移动，经投影变换后可看出，YJ03 和 YJ05 沿着垂直于裂缝的方向分别移动了 1.5mm 和 8.1mm，沿着平行于裂缝的方向分别移动了 2.8mm 和 0.4mm，且两点均有 16mm 的下沉量；同样，位于庆峰危岩体上的 YJ13 和 YJ19 点也都在向西北方向移动，经投影变换后可看出，YJ13 和 YJ19 沿着垂直于裂缝的方向上分别移动了 4.1mm 和 3.0mm，沿着平行于裂缝的方向上分别移动了 5.8mm 和 11.7mm，但在垂直方向分别下降 29mm 和 5mm，说明庆峰危岩体目前正处于不稳定状态。

YJ09 和 YJ15 点位于庆口危岩体上裂缝的一侧，由图 8.6 和图 8.7 可知，YJ09 点目前正在向其东南方向移动，两年以来沿着平行于裂缝的方向移动了 19.8mm，沿着垂直于裂缝的方向移动了 43.2mm，且伴随着 11mm 的沉降；YJ15 号点沿着垂直于裂缝的方向移动了 2.3mm，沿着平行于裂缝的方向移动了 4.5mm，在垂直方向上下沉了 36mm。由此可知，YJ09 和 YJ15 号点所在的庆口危岩也呈不稳定态势，并且整个危岩体在平行于裂缝的方向上滑动，可见此处危岩体的活动性比较复杂，需要密切关注其变化趋势。

在 2013 年 10 月，首次将羊角滑坡 DB21、DB25、WL29、WL34 四个点纳入监测网，三年以来这四个滑坡监测点都发生了大小不同的位移，其中 DB21 向西北方向移动了 25.3mm，DB25 和 WL29 变化较小，WL34 向西移动了 9mm；四个点在垂直方向分别下沉 49mm、56mm、59mm 和 51mm，下沉量均较大，尤其是 DB21 活动量较大，因此，需要密切关注羊角滑坡后续的变形趋势。

在 2014 年 10 月，首次将大巷危岩 DX01、DX03 和 DX05 三个点纳入监测网，12 个月以来这三个点都发生了大小不同的位移。在水平方向上，DX01 和 DX03 位移较小；DX05 位移较大，向南移动 7mm；在垂直方向上，DX01 和 DX05 分别有 10mm 和 24mm 的抬升，DX03 变化较小。由于对大巷危岩实施变形监测的期次较少，需要多期数据并配合 CR-InSAR 监测判断其变形趋势。

8.1.4　羊角场镇滑坡危岩体 GPS 实时动态监测结果及分析

1. GPS 实时监测系统建设

2013 年 10 月，项目组在羊角滑坡危岩体的庆口危岩体、庆峰危岩体等重点危险区域和远离危岩体的相对稳定区域，选取了 3 个监测点（YJ13、YJ15、YJ19）和 2 个基准点（YJ01、YJ07），布设了羊角滑坡危岩体 GPS 实时监测网（图 8.6），于 2013 年 10 月 26 日开始对羊角滑坡危岩体的危险区域进行全天候的连续实时监测。

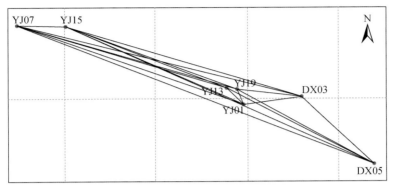

图 8.6　羊角场镇羊角滑坡危岩体 GPS 实时监测网示意图

为了更全面的反映危岩体的变化信息，于 2014 年 10 月在大巷危岩体 DX03 和 DX05 上安装了两套实时监测设备，对该危岩体进行连续实时监测，并在专用网站上发布实时变形监测信息。

2. 数据处理及结果分析

羊角滑坡危岩体 GPS 实时监测系统采用长安大学研发的 GPS 连续监测数据处理和管理系统软件 MaGMS 进行接收、处理和分析。该软件可采用 GPS 单历元或多历元算法进行 GPS 基线解算，同时还具有可视化、数据管理及分析等功能，完全能够满足对羊角危岩体进行实时动态监测和变形分析的要求，该软件主界面如图 8.7 所示。处理结果每隔三个小时在网页上发布一次，授权用户可以通过该网页查看羊角滑坡危岩体上各监测点的实时变形信息和状态。

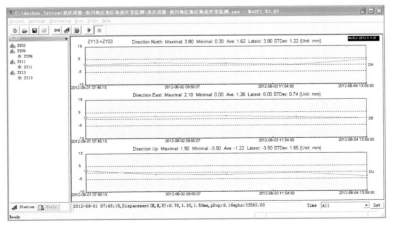

图 8.7　GPS 动态监测数据处理软件 MaGPS 界面

羊角滑坡危岩体 GPS 实时监测系统以 YJ01 点为实时监测基准点，YJ07 点为备用基准点，由于这两个基准点的观测条件较好且与各监测点之间的高差不大，故各监测点上监测结果的精度较好，三小时解算结果在平面方向上的精度优于±5mm，高程方向上的精度优于±10mm。

图 8.8 给出了自 2013 年 10 月至 2016 年 1 月之间 GPS 实时监测点的三维位移时间序列。其中纵坐标为形变量（以 mm 为单位，N 代表南北方向形变量，E 代表东西方向形变量，U 代表高程方向形变量），横坐标为日期（年/月/日）。

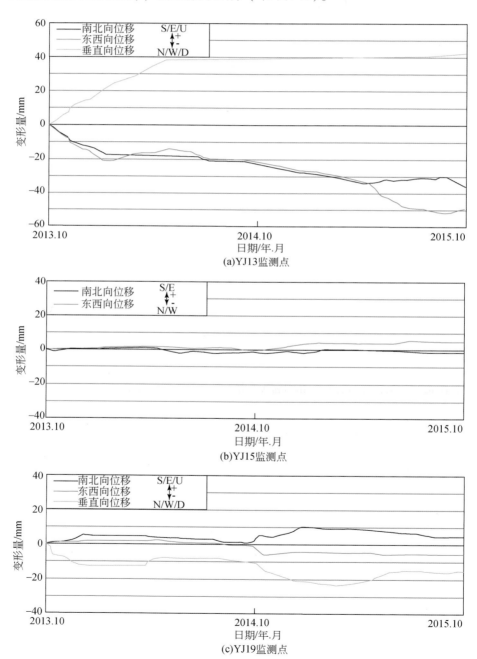

(a)YJ13监测点

(b)YJ15监测点

(c)YJ19监测点

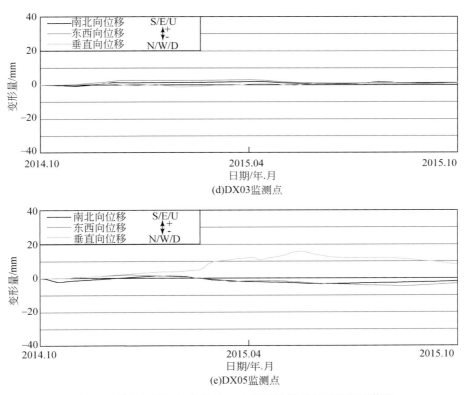

图 8.8　羊角场镇滑坡危岩体 GPS 实时监测点的三维形变信息

从图 8.8 中可以看出，在监测期间内，四个实时动态 GPS 监测点均有不同程度的变形：YJ13 监测点的变形量最大，在北方向和东方向上分别移动了 34.3mm 和 41.2mm，在垂直方向沉降幅度约为 45.7mm，需要密切关注其后续的变化状况；YJ15 监测点在北方向和东方向上没有明显形变，但在垂直方向上有微量的形变；YJ19 监测点在北方向上的变形幅度较大，目前在 11.8mm 左右，其东方向位移量在 4.7mm 左右，而在垂直方向上变化较大，已有 28.9mm 的下沉量，需要密切关注其后续的变形状况；位于大巷滑坡危岩体上的 DX03 和 DX05 监测点变形幅度比较小，说明在监测期间大巷滑坡危岩体尚没有产生明显的形变。

从 GPS 静态和动态监测结果可以看出，羊角滑坡危岩体包括多处大小不等、方向各异的危岩体区域，这给危岩体的监测、预警和防治带来很大困难。从目前监测情况而言，庆峰危岩体具有不稳定性，在垂直于裂缝方向上，有拉张的趋势，拉张速率约为 3.2mm/a，在平行于裂缝方向上，有滑动的趋势，滑动速率约为 4.4mm/a，垂直方向上的变化较大，呈现出下沉的趋势，下沉速率约为 6.9mm/a，由此可知该处危岩体呈现滑动式崩塌模式；同时，通过对监测结果的分析，发现庆口危岩体也具有不稳定性，在垂直于裂缝方向上，有拉张的趋势，拉张速率约为 7.8mm/a，在平行于裂缝方向上，有滑动的趋势，滑动速率约为 4.4mm/a，垂直方向上的变化较大，呈现出下沉的趋势，下沉速率约为 10.9mm/a，由此可知，该处危岩体向东南方向移动，呈现出滑动式崩塌模式。此外，大巷危岩体也初步呈现出不稳定的态势，特别是在垂直方向上，已呈现出抬升的趋势，抬升幅度约为11mm，而在水平方向上的形变较小，局部位移量最大为7mm，由此可知，大巷危岩体有向东南方向移动的趋势。

8.1.5　羊角场镇危岩体 InSAR 监测结果

区域地表形变 InSAR 监测采用 TerraSAR 数据，TerraSAR 数据具有短波长、高空间分辨率的特点，进行滑坡危岩体监测的难点在于时间失相干和地形相位误差的影响。为了控制地形误差的影响，处理中选择垂直基线小于 50m 的干涉对进行解算，使外部DEM 误差引起的 InSAR 视线向误差小于 5mm。在优先考虑地形误差影响的情况下，为克服失相干对干涉相位质量的影响，选择干涉图中相干性大于 0.7 的点进行处理。采用高相干点 InSAR 方法获取的羊角场镇滑坡危岩体形变速率如图 8.9 所示。值得说明的是，受制于时间失相干的影响，短波长的 TerraSAR 数据用于形变监测的相干点非常少。

图 8.9　羊角场镇区域地表形变平均速率（2012 年 6 月至 2014 年 1 月）

相比较于 L 波段的 ALOS 数据，X 波段的 TerraSAR 数据用于形变监测的相干点非常少，主要受制于时间失相干的影响。从有效的观测点分析，2012 年至 2014 年之间，羊角区域 InSAR 视线向年平均形变速率变化范围为 -6mm/a 至 6mm/a。除去部分零散的形变点之外，较为明显且集中分布的形变区主要位于陡崖下方至乌江沿岸的滑坡区域。羊角场镇位于三峡库区回水区，库水升降及河流淘蚀对羊角滑坡前缘影响较大，加上人类工程活动较为集中，因此变形显著。羊角场镇后山危岩体形变，除去庆峰危岩下方少许形变信息外，其他危岩均无可用形变点。

8.2　重庆南川甑子岩大型危岩体 GPS 动态变形监测

重庆市南川区金佛山甑子岩-观音洞危岩带位于金山镇。甑子岩-观音洞危岩带影响范围北至陡崖顶部后 100m，南侧最远至坡脚河沟，西侧为秦家湾至铝矿厂，东侧为石垭子以东，影响面积达 10.40km²，威胁 332 户 1238 人、铝矿厂 296 人，总共 1534 人，属特大型地质灾害。

自 2012 年起，在对甑子岩-观音洞危岩带进行踏勘和选点基础上，对甑子岩危岩体变形强烈的部位布设了 GPS 监测网，采用 GPS 高精度定位技术对 W23、W29-1、W29-2 三个危岩体进行高精度监测。

8.2.1　甑子岩危岩体 GPS 高精度监测技术路线

针对甑子岩危岩带地形复杂、植被众多、气候条件多变和通视条件困难等特点，对该危岩体的监测主要以 GPS 高精度静态相对定位技术为主，综合研究甑子岩危岩体的三维位移情况。同时，为了达到既能高精度实时连续监测危岩体的三维变形，又能及时准确预警的目的，决定对危险性较大的三个危岩体（W23、W29-1、W29-2）采用精度高、实用性强、可靠性较高的 GPS 实时动态监测技术方案

8.2.2　甑子岩危岩体 GPS 高精度监测技术方案

根据已崩塌破坏情况表明，甑子岩危岩体曾多次发生零星坠落及崩塌，滚动距离距陡崖脚 700～800m。对每个危岩块体危害性综合分析评价，认为危岩若失稳造成威胁大的有 3 个（W23、W29-1、W29-2）、威胁中等的有 47 个，威胁小有 23 个。

目前，W23、W29-1、W29-2 三个危岩体坡顶后缘及陡崖左右两侧边界卸荷裂缝已完全贯通，裂缝最宽达 5m，深度已贯通至崖底，存在压裂溃屈崩塌的可能，总方量 340 万 m³。该处三个危岩体一旦发生崩塌将会影响到崖脚铝矿厂堆料场上工作人员及玉泉村—柏枝村简易公路上过往行人的安全；危及到金山—头渡段南桐二级公路上过往车辆及行人的安全；更严重的是崩塌体失稳将严重危及柏枝溪水电站坝址区的安全。

为此，在对甑子岩危岩体活动历史与现状调查和深入分析的基础上，在 W23、W29-1、W29-2 三个危岩体的顶部及主次裂隙两侧布设若干变形监测点，在部分关键变形特征点上安装了 GPS 接收机和天线，用 GPS 实时动态监测技术对这些变形特征点进行常年连续自动监测，在其余的变形监测点上采用常规的 GPS 静态相对定位技术进行定期监测。在获得 GPS 观测数据并将其通过无线网络传输到数据处理中心之后，通过对 GPS 静态和动

态监测数据的处理与分析，即可获得危岩体的三维变形特征，经变形分析后获得危岩体的长期和短期变形特征，最终实现对甑子岩危岩体灾害进行预测和预警的目标。

1. 危岩体 GPS 监测网的布设

甑子岩危岩体 GPS 监测网共由 13 个监测点组成（图 8.10），其中危岩体上方设有 10 个监测点，两个一组，分为 CR-InSAR 监测点（ZY04、ZY06、ZY08、ZY10、ZY12）和 GPS 监测点（ZY05、ZY07、ZY09、ZY11、ZY13）。危岩体下方设有 3 个基准点（ZY01、ZY02、ZY03）。基准点和监测点共同构成甑子岩危岩体的三维位移监测网。

其中，对甑子岩危岩带中的 W23、W29-1、W29-2 危岩体等重点危险区域，选取相应的 5 个监测点（ZY03、ZY05、ZY09、ZY11、ZY13），在这些点上安装实时监测 GPS 设备、无线数传电台和太阳能供电系统，对甑子岩危岩体的危险区域进行全天候的连续实时监测。

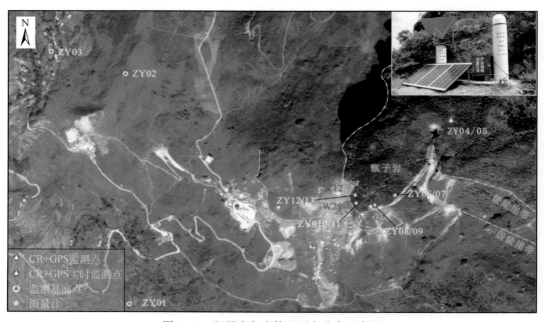

图 8.10　甑子岩危岩体监测点分布示意图

2. 坐标系统

在甑子岩危岩体高精度 GPS 监测网中，为了避免坐标转换可能带来的误差，直接采用 GPS 定位系统的 WGS-84 坐标系对甑子岩危岩体进行三维变形监测和分析，并在此坐标系内研究和分析各监测点的三维形变特征。

3. 监测周期

GPS 实时动态监测技术主要用于远程连续实时监测甑子岩危岩体三维位移场，一般情况下每隔 3 小时发布一次危岩体的变形监测数据，其精度在 5mm 以内；在特殊情况下，如危岩体发生显著位移或在恶劣气象条件下，可根据需要每隔 5 至 10 分钟发布一次危岩体的变形信息，并对危岩体的变形状况进行预测预报，其精度在 10mm 左右。

GPS 监测网进行长年连续观测，同时基准网和监测网还进行定期静态观测，每年观测一至两期，并根据每期监测结果对基准网进行稳定性分析，以检验 3 个基准点的稳定性。

4. 危岩体 GPS 实时动态监测系统的设备配置

甑子岩危岩体 GPS 实时动态监测系统的设备包括：单频 GPS 接收机和天线，无线通讯设备（无线数传电台），供电系统（市电或太阳能供电系统），高性能计算机（服务器）和 GPS 监测数据处理软件。

甑子岩危岩体 GPS 实时动态监测系统的设备配置详细情况如下：

（1）三个监测点上配备以下设备：单频 GPS 接收机和天线 3 套（一个监测点配备一套 GPS 接收机和天线）；供电系统 3 套（太阳能供电系统）；无线通讯设备 3 套（一台 GPS 接收机需要一套通讯设备）；基座 3 个；GPS 接收机和天线防护设施 3 套。

（2）两个基准点上主要配备以下设备：单频 GPS 接收机和天线 2 套；供电系统 2 套（太阳能供电系统）；无线通讯设备 2 套；基座 2 个；GPS 接收机和天线防护设施 2 套。

（3）数据处理中心主要配备以下设备：高性能计算机（服务器）1 台；GPRS（General Packet Radio Service）网络和 Internet 宽带网络；数据远程传输软件 1 套；GPS 实时监测数据处理软件 1 套。

5. 危岩体 GPS 实时动态监测数据处理

甑子岩危岩体 GPS 实时动态监测系统的变形监测数据处理包括数据采集、数据传输以及 GPS 数据处理与管理三部分。

数据采集软件要求具有实时采集及自动转换成 RINEX 格式数据文件的功能，目前一般的随机软件均能满足此要求。

数据传输采用 GPRS 无线传输方式，因为 GPRS 具有永远在线、速度快、价格低、接入速度快等特点，用户只要在数据发送端保证有通讯信号覆盖、在接收端保证接入到 Internet 网络，并且有一个固定的 IP 地址，就可以将监测数据实时地传送到目标计算机中（王利等，2009）。

GPS 数据处理与管理软件要能够进行 GPS 基线向量解算，同时还应具有可视化、数据管理及分析等功能。

6. 甑子岩危岩体 GPS 实时动态变形监测系统的构成

甑子岩危岩体 GPS 实时动态变形监测系统由野外数据采集系统（GPS 信号接收设备和供电设备）、数据传输系统（GPRS 无线数传电台）和数据处理中心（高性能服务器和数据处理软件）三部分构成。危岩体 GPS 实时变形监测系统的最大优点是以低成本和高精度实现了对危岩体灾害的全自动化、全天候的连续动态监测，能实时获取危岩体的三维变形信息。

8.2.3　甑子岩危岩体 GPS 实时动态监测结果及分析

2012 年 7 月，在甑子岩危岩体重点监测区域的 3 个 GPS 监测点（ZY09、ZY11、ZY13）上安装了连续监测的 GPS 接收机、无线数传电台和太阳能供电设备 3 套，在危岩体下方的基准点上（ZY03）安装了连续监测的 GPS 接收机、无线数传电台和太阳能供电系统设备 1 套，并于 2012 年 8 月初开始对甑子岩危岩体实施全天候连续实时动态变形监测。

　　由于甑子岩所在地区的地形和气候条件复杂，观测环境相对恶劣，加上基准点与监测点之间的高差过大，导致监测结果的误差较大，其水平方向精度在 10mm 左右，垂直方向精度在 10～50mm 之间。为此，于 2012 年 12 月初在位于甑子岩顶部后方稳定区域的 ZY05 点上又安装了一套实时监测 GPS 设备、无线数传电台和太阳能供电系统，作为监测甑子岩危岩体的另一基准点。ZY05 基准点建成后，各监测点上监测结果的精度已大大改善，3 小时结果的平面方向精度可控制在 ±5mm 以内，高程方向精度可控制在 ±10mm 以内。

　　如图 8.11 所示为 2012 年 12 月至 2015 年 10 月之间各监测点的三维位移时间序列，其中纵坐标为形变量（以 mm 为单位，N 代表南北方向形变量，E 代表东西方向形变量，U 代表高程方向形变量），横坐标为日期（年/月/日），每隔 3 小时发布一次形变量。

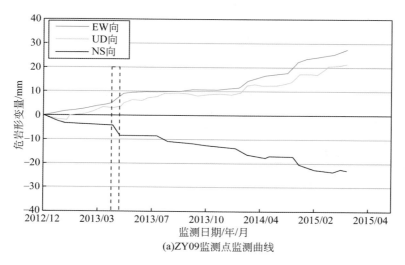

(a)ZY09监测点监测曲线

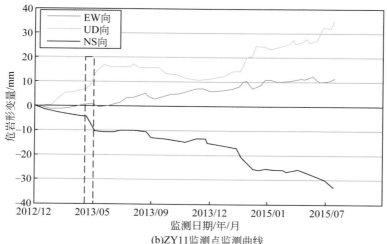

(b)ZY11监测点监测曲线

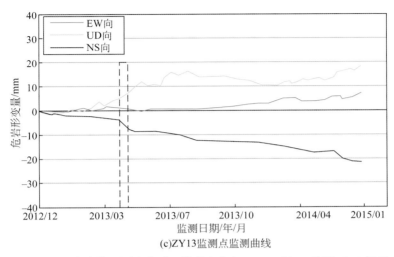

(c)ZY13监测点监测曲线

图 8.11　甑子岩危岩体监测点实时三维形变信息（2012 年 12 月至 2015 年 10 月）

从图 8.11 中可以看出，近几年来，三个监测点均有不同程度的变形：ZY09 监测点在南方向和东方向的位移量有逐渐扩大的趋势，目前的位移量分别约为 23mm 和 27.2mm，垂直方向有持续抬升的趋势，目前抬升幅度约为 21.5mm；ZY11 监测点在南方向和东方向的位移量也有逐渐扩大的趋势，目前的位移量分别约为 33mm 和 11.6mm，垂直方向在经历了大约半年的持续抬升之后，目前的抬升幅度逐渐稳定在 35.3mm 左右；ZY13 监测点在南方向的位移量较大，约为 20.1mm，而且有逐渐增大的趋势，在东方向上，相对比较稳定，位移量较小，约为 7.5mm，其垂直方向的抬升幅度在 18.8mm 左右。同时，从图 8.11 也可以看出，ZY09、ZY11 和 ZY13 三个监测点的位移时间序列在 2013 年 4 月 20 日之后有一次显著的变化（如图中红色竖虚线所示），尤其是在 N 方向上（南北方向），三个监测点均向南产生了一次整体性的位移，变化幅度约为 5mm，之后一直位于变形后的位置，没有回弹现象，说明这次位移是一次永久性的位移。

8.3　重庆武隆鸡冠岭北侧危岩三维激光扫描监测示范

三维激光扫描技术是一种全新的测绘技术，它突破了传统单点测量方法的不足，实现了对面的测量，具有获取数据速度快、成果精度高、非接触测量等诸多优势。例如，由于地形条件的限制，尤其是高陡岩体崩塌，传统的人工实地接触式调查方法很难达到预期的效果。因此，近年来一些研究开始探索三维激光扫描技术在地质灾害领域工作中的适用性（董秀军、黄润秋，2006；赵国梁等，2009；徐进军等，2010），这些研究表明，受扫描速率、扫测距离等具体条件的影响，该技术在解决复杂地质环境条件下地质灾害的监测有一定能力但也有所限制。

三维激光扫描开展形变监测实现了由单点到面的监测，可大范围获取高分辨率的海量数据，进而判断出形变区域、形变趋势和形变量。由于具有合理的空间采样间隔，大幅度提高了数据采集速率和监测效率，提高了野外工作安全系数。下面以鸡冠岭北侧危岩体为例，说明三维激光扫描监测中点、线、面相结合的形变监测方法。

8.3.1　危岩三维激光扫描监测

运用徕卡 HDS8800 三维激光扫描仪针对鸡冠岭北侧危岩开展三维激光扫描形变监测工作。下面以 2012 年 10 月和 2013 年 10 月两期数据为例，进行高陡危岩体的形变对比分析和技术方法总结。高陡危岩体同滑坡不同，短时间内不易受到风化或雨水侵蚀的影响，结构面相对稳定，所以在面上对比和点上对比两种方法基础上，加入结构面剖面线对比分析方法，多角度反应危岩体刚性形变。

1. 面上对比和点上对比

面上对比、点上对比的监测方法同滑坡监测方法相同。首先，提取鸡冠岭点云数据（图 8.12），并对原始点云数据进行处理，剔除噪音数据后进行封装建模。然后，选取鸡冠岭危岩体上无植被覆盖区域（临空面左上角红线方框区域）进行两期数据的面上对比和点上对比（图 8.13、表 8.10）。

 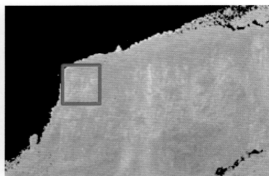

(a)现场照片(2013.7.13,镜像110°)　　　　　　　　(b)点云数据

图 8.12　鸡冠岭西侧危岩体及点云数据

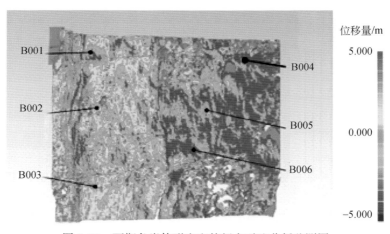

图 8.13　两期危岩体形变和特征点对比分析监测图

表 8.10　危岩体表面特征点监测信息表

名称	偏差/m	偏差 X/m	偏差 Y/m	偏差 Z/m
B001	−0.0043	−0.0037	0.0018	−0.0010
B002	−0.0150	−0.0143	0.0012	−0.0046
B003	0.0191	0.0179	−0.0058	0.0036
B004	−0.0124	−0.0113	−0.0050	−0.0010
B005	0.0125	0.0124	−0.0008	0.0009
B006	−0.0443	−0.0427	0.0075	0.0094

　　危岩体表面的变化表现出整体的、钢性的三维的变化。从面上和点上对比监测图可以看出，最外侧临空面形变以红色黄色为主，逐步过渡到中间部位的以黄绿色段为主，靠近最内侧区域则以蓝色段为主，由外到内，形变量由正值逐步过渡为负值，由此可以判断出，该危岩体在 Z 轴方向上存在着一个顺时针方向幅度微小的扭曲变形，这也很好的体现了危岩体刚性形变的特点。

2. 结构剖面线对比

　　针对高陡危岩体的形变监测方法除了面上和点上的形变监测方法外，鉴于其结构面特征明显的特点，加入了结构面剖面线对比的表达方式，用于高陡危岩体表面变化分析。首先在两期数据的模型上设置横向剖面。剖面的位置可以选取在结构面特征较明显的位置，也可以选取在面对比和点对比的监测图中形变量较为明显的区域。剖面与两期数据模型相切得到剖面线（图 8.14a），其中红色线条为 2012 年 10 月危岩体结构面剖面线，蓝色线条为 2013 年 10 月危岩体结构剖面线。由于线性对比在形变量很小时，不宜用色谱对比分析的方法来表示，所以将其中一条剖面线还原成点云数据格式，通过点云与剖面线对比的方法表示结构面的变化（图 8.14b）。从剖面线对比分析监测图可以看出，由于危岩体表面块体结构的特点，各个位置的位移和变化在各个方向上都有所体现。

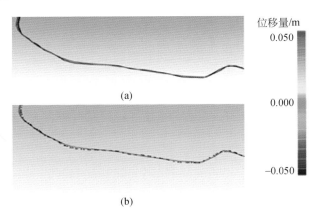

图 8.14　两期危岩体剖面线（a）和相对位移监测结果（b）

　　三维激光扫描技术形变监测不同于以往的单点监测测量，是通过针对形变监测区域内大量空间点云数据的相对位移的监测来实现面上的监测。通过实际应用可知，运用三维激光扫描技术针对滑坡、危岩体进行形变监测，通过点、线、面相结合的方法，不仅可以推断其形变趋势和形变量，还可通过对数据分析，获得相关运动规律认识，这是险情预判和重点部位处置的关键依据。

8.3.2　三维激光扫描技术优势及局限性

1. 技术优势

与地质领域传统调查测量方法对比，三维激光扫描具有以下技术优势。

（1）获取数据速度快

在地形测量与形变监测中，三维激光扫描技术可以快速获取被测目标体表面的整体信息，实现面监测，更加客观、直接地反应出目标体上的变化区域和变化量，可以更加准确地反应出目标体形变趋势，为预警预报工作提供数据支持。

（2）测绘结果精度高

点云数据精度主要受单点精度、角度精度等因素控制。三维激光扫描仪的单点和角度精度均低于全站仪，但三维激光扫描技术的特点与优势并不在于单点测量，而是通过对目标体表面的测量来进行拟合建模，生成表面模型。三维激光扫描仪对目标体表面（图中实线部分）进行扫描并获取点云数据，通过软件可对这些数据点云进行统计并拟合出一个表面（图中虚线部分），点云密度越大，拟合表面越接近真实表面，相对误差也就越小，精度大幅度提高（李滨等，2012）。

（3）非接触测量更安全

三维激光扫描技术采用远距离非接触扫描目标的方式进行测量。对于在我国西南峡谷地区、黄土高原地区等传统测量方法无法或难以开展野外调查测量工作的地区，该技术对传统的测量方法起到了有益的补充作用。在突发地质灾害情况或对险情认知不充足，是否伴随有次生灾害等情况不明了时，远距离非接触的测量和监测方法使得调查人员的安全得以保障。

2. 复杂环境下局限性

三维激光扫描技术还有许多地方需要改进和提高。实际应用中应充分顾及以下不足和局限性。

（1）测量距离有限

实际操作中，扫描仪的实际有效距离约为 1.5~2 km。针对大型的滑坡或危岩体等灾害体的扫描工作中，有效测量距离的限制使得测站点增加，进而降低监测效率。这对于特大型的地质灾害调查与监测工作存在明显制约。

（2）受植被影响较大

由于三维激光扫描仪只能获得物体表面的三维坐标，当滑坡、危岩体表面有大量的植被覆盖时，三维激光扫描仪无法测量到地形表面，虽经后期数据处理，仍会对最终成果精度产生影响。

（3）变形监测工作流程有待优化

不同于以往的单点监测，对灾害体表面形变的分析和监测较为复杂。灾害体表面变化是复合的、三维的，不完全局限于水平方向或垂直方向。三维激光扫描技术对灾害体进行变化分析和形变监测是一个新的课题，需要在形变监测的工作流程、观测方案优化以及数据处理方法上进行研究和优化，以满足工程监测精准性、全面性和完整性的要求。

8.4　小　　结

岩溶山区特大地质灾害具有突发性的特点，对发现灾害体变形的响应时间要求较高，所采用的监测技术必须尽早发现其变形及发生发展情况，并能够及时准确地做出判断，以此为基础提出预防、处置灾害的措施。由于 GPS 静态相对定位技术的定位时间较长，无法及时捕捉到灾害体的实时形变信息，因此，对岩溶山区特大地质灾害的监测更加适合采用实时或准实时的 GPS 快速动态监测技术。同时，对于某些变形相对缓慢的灰岩山区地质灾害体，则可以采用 GPS 高精度静态和动态相对定位技术相结合的监测技术路线，GPS 高精度静态相对定位技术用于获取灾害体的长期变化趋势，而 GPS 快速动态定位技术则用于获取灾害体的短期变形特征，从而实现将两种技术的有机融合，相互取长补短，优势互补。

本章两个地质灾害点的 GPS 实时动态监测系统的建立和稳定运行，说明采用 GPS 实时动态定位技术对岩溶山区特大地质灾害进行动态变形监测是完全可行的，而且实现了从野外观测、数据采集、数据传输和解算分析的全自动化，可以实时、高精度地获取危岩体的三维变形信息，从而能够快速准确地对危岩体的变形情况进行判断和预报。

GPS 实时动态监测系统是一种无人值守的、可连续跟踪 GPS 卫星信号、可通过网络远程进行传输数据并接受计算机远程控制的高精度 GPS 测量系统，具有监测精度高、作业周期短、人工干预少、自动化程度高和全天候连续工作等特点。GPS 实时动态监测系统能够实现对灾害体变形情况的全天候自动化三维动态监测，进而实现对灾害体变形状况的及时准确预警。随着对高精度 GPS 定位技术研究的不断深入，GPS 实时动态定位技术将会在防灾减灾和国民经济建设的各个领域得到更广泛的应用。

此外，本章还对地质灾害的三维激光扫描技术的进行了简述，探讨了可通过点、线、面相结合的方式进行灾害地质体形变监测。在地质灾害快速调查识别与监测中，该技术有自己独特的方法、操作流程和成果表达形式，在现阶段的应用中也要考虑其精度、作业范围等限制条件，该技术尚不能完全取代传统方法，与现有方法相结合，互为补充，将有利于地质灾害调查与监测工作的深入研究和实践。

主要参考文献

敖萌. 2015. 高相干点 InSAR 技术用于滑坡调查与高精度监测. 西安：长安大学博士学位论文.

陈崇希. 1995. 岩溶管道–裂隙–孔隙三重空隙介质地下水流模型及模拟方法研究. 地球科学：中国地质大学学报, 20（4）：361-366.

陈洪凯. 2008. 三峡库区危岩链式规律的地貌学解译. 重庆交通大学学报：自然科学版, 27（1）：91-95.

陈祥军, 马凤山, 王思敬, 等. 2004. 溶蚀岩体随机结构模型建立及其在岩体渗漏评价中的应用. 工程地质学报, 12（2）：193-198.

陈自生, 张晓刚. 1994. 1994-04-30 四川省武隆县鸡冠岭滑坡–崩塌–碎屑流–堵江灾害链. 山地灾害, 12（4）：225-229.

陈祖煜, 汪小刚. 2005. 岩质边坡稳定：原理·方法·程序. 北京：水利水电出版社.

陈祖煜, 张建红. 1996. 岩石边坡倾倒稳定分析的简化方法. 岩土工程学报, 18（6）：92-95.

程谦恭, 彭建兵, 胡广韬, 等. 1999. 高速岩质滑坡动力学. 成都：西南交通大学出版社.

程谦恭, 彭建兵, 胡广韬. 1997. 剧动式高速岩质滑坡临床峰残强降加速动力学机理分析. 见：西安工程学院编, 地质工程与水资源新进展. 西安：陕西科学技术出版社, 42-50.

程谦恭, 王玉峰, 朱圻, 等. 2011. 高速远程滑坡超前冲击气浪动力学机理. 山地学报, 29（01）：70-80.

程谦恭, 张倬元, 黄润秋. 2007. 高速远程崩滑动力学的研究现状及发展趋势. 山地学报, 25（01）：72-84.

重庆市地质矿产勘查开发局 107 地质队. 2009 重庆市南川区金佛山甑子岩–观音洞危岩带调查评价报告. 重庆：重庆市地质矿产勘查开发局 107 地质队.

重庆市高新工程勘察设计院有限公司. 2012. 重庆市武隆县羊角滑坡补充勘查报告. 重庆：重庆市高新工程勘察设计院有限公司.

邓建辉, 马水山, 张保军, 等. 2003. 清江隔河岩水库茅坪滑坡复活机理初探. 岩石力学与工程学报, 22（10）：1730-1737.

董秀军, 黄润秋. 2006. 三维激光扫描技术在高陡边坡地质调查中的应用. 岩石力学与工程学报, 25（S2）：3629-3635.

董秀军, 裴向军, 黄润秋. 2015. 贵州凯里龙场镇山体崩塌基本特征与成因分析. 中国地质灾害与防治学报, 26（3）：3-9.

范士凯. 2006. 采空区上边坡稳定问题. 资源环境与工程, 20（S1）：617-627.

冯振, 陈云霞, 李滨, 等. 2016. 重庆南川甑子岩山体崩塌机制研究. 水文地质工程地质, 43（01）：50-56.

冯振, 李滨, 贺凯. 2014. 近水平厚层高陡斜坡崩塌机制研究. 地质力学学报, 20（02）：123-131.

冯振, 殷跃平, 蔡奇鹏, 等. 2014. 斜倾厚层山体滑坡启动机制的模型试验研究. 岩石力学与工程学报, 33（S1）：2600-2604.

冯振, 殷跃平, 李滨, 等. 2012a. 斜倾厚层岩质滑坡视向滑动的土工离心模型试验. 岩石力学与工程学报, 31（5）：890-897.

冯振, 殷跃平, 李滨, 等. 2012b. 重庆武隆鸡尾山滑坡视向滑动机制分析. 岩土力学, 33（9）：

2704-2712.

冯振, 殷跃平, 李滨, 等. 2013. 鸡尾山特大型岩质滑坡的物理模型试验. 中南大学学报（自然科学版）, 44（7）: 2827-2835.

冯振. 2012. 斜倾厚层岩质滑坡视向滑动机制研究. 北京: 中国地质科学院博士学位论文.

付兵. 2005. 四川省武都水库坝基岩溶发育特征及其对工程影响研究. 成都: 西南交通大学博士学位论文.

高杨, 殷跃平, 邢爱国, 等. 2013. 鸡尾山高速远程滑坡-碎屑流动力学特征分析. 中国地质灾害与防治学报, 24（4）: 46-51.

葛大庆, 王艳, 郭小方, 等. 2007. 基于相干点目标的多基线 D-InSAR 技术与地表形变监测. 遥感学报, 11（04）: 574-580.

谷德振. 1979. 岩体工程地质力学基础. 北京: 科学出版社.

过静珺, 杨久龙, 丁志刚, 等. 2004. GPS 在滑坡监测中的应用研究——以四川雅安峡口滑坡为例. 地质力学学报, 10（1）: 65-70.

哈尔滨工业大学. 2004. 理论力学. 北京: 高等教育出版社.

何思明, 吴永, 李新坡. 2008. 颗粒弹塑性碰撞理论模型. 工程力学, 25（12）: 19-24.

贺凯, 殷跃平, 冯振, 等. 2015a. 重庆南川甑子岩-二娅岩危岩带特征及其稳定性分析. 中国地质灾害与防治学报, 26（1）: 16-22.

贺凯, 殷跃平, 李滨, 等. 2015b. 塔柱状岩体崩塌运动特征分析. 工程地质学报, 23（1）: 86-92.

贺凯. 2015. 塔柱状岩体崩塌机理研究. 西安: 长安大学博士学位论文.

胡广韬, 林叔中. 1994. 缓倾山体采空侧动成灾的复合机理. 中国地质灾害与防治学报, 5（S）: 1-10.

胡广韬等. 1995. 滑坡动力学. 北京: 地质出版社.

胡厚田. 1989. 崩塌与落石. 北京: 中国铁道出版社.

黄波林, 陈小婷, 刘广宁, 等. 2008. 巫山县望霞乡桐心村危岩体变形破坏机制分析. 工程地质学报, 16（4）: 459-464.

黄润秋. 2004. 中国西部地区典型岩质滑坡机理研究. 地球科学进展, 19（3）: 443-450.

黄润秋. 2012. 岩石高边坡稳定性工程地质分析. 北京: 科学出版社.

蒋良维, 黄润秋. 2006. 反倾层状岩体斜坡弯曲-拉裂两种失稳破坏之判据探讨. 工程地质学报, 14（3）: 289-295.

乐琪浪, 王洪德, 薛星桥, 等. 2011. 巫山县望霞危岩体变形监测及破坏机制分析. 工程地质学报, 19（6）: 823-830.

李滨, 李跃明, 宋济宇. 2012. 地面三维激光扫描系统中的"五度"研究. 测绘通报, （03）: 43-45.

李滨, 王国章, 冯振, 等. 2015. 地下采空诱发陡倾层状岩质斜坡失稳机制研究. 岩石力学与工程学报, 34（6）: 1148-1161.

李滨, 王国章, 冯振, 等. 2015. 陡倾层状岩质斜坡极限平衡稳定分析. 岩土工程学报, 37（5）: 839-846.

李世海, 练振中, 王建锋. 2003. 清江茅坪滑坡白岩危岩体崩塌现场测量及其分析. 中国地质灾害与防治学报, 14（03）: 53-57.

李守定, 李晓, 张年学, 等. 2006. 三峡库区宝塔滑坡泥化夹层泥化过程的水岩作用. 岩土力学, 27（10）: 1841-1846.

李祥龙, 唐辉明, 熊承仁, 等. 2012. 基底刮铲效应对岩石碎屑流停积过程的影响. 岩土力学, 33（5）: 1527-1541.

李玉生, 谭开鸥, 王显华. 1994. 武隆县鸡冠岭岩崩特征. 中国地质灾害与防治学报, 5（2）: 92-94.

刘保县，黄敬林，王泽云，等．2009．单轴压缩煤岩损伤演化及声发射特性研究．岩石力学与工程学报，(S1)：3234-3238.

刘传正，郭强，陈红旗．2004．贵州省纳雍县岩脚寨危岩崩塌灾害成因初步分析．中国地质灾害与防治学报，15（4）：123-144.

刘传正，黄学斌，黎力．1995b．乌江鸡冠岭崩堵江地质灾害及其防治对策．水文地质工程地质，(4)：6-12.

刘传正，施韬，张明霞．1995a．链子崖危岩体 T8-T12 缝段开裂变形机制的研究．工程地质学报，3（2）：29-41.

刘传正．2009．重大地质灾害防治理论与实践．北京：科学出版社．

刘圣伟，郭大海，陈伟涛，等．2012．机载激光雷达技术在长江三峡工程库区滑坡灾害调查和监测中的应用研究．中国地质，39（02）：507-517.

刘涌江．2002．大型高速岩质滑坡流体化理论研究．成都：西南交通大学博士学位论文．

柳源．1999．山体崩滑破坏的视滑力问题——以链子崖危岩体为例．工程地质学报．7（3）：272-278.

卢万年．1991．用空气动力学分析坡体高速滑坡的滑行问题．西安地质学院学报，13（4）：77-85.

罗先启，葛修润．2008．滑坡模型试验理论及其应用．北京：中国水利水电出版社．

梅松华，盛谦，李文秀．2004．地表及岩体移动研究进展．岩石力学与工程学报，23（1）：4535-4538.

祁生文，聂洪峰，严福章，等．2004．茅坪滑坡稳定性的尖点突变分析．工程地质学报，12（S1）：519-522.

饶锡保，包承纲．1992．离心试验技术在土石坝工程中的应用．长江科学院院报．9（02）：21-27.

任光明，聂德新，左三胜．1996．滑带土结构强度再生研究．地质灾害与环境保护，7（3）：7-12.

任光明，聂德新．1997．大型滑坡滑带土结构强度再生特征及其机制探讨．水文地质工程地质，24（3）：28-31，44.

任幼蓉，陈鹏，张军，等．2005．重庆南川市甑子岩 W12#危岩崩塌预警分析．中国地质灾害与防治学报，16（2）：28-31，37.

石根华．1981．岩体稳定的几何分析方法．中国科学（A 辑），(4)：487-495.

石根华．2006．一般自由面上多面节理生成、节理块切割与关键块搜寻方法．岩石力学与工程学报，25（11）：2161-2170.

孙广忠，孙毅．2011．岩体力学原理．北京：科学出版社．

孙广忠．1988．岩体结构力学．北京：科学出版社．

孙广忠．1996．新滩滑坡预报成功的意义及变形监测．中国地质灾害与防治学报，7（S1）：1-4.

孙玉科，姚宝魁．1983a．我国岩质边坡变形破坏的主要地质模式．岩石力学与工程学报，2（1）：67-76.

孙玉科，姚宝魁．1983b．盐池河磷矿山体崩坍破坏机制的研究．水文地质工程地质，(1)：1-7.

汤伏全．1989．采动滑坡的机理分析．西安矿业学院学报，(3)：32-26.

唐春安．1993．岩石破裂过程中的灾变．北京：煤炭工业出版社．

王国章，李滨，冯振，等．2014．重庆武隆鸡冠岭岩质崩滑–碎屑流过程模拟．水文地质工程地质，41（5）：101-106.

王利，张勤，丁晓利，戴吾蛟，等．2009．基于无线通讯网络的 GPS 多天线监测系统及其应用．地球科学与环境学报，31（3）：323-326.

王利．2014．地质灾害高精度 GPS 监测关键技术研究．西安：长安大学博士学位论文．

王林峰，陈洪凯，唐红梅．2013．反倾岩质边坡破坏的力学机制研究．岩土工程学报，35（5）：884-889.

王仁波．2012．基于 GPS 远程滑坡实时监测系统设计与实现．哈尔滨：哈尔滨工程大学出版社．

王玉川，巨能攀，赵建军，等．2013．缓倾煤层采空区上覆山体变形破坏机制及稳定性研究．工程地质学报，21（1）：61-68.

伍法权．2010．三峡库区高切坡变形破坏机制．北京：中国三峡出版社．

仵彦卿．2009．岩土水力学．北京：科学出版社．

谢谟文，王增福，胡嫚，等．2012．高山峡谷区 D-InSAR 滑坡监测数据特征分析．测绘通报，（04）：18-21.

邢爱国．2001．云南头寨大型高速岩质滑坡流体动力学机理的研究．成都：西南交通大学博士学位论文．

邢爱国．2002．云南头寨大型高速岩质滑坡流体动力学机理的研究．岩石力学与工程学报，21（4）：614-614.

邢学敏，朱建军，汪长城，等．2011．一种新的 CR 点目标识别方法及其在公路形变监测中的应用．武汉大学学报（信息科学版），36（6）：699-703.

徐进军，王海城，罗喻真，等．2010．基于三维激光扫描的滑坡变形监测与数据处理．岩土力学，31（07）：2188-2191.

徐祖舰．2009．机载激光雷达测量技术及工程应用实践．武汉：武汉大学出版社．

许强，黄润秋，殷跃平，等．2009.2009 年 6·5 重庆武隆鸡尾山崩滑灾害基本特征与成因机理初步研究．工程地质学报，17（04）：433-444.

殷跃平，康宏达，何思为，等．1994．乌江鸡冠岭危岩体整治爆破工程方案．中国地质灾害与防治学报，5：324-331.

殷跃平，康宏达，张颖，等．1995．地质工程设计支持系统与链子崖锚固设计．北京：地质出版社．

殷跃平，康宏达，张颖．2000．链子崖危岩体稳定性分析及锚固工程优化设计．岩土工程学报，22（5）：599-603.

殷跃平，刘传正，陈红旗，等．2013.2013 年 1 月 11 日云南镇雄赵家沟特大滑坡灾害研究．工程地质学报，21（01）：6-15.

殷跃平，朱继良，杨胜元．2010．贵州关岭大寨高速远程滑坡–碎屑流研究．工程地质学报，18（04）：445-454.

殷跃平．1997．地质工程在链子崖危岩治理中的应用．水文地质工程地质，（2）：23-25.

殷跃平．2004．长江三峡库区移民迁建新址重大地质灾害及防治研究．北京：地质出版社．

殷跃平．2005．三峡库区边坡结构及失稳模式研究．工程地质学报，13（2）：145-154.

殷跃平．2009．汶川八级地震滑坡高速远程特征分析．工程地质学报，17（02），153-166.

殷跃平．2010．斜倾厚层山体滑坡视向滑动机制研究——以重庆武隆鸡尾滑坡为例．岩石力学与工程学报，29（2）：217-226.

张缙．1980．岩块崩塌与运动初析．见：中国科学院地质研究所，岩体工程地质力学问题（三）．北京：科学出版社，133-143.

张菊明，王思敬，曾钱帮，等．2005．溶蚀岩体三维随机洞体数学模型的设计．工程地质学报，12（3）：237-242.

张龙，唐辉明，熊承仁，等．2012．鸡尾山高速远程滑坡运动过程 PFC3D 模拟．岩石力学与工程学报，31（S1）：2601-2611.

张明，殷跃平，吴树仁，等．2010．高速远程滑坡–碎屑流运动机理研究发展现状与展望．工程地质学报，18（06）：805-817.

张勤，李家权．2005．GPS 测量原理及应用．北京：科学出版社．

张勤，赵超英，丁晓利，等．2009．利用 GPS 与 InSAR 研究西安现今地面沉降与地裂缝时空演化特征．地球物理学报，52（5）：1214-1222.

张社荣，严磊，王超，等．2012．基于随机有限元法的溶蚀坝基系统建坝适应性评价．岩土力学，33

（2）：597-602.

张远娇，邢爱国，朱继良. 2012. 汶川地震触发牛圈沟高速远程滑坡-碎屑流动力学特性分析. 上海交通大学学报，（10）：1665-1670.

张倬元，王士天，王兰生. 1994. 工程地质分析原理. 北京：地质出版社.

赵超英，张勤，王利. 2005. GPS 高差在滑坡监测中的应用研究. 测绘通报，（1）：39-41.

赵国梁，岳建利，余学义，等. 2009. 三维激光扫描仪在西部矿区采动滑坡监测中的应用研究. 矿山测量，（3）：29-31.

赵建军，肖建国，向喜琼，等. 2014. 缓倾煤层采空区滑坡形成机制数值模拟研究. 煤炭学报，39（3）：424-429.

中国电力企业联合会. 2007. 水利水电工程岩石试验规程（DL/T5368—2007），中华人民共和国电力行业标准.

中国电力企业联合会. 2013. 工程岩体试验方法标准（GB/T50266—2013），中华人民共和国国家标准. 北京：中国计划出版社.

中国石油地质勘探专业标准化技术委员会. 沉积岩中黏土矿物和常见非黏土矿物 X 射线衍射分析方法（SY/T5163—2010）. 中华人民共和国石油天然气行业标准.

中华人民共和国水利部. 1995. 工程岩体分级标准（GB/T50218—94），中华人民共和国国家标准.

周军，袁兴平，熊开治，等. 2003. 重庆岩溶石山地区地下水资源勘察报告. 重庆：重庆市地质矿产勘查开发总公司.

朱建军，邢学敏，胡俊，等. 2011. 利用 InSAR 技术监测矿区地表形变. 中国有色金属学报，21（10）：2564-2576.

朱赛楠，李滨，冯振. 2015. 乌江流域含碳质钙质页岩三轴流变力学特性分析. 中国地质灾害与防治学报，26（4）：144-151.

Allen C W. 1934. Subsidence resulting from the Athen system of mining at Negaunee, Michigan. Proceedings of America Institute Mining and Metallurgical Engineering, 109：195-202.

Altun A O, Yilmaz I, Yildirim M. 2010. A short review of the surficial impacts of underground mining. Scientific Research and Essays, 5（21）：3206-3212.

Amini M, Majdi A, Audan O. 2009. Stability analysis and the stabilization of flexural toppling failure. Rock Mechanics Rock Engineering, 42（5）：751-782.

Amini M, Majdi A, Veshadi M A. 2012. Stability analysis of rock slopes against block-flexure toppling failure. Rock mechanics and Rock Engineering, 45（4）：519-532.

Aydan O, Kawamoto T. 1992. Stability of slopes and underground openings against flexural toppling and their stabilization. Rock Mechanic Rock Engineering, 25（3）：143-165.

Bagnold R A. 1968. Deposition in the process of hydraulic transport. Sedimentolgy, 10：45-56.

Barbolini M, Biancardi A, Cappabianca F, et al. 2005. Pagliardi. laboratory study of erosion processes in snow avalanches. Cold Regions Science and Technology, 43：1-9.

Benedetti G, Bernardi M, Bonaga G, et al. 2013. San Leo：centuries of coexistence with landslides. In：Margottini C, Canuti P, Sassa K, eds. Landslide Science and Practice. Heidelberg：Springer, 529-537.

Benz W. 1990. Smooth Particle hydrodynamics：a review. In：Buchler J R, eds. Numerical Modelling of Nonlinear Stellar Pulsations Problems and Prospects, Dordrecht：Kluwer Academic, 269-288.

Berardino P, Fornaro G, Lanari R, et al. 2002. A new algorithm for surface deformation monitoring based on small baseline differential SAR interferometry. IEEE Trans. on Geosci. Remote Sens. , 40（11）：2375-2383.

Bieniawski Z T. 1989. Engineering rock mass classifications. New York：Wiley.

Biggs J, Wright T, Lu Z, et al. 2007. Multi-interferogram method for measuring interseismic deformation: Denali Fault, Alaska. Geophysical Journal Internarional, 170 (3): 1165-1179.

Brady B H G, Brown E T. 2006. Rock Mechanics for Underground Mining (Third edition). New York: Springer.

Brideau M, Sturzenegger M, Stead D, et al. 2012. Stability analysis of the 2007 chehalis lake landslide based on long-range terrestrial photogrammetry and airborne lidar data. Landslides, 9 (1): 75-91.

Broili L. 1967. New knowledge on the geomorphology of the vajont slide slipe surface. Rock Mechanics and Engineering Geology, 38-88.

Bromhead E N. 1992. The Stability of Slopes. Glasgow: Blackie Academic & Proffessional.

Bulmer M H, Petley D N, Murphy W, et al. 2006. Detecting slope deformation using two-pass differential interferometry: implications for landslide studies on Earth and other planetary bodies. J. Geophys. Res. , 111 (E6): 3197-3215.

Cascini L, Fornaro G, Peduto D. 2010. Advanced low- and full-resolution DInSAR map generation for slow-moving landslide analysis at different scales. Engineering Geology. , 112 (1-4): 29-42.

Charlier J B, C Bertrand, Mudry J. 2012. Conceptual hydrogeological model of flow and transport of dissolved organic carbon in a small Jura karst system. Journal of Hydrology, 460: 52-64.

Chen C W, Zebker H A. 2002. Phase unwrapping for large SAR interferograms: Statistical segmentation and generalized network models. IEEE Trans. Geosci. Remote Sens. , 40 (8): 1709-1719.

Chen H, Lee C F. 2003. A dynamic model for rainfall-induced landslides on natural slopes. Geomorphology, 51 (4): 269-288.

Chen R F, Chang K J, Angelier J, et al. 2006. Topographical changes revealed by high-resolution airborne lidar data: the 1999 tsaoling landslide induced by the chi-chi earthquake. Engineering Geology, 88 (3-4): 160-172.

Chow V T. 1959. Open Channel Hydraulics. New York: Mc-Graw Hill.

Colley T. 2002. Geological and geotechnical context of cover collapse and subsidence in mid-continent US clay-mantled karst. Environmental Geology, 42 (5): 469-475.

Crosta G B, Imposimato S, Roddeman D G. 2003. Numerical modeling of large landslides stability and runout. Natural Hazards and Earth System Sciences, 3 (6): 523-538.

Cruden D M, Hungr O. 2011. The debris of the Frank Slide and theories of rockslide-avalanche mobility. Canadian Journal of Earth Sciences, 23 (3), 425-432.

Davies T R H. 1982. Spreading of rock avalanche debris by mechanical fluidization. Rock Mechanics, 15: 9-24.

Davies T R, Mcsaveney M J, Hodgson K A. 1999. A fragmentation-spreading model for long-runout rock avalanches. Can. J. Geotech. , 36 (36): 1096-1110.

Davies T R, McSaveney M J. 1999. Runout of dry granular avalanches. Canadian Geotechnical Journal, 36 (2): 313-320.

Deparis J, Garambois S, Hantz D. 2007. On the potential of Ground Penetrating Radar to help rock fall hazard assessment: a case study of a limestone slab, Gorges de la Bourne (French Alps). Engineering Geology, 94 (1): 89-102.

Di Maggio C, Madonia G, Vattano M. 2014. Deep-seated gravitational slope deformations in western Sicily: controlling factors, triggering mechanisms, and morphoevolutionary models. Geomorphology, 208 (1): 173-189.

Duncan C W. 1980. Toppling rock slope failures examples of analysis and stabilization. Rock Mechanics, 13 (2): 89-98.

Dussauge-Peisser C, Helmstetter A, Grasso J R, et al. 2002. Probabilistic approach to rock fall hazard assessment: potential of historical data analysis. Natural Hazards and Earth System Science, 2 (1/2): 15-26.

Eisbacher G H, Clague J J. 1984. Destructive mass movements in high mountains: hazard and management. Geol. Surv. Can., Pap 84-16, 230.

Eisbacher G H. 1979. Cliff collapse and rock avalanches (sturstroms) in the Mackenzie Mountains, northwestern Canada. Canadian Geotechnical Journal, 16: 309-334.

Evans S G, Hungr O, Clague J J. 2001. Dynamics of the 1984 rock avalanche and associated distal debris flow on Mount Cayley, British Columbia, Canada; implications for landslide hazard assessment on dissected volcanoes. Engineering Geology, 61 (1): 29-51.

Evans S G, Mugnozza G S, Strom A, Reginald L. Hermanns. 2006. Landsldies from Massive Rock Slope Failure. Netherlands: Springlink.

Feng Z, Li B, Yin Y P, et al. 2014. Rockslides on limestone cliffs with sub-horizontal bedding in the southwestern calcareous area, China. Natural Hazards & Earth System Science, 2 (6): 4299-4330.

Ferretti A, Prati C, Rocca F. 2001. Permanent scatterers in SAR interferometry. IEEE Trans. Geosci. Remote Sens., 39 (1): 8-20.

Fleury P, Plagnes V, Bakalowicz M. 2007. Modelling of the functioning of karst aquifers with a reservoir model: application to Fontaine de Vaucluse (South of France). J. Hydrol., 345 (1): 38-49.

Frayssines M, Hantz D. 2006. Failure mechanisms and triggering factors in calcareous cliffs of the Subalpine Ranges (French Alps). Engineering Geology, 86 (4): 256-270.

Frayssines M, Hantz D. 2009. Modelling and back-analysing failures in steep limestone cliffs. International Journal of Rock Mechanics and Mining Sciences, 46 (7): 1115-1123.

Freitras M, Watters R J. 1973. Some field examples of toppling failure. Geotechnique, 23 (4), 495-514.

Fumagalli E. 1973. Statical and Geomechanical Models. New York: Springer-Verlag.

Gauer P, Issler D. 2004. Possible erosion mechanism in snow avalanches. Annals of Glaciology, 38: 384-392.

Glastonbury J, Fell R. 2000. Report on the Analysis of "Rapid" Natural Rock Slope Failures. University of New South Wales, School of Civil and Environmental Engineering Report No. R390. (or Glastonbury J, Fell R. 2000. Report on the Analysis of "Rapid" Natural Rock Slope Failures. UNICIV Report No. R-390, University of New South Wales, Sydney, Australia)

Goodman E, Bray J W. 1976. Toppling of rock slopes. Proceedings of ASCE Specialty Conference-Rock Engineering for Foundations and Slopes, Colorado: Boulder, 201-234.

Goodman R E, Shi G H. 1981. Geology and rock slope stability—application of a "keyblock" concept for rock slopes. Proceedings 3rd International Conference on Stability in Open Pit Mining. Vancouver, Canada, 347-373.

Goren L, Aharonov E, Ander M. 2009. Thermo-poro-mechanical effects in landslide dynamics. In: Hatzor Y H, Sulem J, Vardoulakis I, eds. Meso-scale Shear Physics in Earthquake and Landslide Mechanics. Boca Roton: CRC Press, 255-274.

Goren L. 2007. Long runout landslides: the role of frictional heating and hydraulic diffusivity. Geophysical Research Letter, 34: L07310.

Haefeli R. 1967. Some mechanical aspects on the formation of avalanches. In: Oura H, eds. Proceedings of the International Conference on Low Temperature Science, vol. 1. Hokkaido: Hokkaido University, 1199-1213.

Hendron A J, Patton F D. 1985. The Vaiont slide—a geotechnical analysis based on new geological observations of the failure surface. Engineering Geology, 24 (1): 475-491.

Hertz H. 1881. On the contact of elastic solids. J. reine angew. Math, 92 (110): 156-171.

Hoek E, Carranza-Torres C T, Corkum B. 2002. Hoek-Brown failure criterion-2002 edition. In: Bawden H R W, Curran J, Telsenicki M, eds. Proceedings of the fifth North American rock Mechanics Symposium. Toronto: Mining Innovation and Technology. 267 - 273.

Hoek E, Bray J. 1974. Rock Slope Engineering. London and New York: Tylaor & Francis Group.

Hoek E, Marinos P. 2007. A brief history of the development of the Hoek-Brown failure criterion. Soils and rocks, 2: 1-8.

Hoek E, Brown E T. 1980. Empirical strength criterion for rock masses. J. Geotechnical Engineering Division ASCE: 1013-1025.

Huang B L, Yin Y P, Liu G N, et al. 2012. Analysis of waves generated by Gongjiafang landslide in Wu Gorge, three Gorges reservoir, on November 23, 2008. Landslides, 9 (3): 395-405.

Hungr O, Evans S G. 2004a. The occurrence and classification of massive rock slope failure. Felsbau, 22 (2): 16-23.

Hungr O, Evans S G. 2004b. Entrainment of debris in rock avalanches: an analysis of a long run-out mechanism. Geological Society of America Bulletin, 116 (9/10): 1240-1252.

Hungr O, Leroueil S, Picarelli L. 2014. The Varnes classification of landlside types, an update. Landslides, 11 (2): 169-194.

Hungr O, McDougall S. 2009. Two numerical models for landslide dynamic analysis. Canadian Geotechnical Journal, 35 (5): 978-992.

Hungr O. 1995. A model for the runout analysis of rapid flow slides, debris flows, and avalanches. Canadian Geotechnical Journal, 32 (4): 610-623.

Hungr O. 2010. DAN-3D: Dynamic Analysis of Landslides in Three Dimensions. User's Manual. Vancouver: Geotechnical Engineering, Inc.

Ishihara K. 1993. Liquefaction and flow failure during earthquakes. Géotechnique, 43 (3): 349-451.

Iverson R M. 2012. Elementary theory of bed-sediment entrainment by debris flows and avalanches. Journal of Geophysical Research Atmospheres, 117 (F3): 259-281.

Jaboyedoff M, Oppikofer T, Abellán A, et al. 2012. Use of LiDAR in landslide investigations: a review. Natural Hazards, 61 (1): 5-28.

Johnson K L. 1987. Contact Mechanics. Cambridge: Cambridge University Press.

Jones D B, Reddish D J, Siddle H J, et al. 1992. Landslide and undermining: slope stability interaction with mining. In: Proceedings of the 7th International Society of Rock Mechanics Congress, Aschen: Rotterdam, 893-898.

Kay D, Barbato J, Brassington G, et al. 2006. Impacts of Longwall Mining to Rivers and Cliffs in the Southern Coalfield. In: Aziz N, eds. Coal 2006: Coal Operator's Converence. Wollongong: University of Wollongong & the Australasian Institute of Mining and Metallurgy. 327 - 336.

Kent P E. 1966. The transport mechanism in catastrophic rock falls. Journal of Geology, 74 (1): 79-83.

King J. 1996. Tsing Shan debris flow (Special Project Report SPR 6/96). Geotechnical Engineering Office, Hong Kong Government: 133.

Király L. 2003. Karstification and groundwater flow. Speleogenesis Evol Karst Aquifers, 1: 1-26.

Kuenza K, Towhata I, Orense RP, et al. 2004. Undrained torsional shear tests on gravelly soils. Landslides, 1 (3): 185-194.

Li B, Feng Z, Wang G Z, et al. 2016. Processes and behaviors of block topple avalanches resulting from carbonate slope failures due to underground mining. Environmental Earth Sciences, 75 (8): 1435-1441.

Liu C H, Jaksa M B, Meyers A G. 2008. Analytical approaches for toppling stability analysis of rock slopes. International Journal of Rock Mechanics &Mining Sciences, 45 (13): 61-72.

Liu C H, Jaksa M B, Meyers A G. 2009. A transfer coefficient method for rock slope toppling. Canadian Geotechnical Journal, 46: 1-9.

Magri O, Mantovani M, Pasuto A, et al. 2008. Geomorphological investigation and monitoring of lateral spreading along the north-west coast of Malta. Geografia Fisica e Dinamica Quaternaria, 31 (2): 171-180.

Malgot J, Baliak F. 2004. Influence of underground coal mining on the environment in Horna Nitra deposits in Slovakia. In: Hack R, Azzam R, Charlier R, eds. Engineering Geology for Infrastructure Planning in Europe, Lecture Notes in Earth Sciences, 104. Heidelberg: Springer. 694 – 700.

Marschalko M, Hofrichterova L, Lahuta H. 2008. Utilization of geophysical method of multielectrode resistivity measurements on a slope deformation in the mining district. In: SGEM 2008: 8th International Scientific Conference, vol. I. Sofia, Bulgaria, 315 – 324.

Marschalko M, Yilmaz I, Bednarik M, et al. 2012. Influence of underground mining activities on the slope deformation genesis: Doubrava Vrchovec, Doubrava Ujala and Staric case studies from Czech Republic. Engineering Geology, 147-148: 37-51.

McDougall S, Hungr O. 2004. A model for the analysis of rapid landslide motion across three-dimensional terrain. Canadian Geotechnical Journal, 41 (6): 1084-1097.

Mcdougall S, O Hungr. 2005. Dynamic modelling of entrainment in rapid landslides. Canadian Geotechnical Journal, 42 (5): 1437-1448.

McDougall S. 2006. A new continuum dynamic model for the analysis of extremely rapid landslide motion across complex 3D terrain. Unpublished Ph. D. Dissertation, Department of Earth and Ocean Sciences: University of British Columbia, 253pp.

Mencl V. 1966. Mechanics of landslides with non-circular slip surfaces with special reference to the vaiont slide. Géotechnique, 16 (4): 329-337.

Monaghan J J. 1992. Smoothed particle hydrodynamics. Annual Review of Astronomy and Astrophysics, 30: 543-574.

Müller L. 1964. The rock slide in the Vaiont Valley. Rock mechanics and engineering geology, 2 (3- 4): 148-212.

Müller L. 1968. New considerations on the Vaiont Slide. Rock mechanics and engineering geology, 6 (1/2): 4-91

Müller S L. 1987b. The Vajont slide. Engineering Geology, 24 (1-4): 513-523.

Müllera S L. 1987a. The Vaiont catastrophe—a personal review. Engineering geology, 24: 423-444.

Okura Y, Kitahara H, Sammori T, et al. 2000. The effects of rockfall volume on runout distance. Engineering Geology, 58 (2): 109-124.

Panya S L. 2008. The July 2007 rock and ice debris flows at Mount Steele, St. Elias Mountains, Yukon, Canada. Landslides, 5 (4): 445-455.

Parise M. 2010. Hazards in karst. In: Bonacci O, eds. Proceedings of International Interdisciplinary Scientific Conference "Sustainability of the karst environment. Dinaric karst and other karst regions". Paris: IHP-UNESCO. 155 – 162.

Pells P J N. Assessing parameters for computations in rock mechanics. In: Potvin Y, Carter J, Dyskin A, et al., eds. Proceedings First Southern Hemisphere International Rock Mechanics Symposium. Perth: Australian Centre for Geomechanics, The University of Western Australia. 39-54.

Petley D N, Petley D J. 2006. On the initiation of large rockslides: perspectives from a new analysis of the Vaiont movement record. In: Evans S G, Mugnozza G S, Storm A, et al., eds. Landslides from Massive Rock Slope Failure. Netherlands: Springer. 77-84.

Pirulli M, Mangeney A. 2008. Results of back-analysis of the propagation of rock avalanches as a function of the assumed rheology. Rock Mechanics and Rock Engineering, 41 (1): 59-84.

Poisel R, Angerer H, Pöllinger M, et al. 2009. Mechanics and velocity of the Lärchberg-Galgenwald Landslide (Austria). Engineering Geology, 109 (1): 57-66.

Poisel R, Eppensteiner W. 1988. A contribution to the systematics of rock mass movements. In: Bonnard C, eds, Proceedings of the 5th International Symposium on Landslides. Rotterdam: A A Balkema, 1353-1357.

Rice G S. 1934. Ground movement from mining in Brier Hill Mine, Norway, Michigan. Mining and Metallurgy, 15 (325): 12-14.

Rohn J, Resch M, Schneider H, et al. 2004. Large-scale lateral spreading and related mass movements in the Northern Calcareous Alps. Bulletin of Engineering Geology and the Environment, 63 (1): 71-75.

Rossi D, Semenza E. 1965. Carte geologiche del versante settentrionale del M. Toc e zone limitrofe, prima e dopo il fenomeno di scivolamento del 9 ottobre 1963, Scala 1: 5000. Ferrara: Istituto Geologie, University of Ferrara.

Sagaseta C, Sanchez J M, Canizal J. 2001. A general analytical solution for the required anchor force in rock slopes with toppling failure. International Journal of Rock Mechanics &Mining Sciences, 38 (4): 21-35.

Sagaseta C. 1986. On the modes of instability of a rigid block on an inclined plane. Rock Mechanic Rock Engineering, 19: 261-266.

Saito R, Sassa K, Fukuoka H. 2007. Effects of shear rate on the internal friction angle of silica sand and bentonite mixture samples. Journal of Japanese Landslide Society, 44 (1): 33-38.

Santo A, Del Prete S, Di Crescenzo G, et al. 2007. Karst processes and slope instability: some investigations in the carbonate Apennine of Campania (Southern Italy). Geological Society, London, Special Publications, 279 (1): 59-72.

Sassa K, Fukuoka H, Wang G H, et al. 2004. Undrained dynamic-loading ring-shear apparatus and its application to landslide dynamics. Landslides, 1 (1): 7-19

Sassa K. 1989. Special lecture: geotechnical model for the motion of landslides: Proc 5th International Symposium on Landslides, Lausanne, 10 – 15 July 1988 V1, P37 – 55. Publ Rotterdam: A A Balkema, 1988. International Journal of Rock Mechanics & Mining Sciences & Geomechanics Abstracts, 26 (2): 88.

Sauter M, A Kovacs, T Geyer, et al. 2006. Modeling of the hydraulics of karst aquifers: an overview. Grundwasser, 11 (3): 143-156.

Savage S B, Hutter K. 1989. The motion of a finite mass of granular material down a rough incline. Journal of Fluid Mechanics, 199: 177-215.

Scheidegger A E. 1973. On the prediction of the reach and velocity of catastrophic Landslides. Rock Mechanics, 5 (4): 231-236.

Schuster R L, Salcedo D A, Valenzuela L. 2002. Overview of catastrophic landslides of South America in the tweentieth centrury. In: Evans S G, Degraff J V, eds. Catastrophic landslides: effects, occurrence, and mechanisms. Boulder: Geological Society of America Reviews in Engineering Geology, 1-34.

Semenza E, Ghirotti M. 2000. History of the 1963 Vaiont slide: the importance of geological factors. Landlsides, 59 (2): 87-97.

Shimizu N, Nakashima N, Furuyama Y, 等. 2014. 利用 GPS 实时位移监测进行滑坡稳定性评价. 地壳构造与地壳应力, (2): 29-36.

Shreve R L. 1966. Sherman landslide, Alaska. Science, 154: 1639-1643.

Skempton A W. 1966. Some observations on tectonic shear zones. In: 1st ISRM Congress. International Society for Rock Mechanics. Lisbon: National laboratory for Ciuil Engineering, 329-335.

Sladen J A, D'Hollander R D, Krahn J. 1985. The liquefaction of sands, a collapse surface approach. Canadian Geotechnical Journal, 22 (4): 564-578.

Tang F Q. 2009. Research on mechanism of mountain landslide due to underground mining. Journal of Coal Science and Engineering (China), 15 (4): 351-354.

Taylor R N. 1994. Geotechnical Centrifuge Technology. London: Blackie Academic & Professional.

Terzaghi K. 1950. Mechanism of landslides. In: Paige S, eds. Application of Geology to Engineering Practice (Berkey Volume). New York: Geological Society of America. 83-123.

Thornton C. 1997. Coefficient of restitution for collinear collisions of elastic- perfectly plastic spheres. Journal of Applied Mechanics, 64 (2): 383-386.

Tika T E, Hutchinson J N. 1999. Ring shear tests on soil from the Vaiont landslide slip surface. Geotechnique, 49 (1): 59-74.

Tika T E, Vaughan P, Lemos L. 1996. Fast shearing of pre-existing shear zone in soil. Géotechnique, 46 (2): 197-233.

Tiwari B, Marui H. 2004. Objective oriented multistage ring shear test for shear strength of landslide soil. Journal of Geotechnical and Geoenvironmental Engineering, 130 (2): 217-222.

Vaid Y P, Chung E K F, Kuerbis R H. 1990. Stress path and steady state. Canadian Geotechnical Journal, 27 (1): 1-7.

Vardoulakis I. 2000. Catastrophic landslides due to frictional heating of the failure plane. Mechanims of Cohesive Frictional Materials, 5 (6): 443-467.

Varnes D J. 1978. Slope movement types and processes. In Schuster R L, Krizek R J, eds. Landslides: analysis and control. Washington: Transportation Research Board Business Office, 11-33.

Ventura G, Vilardo G, Terranova C, et al. 2011. Tracking and evolution of complex active landslides by multi-temporal airborne LiDAR data: the montaguto landslide (southern italy). Remote Sensing of Environment, 115 (12): 3237-3248.

Voellmy A. 1955. On the destructive force of avalanches. 63p. Alta Avalanche Study Center, Trnsl. 2, 1964.

Voight B, Glicken H, Janda R J, et al. 1981. Catastrophic rockslide avalanche of May 18. In P. W. Lipman and D. R. Mullineaux, eds. The 1980 eruptions of Mount St. Helens, Washington. U. S. Geological Survey Professional Paper 1250, 347-377.

Voight B. 1973. The mechanism of retrogressive block-gliding with emphasis on the evolution of the Turnagain Heights Landslide, Anchorage, Alaska. In: De Jong K A, Scholten R (eds), Gravity and Tectonics. John Wiley and Sons, New York, 97-121.

Wang G H, Suemine A, Schulz W H. 2010. Shear-rate-dependent strength control on the dynamics of rainfall-triggered landslides, Tokushima Prefecture, Japan. Earth Surface Processes and Landforms, 35 (4): 407-416.

Wang G H, Suemine A, Zhang F Y, et al. 2014. Some long-runout landslides triggered by the 2011 Tohoku earthquake. Geomorphology, 208: 11-21

Wills C J. 2006. Evaluation of LiDAR for Landslide Mapping, California Department of Transportation, http://www. dot. ca. gov/newtech/researchreports/reports/2006/LiDAR final report 6-30-06. pdf.

Xing A G, Wang G, Yin Y P, et al. 2014. Dynamic analysis and field investigation of a fluidized landslide in Guanling, Guizhou, China. Engineering Geology, 181: 1-14.

Xing A G, Wang G H, Li B, et al. 2015. Long-runout mechanism and landsliding behavior of a large catastrophic landslide triggered by a heavy rainfall in Guanling, Guizhou, China. Canadian Geotechnical Journal, 52 (7): 971-981.

Yin Y P, Xing A G, Wang G H, et al. 2016. Experimental and numerical investigations of a catastrophic long-runout landslide in zhenxiong, yunnan, southwestern china. Landslides, doi: 10. 1007/s10346-016- 0729-z .

Yin Y P, Xing A G. 2012. Aerodynamic modeling of the Yigong gigantic rock slide-debris avalanche, Tibet, China. Bulletin of Engineering Geology and Environment, 71 (1): 149-160.

Yin Y P, Zheng W M, Liu Y P, et al. 2010. Integration of GPS with InSAR to monitoring of the Jiaju landslide in Sichuan, China. Landslides, 7 (3): 359-365.

Yin. Y. P. 2011. Recent catastrophic landslides and mitigation in China. Journal of Rock Mechanics and Geotechnical Engineering, 3 (1): 10-18.

Zanbank C. 1983. Design charts for rock slopes susceptible to toppling. Geotech Engineering ASCE, 109 (10): 39-62.

Zebker H, Villasenor J. 1992. Decorrelation in interferometric radar echoes. IEEE Trans. Geosci. Remote Sens. , 30 (5): 950-959.

Zhao C Y, Zhang Q, Yin Y P, et al. 2013. Pre-, co-, and post- rockslide analysis with ALOS/PALSAR imagery aata: a case study of Jiweishan rockslide, China, Natural Hazards and Earth System Sciences, 13: 2851-2861

Zhao, C Y, Lu Z, Zhang Q, et al. 2012. Large-area landslides detection and monitoring with ALOS/PALSAR imagery data over Northern California and Southern Oregon, USA. Remote Sensing of Environment, 124: 348-359.

Zhu W, Zhang Q, Ding X, et al. 2014. Landslide monitoring by combining of CR-InSAR and GPS techniques, Advances in Space Research, 53 (3): 430-439.